普通高等教育"十三五"规划教材

光纤通信技术

陈海燕　陈　聪　罗江华　黄春雄　编著

国防工業出版社

·北京·

内 容 简 介

本书系统地介绍了光纤通信系统的基本构成、基本原理和相关技术，内容包括光纤通信技术基础、光纤/光缆与光传输、光发射机与接收机、光纤通信系统设计、同步数字系列 SDH、光网络、光纤通信新技术以及光纤通信系统仿真举例。本书着重光纤通信系统的论述，叙述深入浅出，并配有大量自测题、思考题与习题，便于自学。

本书可作为高等院校光电子技术、光信息技术、应用物理等专业本、专科生教材，也可以作为光学工程、物理电子学等专业研究生的参考书，并可供高等院校相关专业师生及从事光通信技术的科技人员参考。

图书在版编目(CIP)数据

光纤通信技术/陈海燕等编著. —北京：国防工业出版社，2016.7(2017.4重印)
普通高等教育"十三五"规划教材
ISBN 978-7-118-10904-7

Ⅰ.①光… Ⅱ.①陈… Ⅲ.①光纤通信—高等学校—教材 Ⅳ.①TN929.11

中国版本图书馆 CIP 数据核字(2016)第148259号

※

国防工业出版社 出版发行
(北京市海淀区紫竹院南路23号 邮政编码100048)
天利华印刷装订有限公司印刷
新华书店经售

*

开本 787×1092 1/16 **印张** 13½ **字数** 333千字
2017年4月第1版第2次印刷 **印数** 4001—6000册 **定价** 34.80元

(本书如有印装错误，我社负责调换)

国防书店：(010)88540777 发行邮购：(010)88540776
发行传真：(010)88540755 发行业务：(010)88540717

前　言

本书是在编者多年讲授"光纤通信技术"课程讲义基础上，经过全新修改、补充完成的。本书系统地介绍了光纤通信系统的基本构成、基本原理和相关技术。

本教材的参考学时数为48学时。全书共分为8章。第1章光纤通信技术基础，主要讨论光纤通信系统中的基本概念；第2章光纤/光缆与光传输，主要讨论光波在光纤中的传输、光纤/光缆结构与制作；第3章光发射机与接收机，主要讨论光发射机与接收机的基本组成、特性参数；第4章光纤通信系统设计，主要讨论模拟与数字光纤通信系统的设计方法与关键技术；第5章同步数字系列SDH，主要讨论SDH帧结构与SDH网络结构；第6章光网络，主要讨论光网络基本结构与关键技术；第7章光纤通信新技术，主要讨论光纤通信系统近些年出现的新技术，如WDM技术、TDM技术、色散补偿技术等；第8章光纤通信系统仿真，主要介绍一些基于OptiSystem仿真系统的实例。

本书是根据全国高等院校工科电子信息类光电信息专业的教学大纲编写的专业课教材，具有基础光学、通信原理等基础知识的读者可以顺利阅读。本书适用于高等院校通信工程、光电子技术、光信息技术、应用物理等专业本、专科生教材，也可以作为光学工程、物理电子学等专业研究生的参考书，并可供高等院校相关专业师生及从事光电子技术的科技人员参考。本书内容较多，各校可从教学的实际情况出发，有所侧重地选择讲授的内容，加*号的章节可以略去而不影响课程体系的系统性。全书配有大量自测题、习题与思考题，供学生练习。

本书第1章、2.4~2.7节、第3~5、8章由陈海燕执笔；2.1~2.3节由罗江华执笔；第7章由黄春雄执笔；第6章由陈聪执笔。陈海燕负责统编全稿。

本书在编写过程中，参阅了一些编著者的著作和论文，在参考文献中未能一一列出，在此谨向他们表示诚挚的感谢。由于编者水平有限，书中难免还存在一些缺点和错误，殷切希望广大读者批评指正。

编著者

目　录

第1章　光纤通信技术基础 …… 1
1.1　光纤通信系统的基本组成 …… 1
1.1.1　光纤语音通信系统实例 …… 1
1.1.2　光纤通信系统基本组成 …… 3
1.2　光纤通信技术发展历史 …… 7
1.2.1　光纤通信技术发展历史 …… 7
1.2.2　光纤通信系统发展趋势 …… 9
1.3　光纤通信的基本概念 …… 10
1.3.1　模拟信号与数字信号 …… 10
1.3.2　传输速率 …… 12
1.3.3　归零码与非归零码 …… 13
1.3.4　系统容量 …… 13
1.3.5　调制方式 …… 14
1.3.6　信道复用 …… 16
1.3.7　眼图 …… 18
1.4　计算机通信网简介 …… 20
1.4.1　计算机通信网与 TCP/IP 互联 …… 20
1.4.2　OSI 与 TCP/IP 分层模型 …… 20
1.4.3　IP 地址技术 …… 22
1.4.4　IP 技术的发展现状 …… 23
1.4.5　IP 业务简介 …… 24
1.5　光纤通信网络概述 …… 25
1.6　光纤通信系统计算机辅助设计工具简介 …… 27
1.6.1　OptiSystem 简介 …… 27
1.6.2　OptiSystem 系统资源库 …… 29
练习1 …… 30
第2章　光纤/光缆与光传输 …… 33
2.1　光纤 …… 33
2.1.1　光纤结构和类型 …… 34
2.1.2　光纤制备工艺 …… 36
2.1.3　光纤连接器与接头 …… 38
2.2　光缆 …… 41
2.2.1　光缆的基本结构 …… 41

2.2.2 光缆分类……43
2.3 光纤线性传输特性分析……48
2.3.1 光纤传输的几何光学分析……49
2.3.2 光纤传输的波动理论分析……52
2.3.3 光纤的损耗与色散特性……54
2.4 光纤非线性传输传输特性* ……58
2.4.1 光纤非线性效应的影响……58
2.4.2 色散的影响……59
2.5 非线性薛定谔方程的分步傅里叶求解方法* ……61
2.6 NLSE 软件包* ……63
2.7 10Gb/s 传输系统实验……65
2.7.1 单波长信号传输实验……65
2.7.2 双波长信号传输实验……66
练习 2……67
第 3 章 光发射机与接收机……69
3.1 光发射机……69
3.1.1 光发射机实例……69
3.1.2 光发射机基本组成……70
3.1.3 光源……71
3.1.4 光发射机技术性能……80
3.1.5 光源驱动电路……82
3.1.6 调制电路……83
3.2 光接收机……85
3.2.1 光接收机基本组成……85
3.2.2 光电检测器……86
3.2.3 误码率……87
3.2.4 灵敏度……88
3.2.5 自动增益控制……89
3.3 线路编码与解码……90
练习 3……95
第 4 章 光纤通信系统设计……97
4.1 光纤通信系统结构……97
4.1.1 点对点传输……97
4.1.2 光纤分配网……98
4.1.3 局域网……99
4.2 光纤通信系统设计概述……101
4.2.1 总体设计考虑因素……101
4.2.2 计算最大中继距离所涉及的因素……102
4.3 光纤通信系统中的光器件……105
4.3.1 光纤放大器……105

4.3.2 光无源器件 …… 106
4.4 模拟光纤通信系统 …… 110
4.4.1 调制方式 …… 110
4.4.2 模拟基带直接光强调制光纤传输系统 …… 112
4.4.3 副载波复用光纤传输系统 …… 114
4.5 数字光纤通信系统 …… 116
4.5.1 系统的性能指标 …… 116
4.5.2 数字光纤通信系统设计 …… 118
4.6 光载无线技术简介 …… 120
4.6.1 移动通信简介 …… 120
4.6.2 光载无线技术简介 …… 120
练习4 …… 123
第5章 同步数字系列 …… 124
5.1 两种传输体制 …… 124
5.1.1 准同步数字系列 …… 124
5.1.2 同步数字系列 …… 126
5.2 SDH传输网 …… 127
5.3 SDH速率与帧结构 …… 129
5.3.1 SDH速率 …… 129
5.3.2 SDH帧结构 …… 129
5.3.3 SDH复用与映射 …… 131
5.4 SDH系统基本结构 …… 134
5.4.1 SDH基本的网络拓扑结构 …… 134
5.4.2 SDH自愈环 …… 136
5.4.3 我国的SDH传输网结构 …… 140
5.5 SDH设备介绍 …… 141
5.5.1 TM——终端复用器 …… 141
5.5.2 REG——再生中继器 …… 142
5.5.3 ADM——分插复用器 …… 142
5.5.4 DXC——数字交叉连接设备 …… 143
练习5 …… 144
第6章 光网络 …… 145
6.1 光网络发展状况 …… 145
6.2 光传输网(OTN) …… 150
6.2.1 光传输网的分层结构 …… 150
6.2.2 光传输网的节点结构 …… 152
6.3 光接入网 …… 154
6.3.1 光接入网(OAN)概念 …… 154
6.3.2 无源光网络 …… 155
6.3.3 有源光网络(AON) …… 159

6.4 光分组交换(OPS)网 …… 160
6.5 光突发交换(OBS)网 …… 161
6.6 智能光网络 …… 163
6.6.1 ASON 的概念、特点及功能 …… 164
6.6.2 ASON 网络体系结构 …… 164
6.6.3 ASON 的控制协议 …… 167
练习 6 …… 170
第 7 章 光纤通信新技术 …… 171
7.1 大容量波分复用系统超长传输技术 …… 171
7.1.1 波分复用的基本概念及结构 …… 171
7.1.2 WDM 系统的构成 …… 173
7.1.3 WDM 系统的关键技术及相关器件 …… 174
7.1.4 WDM 系统的研发现状 …… 177
7.2 色散和偏振模色散补偿 …… 178
7.2.1 光纤色散的基本概念 …… 178
7.2.2 光纤色散的补偿 …… 179
7.2.3 偏振模色散的补偿 …… 180
7.3 光时分复用技术 …… 182
7.4 量子通信 …… 184
7.4.1 量子光通信基础 …… 184
7.4.2 量子光通信的研究进展 …… 185
7.5 相干光通信技术 …… 187
7.5.1 相干光通信的基本工作原理 …… 187
7.5.2 相干光通信系统结构 …… 189
7.5.3 相干光通信系统的优点 …… 190
7.5.4 相干光通信系统中的关键技术 …… 190
练习 7 …… 192
第 8 章 光纤通信系统仿真 …… 193
8.1 光电子器件仿真 …… 193
8.1.1 激光外调制 …… 193
8.1.2 半导体激光器调制响应 …… 195
8.1.3 VCSEL 激光器的调制特性 …… 197
8.1.4 1550nm LED 光谱分布 …… 197
8.1.5 1300nm LED 调制响应 …… 199
8.2 10Gb/s 单模光纤传输系统 …… 201
8.3 16 信道 NRZ 40Gb/s 传输系统仿真 …… 202
练习 8 …… 206
参考文献 …… 207

第 1 章　光纤通信技术基础

【本章知识结构图】

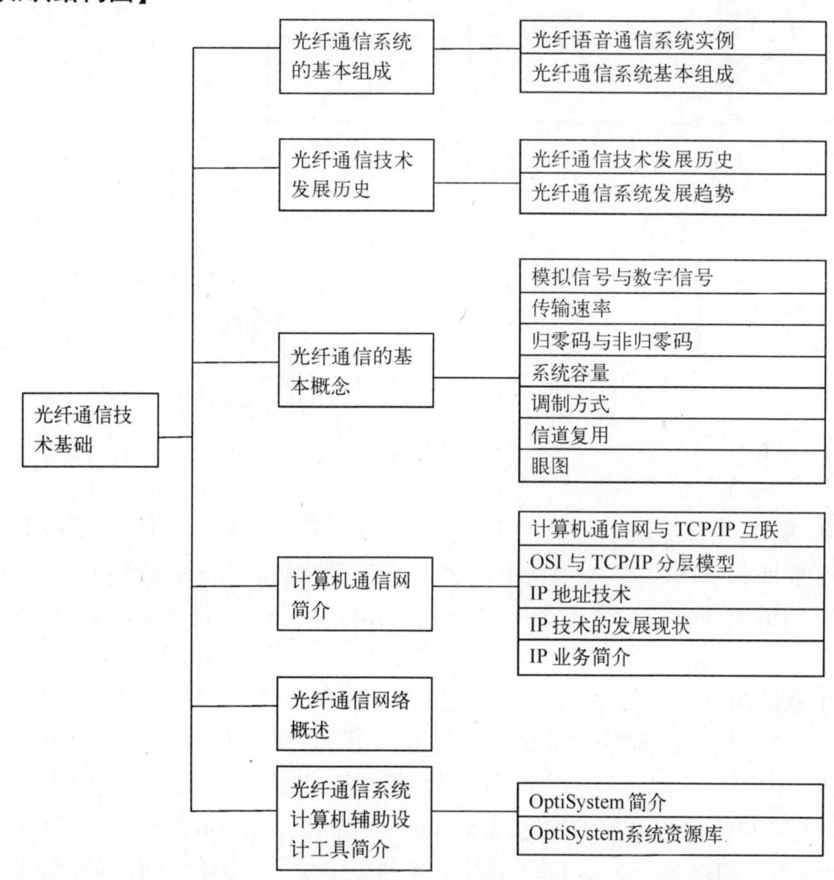

通信即传送信息/消息。根据载波频率的不同,通信系统可分为电通信系统与光通信系统。光通信系统包括光纤通信系统与空间光通信系统两种,光纤通信是以光波(约100THz)载运信息,用光纤作传输媒体,实现通信,它是现代主要通信技术。

1.1　光纤通信系统的基本组成

本节以语音通信为例介绍光纤通信系统的基本组成。

1.1.1　光纤语音通信系统实例

光纤通信与移动通信是现代社会中的两种重要通信技术。利用电话机(座机)打电话是一种传统的通信方式,其通话过程可概括为:(1)建立通道,呼叫方拿起电话机的听筒、拨号,被叫方响铃、摘话筒,此时系统就建立了一条呼叫方与被叫方进行通信的通道;(2)通信,系统先将呼叫方的声音转化为电信号（模拟信号），该信号转化为数字信号并进行编码，经编码的数字信号经调制器加载到光源（半导体激光器或发光二极管）发出的光波上，经光纤传输到达接收端，在接收端经光电探测，将光信号转化为电信号，经解调、电声转化后传递给被叫方，该过程是双向的，完成一次通话，如图 1-1 所示。我国常用的用户信号音如拨号音、忙音、回铃音均采用 450Hz 频率。长途自动接续中对信号音的发送地点有统一规定，对于忙音的发送地点为发端本地局。

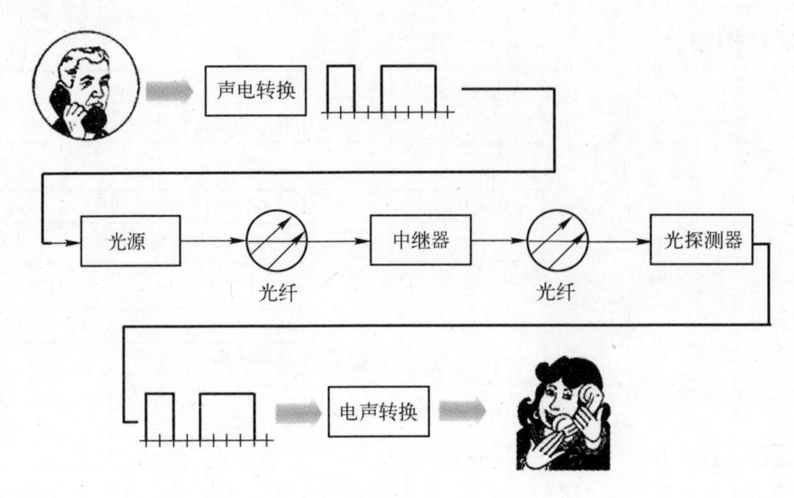

图 1-1　光纤语音通信系统示意图

由图 1-1 可知，光纤通信系统是为了满足人们对高速率、高容量通信需求而在传统电通信系统基础上发展起来的。其中，由光纤连接起来的部分（光源—中继器—光探测器）是光纤通信系统特有的组成部分，随着“宽带中国”概念的提出，光探测器将离用户越来越近，逐步进入用户家庭。

光纤通信系统与其他通信系统的区别从原理上讲只是载波频率的不同及相应传输媒介不同，通信波段划分及相应传输媒介如图 1-2 所示。光载波的频率在 100THz 的数量级，微波载波的频率在 1～10GHz 的数量级，光通信的信息容量是微波通信系统的 10^5 倍，调制带宽可达 1Tb/s 量级。光纤通信所用载波波段为 0.85μm、1.31μm、1.55μm 波段（又称 C 波段 1.535～

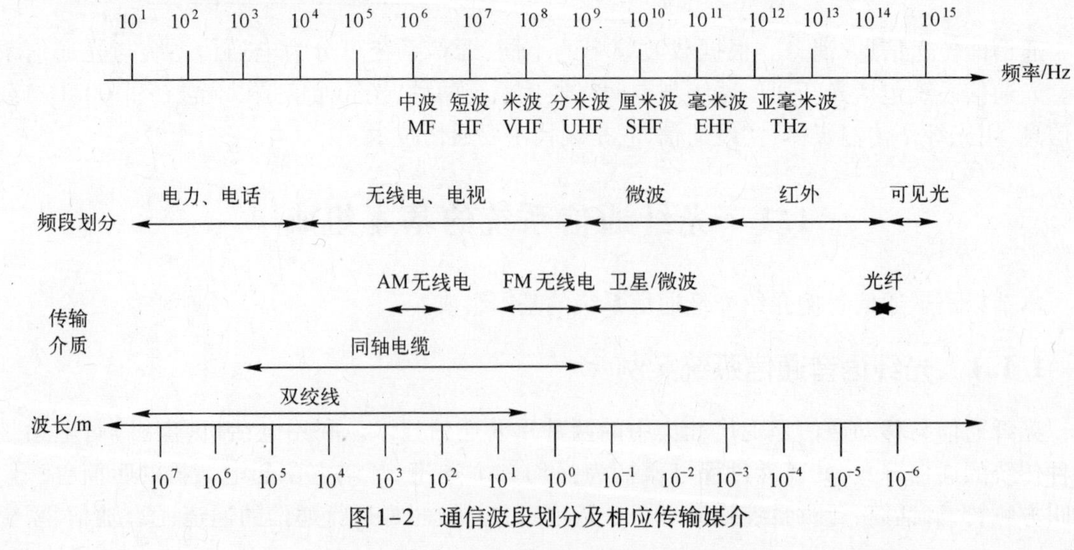

图 1-2　通信波段划分及相应传输媒介

1.565μm)，我国移动通信网（GSM）所用频段为900MHz/1800MHz，对于1800MHz无线电波，其穿透建筑物时的穿透损耗要比900MHz电波高5～10dB，GSM的多址方式为频分复用（FDMA）与时分复用（TDMA）混合技术。

通信工程师用频率来处理带宽，物理学家用波长来处理带宽。波长带宽$\Delta\lambda$与对应的频率带宽Δv之间的关系为

$$\Delta\lambda = \frac{c}{v^2}\Delta v \tag{1-1}$$

式中：c为真空中的光速；v为光波中心频率。

例题1-1　有一工作于1.55μm波段的波分复用系统，若其信道宽度为50GHz，则所对应的波长宽度是多少？

解：根据式（1-1），可得

$$\Delta\lambda = \frac{c}{v^2}\Delta v = \frac{\lambda^2}{c}\Delta v = \frac{(1.55\mu m)^2}{3\times10^8}\cdot 50\times10^9 = 0.4nm$$

1.1.2　光纤通信系统基本组成

光纤通信系统是由光发射机、光接收机以及由光纤（或光缆）和各种有源与无源器件组成的基本光纤传输系统三部分组成，图1-3为单纤传输光纤通信系统组成示意图。

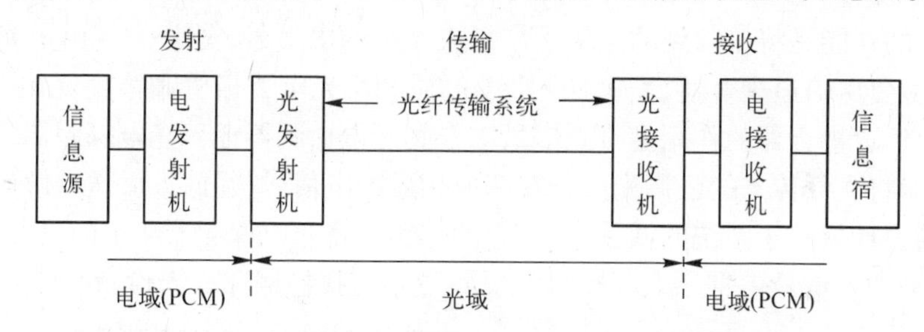

图1-3　单纤光纤通信系统基本组成（PCM：脉冲编码调制）

人们对通信系统传输容量的需求促进了光纤通信技术的发展。光纤通信的电信应用大致可以分为长途通信和短途通信两类。在长途通信系统中，干线上要求具有很高的传输容量，光纤通信系统正好满足这个要求，特别是光纤放大器的应用，实现了无光电转换的长距离传输。短途通信应用包括城域网络与局域网络系统，这类系统通常具有较低的速率和较短的传输距离（<50km）。在这种应用中采用多信道和多种业务结构。宽带综合业务数字网（B－ISDN）需要一种高比特率的光纤通信系统，该系统能提供电话、计算机数据、多媒体等多种服务。

1. 光发射机

光发射机的作用是将电信号转变成光信号，并将光信号耦合进入传输光纤中。图1-4为光发射机的原理结构示意图，它主要由光源、调制器和信道耦合器组成，其中光源是光发射机的核心，在光纤通信系统中，普遍采用半导体激光器或发光二极管作为光源。光信号通过对光载波的调制而获得，调制方式分为直接调制和外调制两种，在直接调制下，输入电信号直接加到光源的驱动电路上；而在外调制下，输入电信号通过调制器加到光源输出的载波上，外调制可实现高速调制。信道耦合器通常是一个微透镜，它可最大限度地将光信号耦合到光纤中。

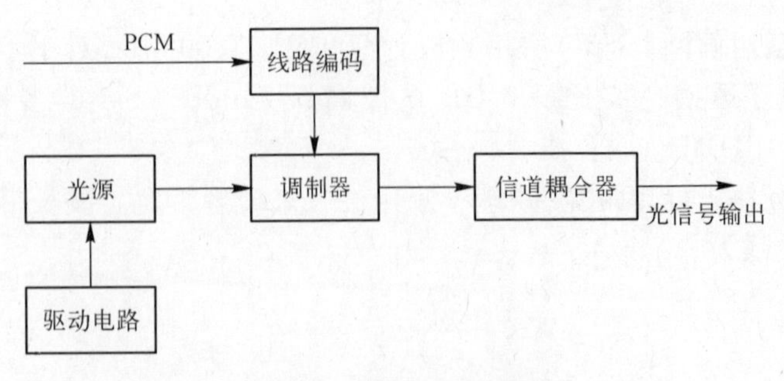

图 1-4　光发射机结构

光发射机的一个重要参数是发射光功率，单位是以 1mW 为基准的 dBm。发光二极管的发射功率较低，且调制能力有限；而半导体激光器的发射光功率可以达到 10dBm，调制性能好，高性能的光纤通信系统大多采用半导体激光器作为光源。光发射机的速率一般是受限于电子电路而不是半导体激光器本身，通过优化设计，光发射机的速率可达 10～15Gb/s。

例题 1-2　在光通信技术中，常用 dBm 作为光功率单位，任意功率 P 转换为 dBm 单位的变换式为：$P=10\lg(P(\mathrm{mW})/1\mathrm{mW})(\mathrm{dBm})$。1mW 的光功率相当于多少 dBm？

解：代入公式 $P=10\lg(P(\mathrm{mW})/1\mathrm{mW})(\mathrm{dBm})$ 可得：1mW 的光功率相当于 0dBm。

2. 光接收机

光接收机的功能是将接收到的光信号恢复成原来的电信号，图 1-5 给出了光接收机的结构示意图，它主要由信道耦合器、光电探测器（包括 PIN 光电二极管和雪崩光电二极管）和解调电路构成。信道耦合器的作用是将光信号耦合到光电探测器上。光电探测器是光接收机的主要部件，它能将光纤传来的已调光信号转变成相应的电信号，经放大后送入解码电路进行处理。解码器的设计依赖于系统的调制方式，它的作用是将光电探测器送来的信号进行判决、解码，恢复出原来的电信号信息。光电探测（检测）分为直接检测和相干检测两种方式。

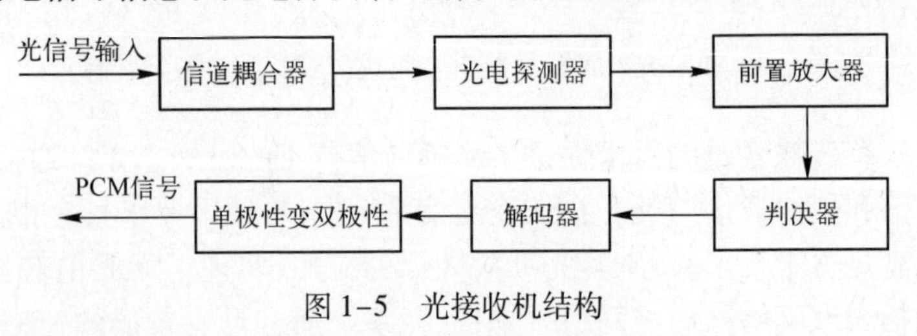

图 1-5　光接收机结构

数字光纤传输的性能用误码率来表征，它定义为在接收机上出现误码的几率，这样，10^{-9} 的误码率就相当于 10^9 个码中平均来说会有一个误码。大多数光纤通信系统要求误码率 $\leqslant 10^{-9}$，有些系统甚至要求误码率小至 10^{-14}。

接收灵敏度是光接收机的一个重要参数，对于数字系统，定义为在一定误码率下的最小平均接收光功率；而对于模拟系统，它的定义为在一定信噪比下的最小平均接收光功率。它与系统的信噪比有关，而信噪比又与使接收信号劣化的各种噪声源的大小有关，噪声包括接收机内部噪声（如热噪声和放大噪声）、光发射机的噪声（如相对强度噪声）以及光信号在光纤内传输过程中引入的噪声等。接收灵敏度由在判决电路上引起信噪比降低的所有可能噪声的累加效应决定，它一般与码率有关，因为有些噪声（如点噪声）是与信号的带宽有关的。

3. 光传输部分

在光纤通信系统中，光传输部分主要由光纤（或光缆）和中继器组成。

1）光纤

光纤作为通信信道，它的作用是将光信号从发射机不失真地传送到接收机。光纤的三个重要参数是损耗、色散与非线性，它们都影响光纤通信系统的传输距离与传输容量。光纤的损耗直接决定着长途光纤通信的中继距离。图1-6为石英光纤损耗特性曲线。目前，石英光纤的损耗已接近理论极限，短波段达2.1dB/km，长波段可达0.184dB/km以下，损耗最小点在1.55μm波长左右，约为0.20dB/km，波长1.65μm以上的损耗迅速增加。由于OH^-的吸收作用，在0.90～1.30μm和1.34～1.52μm波长范围内都有损耗高峰。光纤的色散使得光脉冲在光纤中传输时发生展宽，如果脉冲展宽严重，就会对邻近码产生影响，形成码间干扰。通过控制光源光谱的谱宽，可以减小这种展宽效应的影响。尽管如此，材料色散仍然是光纤通信系统中限制码速和传输距离的重要因素。一般石英光纤的零色散波长在1310nm波长左右，在1.55μm波段，其色散值为17～20ps/km/nm。在高速光纤通信系统与波分复用系统中，光纤非线性效应会使系统特性劣化，光纤非线性系数典型值约为2.0$(W \cdot km)^{-1}$。

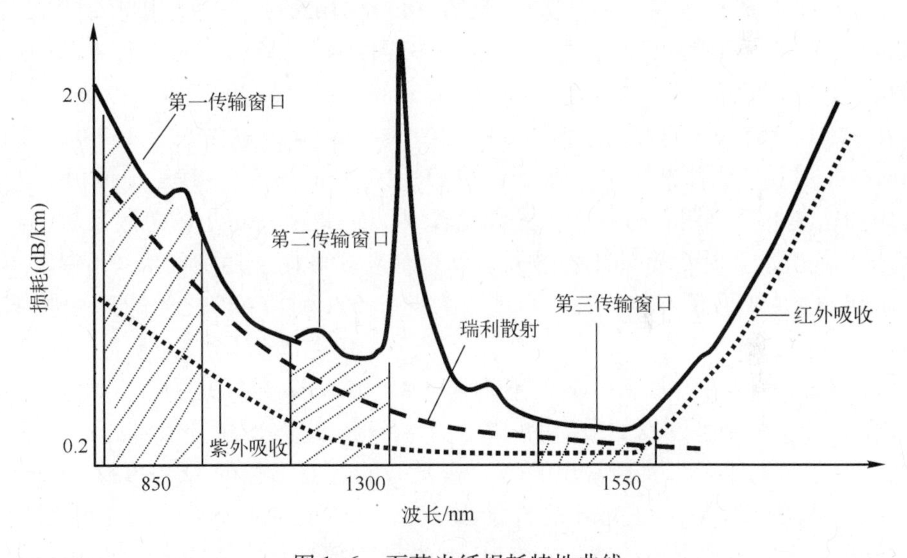

图1-6　石英光纤损耗特性曲线

损耗对数单位（dB）与线性单位之间的变换关系为

$$\alpha(\text{dB/km}) = 4.343\alpha(1/\text{km}) \tag{1-2}$$

例题1-3　如输入信号的功率为1mW，光纤损耗为0.2dB/km，传输100km，问输出功率为多少？

解法1：光纤总损耗为0.2dB/km×100＝20dB

输出功率为0dBm－20dB＝－20dBm＝＝0.01mW

解法2：光纤损耗系数为0.2/4.343＝0.04605/km

$$P_{out} = P_{in}\exp(-0.04605\times100) = P_{in}\exp(-4.605) = 0.01P_{in} = 0.01\text{mW}$$

市场上销售的光纤有裸纤、ϕ0.9mm、ϕ3mm三种型号。根据国际电信同盟（ITU－T）公布的光纤标准，光纤分为以下几种：

（1）G.651：多模渐变型光纤。

（2）G.652：常规单模光纤，零色散波长在1.3μm。G.652光纤/光缆主要应用于城域网和接入网，不需要采用大复用路数的密集波分复用的骨干网也常采用G.652光纤/光缆。对于速率较高、距离很长的系统，应采用有小偏振模色散（PMD）的G.652B光纤/光缆。

（3）G.653：色散位移光纤（DSF），零色散移到1.55μm，它的零色散波长范围为1.50～1.60μm，与光纤的低损耗区一致。但是，多信道时会发生四波混频（FWM）现象，色散为零时，FWM的干扰会十分严重。G.653光纤/光缆仅用于单信道高速率系统，不用于波分复用系统。

（4）G.654：在1.55μm损耗最小的光纤，仅为0.185dB/km，一般用于长距离海底光缆系统，陆地传输一般不采用。

（5）G.655：非零色散位移单模光纤NZ－DSF，在1.55μm处有微量（17～20ps/km/nm）色散，FWM的干扰反而会减小。根据对PMD和色散的不同要求，G.655光纤/光缆又分为G.655A、G.655B和G.655C三种。它们支持速率大于10Gb/s、有光放大器的单波长信道系统，速率大于2.5 Gb/s、有光放大器的多波长信道系统，和10Gb/s局间应用系统以及光传输网系统。

（6）G.656：宽带光传送的非零色散光纤，在1460～1624nm波长范围具有大于非零值的正色散系数值，能有效抑制密集波分复用系统的非线性效应，其最小色散值在1460～1550nm波长区域为1.00～3.60ps/nm·km，在1550～1625nm波长区域为3.60～4.58ps/nm·km；最大色散值在1460～1550nm波长区域为4.60～9.28ps/nm·km，在1550～1625nm波长区域为9.28～14ps/nm·km。这种光纤非常适合于1460～1624nm（S＋C＋L三个波段）波长范围的粗波分复用和密集波分复用。与G.652光纤比较，G.656能支持更小的色散系数，与G.655光纤比较，G.656光纤能支持更宽的工作波长。G.656光纤可保证通道间隔100GHz、40Gb/s系统至少传400km。人们预测G.656光纤可能成为继G.652和G.655之后的又一个广泛应用的光纤。

（7）G.657：接入网用弯曲衰减不敏感单模光纤。G.657光纤是为了实现光纤到户的目标，在G.652光纤的基础上开发的最新的一个光纤品种。这类光纤最主要的特性是具有优异的耐弯曲特性，其弯曲半径可实现常规的G.652光纤的弯曲半径的1/4～1/2。G.657光纤分A、B两个子类，其中G.657A型光纤的性能及其应用环境和G.652D型光纤相近，可以在1260～1625nm的宽波长范围内工作；G.657B型光纤主要工作在1310nm、1550nm和1625nm三个波长窗口，其更适用于实现“光纤到家”的信息传送、安装在室内或大楼等狭窄的场所。

2）中继器

中继是指在传输过程中对光信号的适当补偿。光信号在光纤中传输一段距离后，由于各种损耗的作用，光信号将变得越来越弱，同时受到光纤色散的影响，光脉冲展宽而引起信号失真，因此，在长途干线上，每隔一定距离，就需要对衰减并失真的光信号进行放大、整形和重新定时，然后再进行传输，完成这项工作的器件称为中继器。

光中继方式有光—电—光和全光两种方式。光—电—光中继方式是指在中继器中，先将需要处理的光信号转换成电信号，在电域进行放大、整形和重新定时，然后再转换成光信号，该方式结构复杂、成本高。此外，由于电带宽的限制，形成了光纤通信系统的“瓶颈”。全光中继方式中采用光放大器（光纤放大器、半导体光放大器）补偿光信号的衰减，目前，波分复用通信系统中普遍采用这种中继方式。

自测练习

1-1 光纤通信是以________为传输媒质。以________为载波的通信方式。光纤的工作波长为________、________和________。

1-2 我国常用的用户信号音如拨号音、忙音、回铃音均采用________。

(A) 540Hz (B) 450Hz (C) 双频 (D) 1980Hz

1-3 长途自动接续中对信号音的发送地点有统一规定,对于忙音的发送地点为________。

(A) 长途局 (B) 本地汇接局 (C) 发端本地局 (D) 终端本地局

1-4 GSM 的多址方式为________。

(A) FDMA (B) TDMA

(C) CDMA (D) FDMA - TDMA 混合技术

1-5 目前我国的移动通信网(GSM)采用的频段为________ MHz。

(A) 900/1800 (B) 800/1600 (C) 1000/2000 (D) 900/1500

1-6 一般二氧化硅光纤的零色散波长在 1310nm 左右,而损耗最小点在________波长左右。

1-7 当工作波长 $\lambda = 1.31\mu m$,某光纤的损耗为 0.5dB/km,如果最初射入光纤的光功率是 0.5mW,试问经过 4km 以后,以 dB 为单位的功率电平是________。

1-8 在某个实验中,光功率计测得某光信号的功率为 -30dBm,等于________ W。

(A) 1×10^{-6} (B) 1×10^{-3} (C) 30 (D) -30

1-9 超短波 VHF 频段的频率范围为________。

(A) 3 ~ 30MHz (B) 30 ~ 300MHz (C) 300 ~ 3000MHz (D) 300 ~ 3000MHz

1-10 对于 1800MHz 无线电波,其穿透建筑物时的穿透损耗要比 900MHz 电波________。

(A) 低 5 ~ 10dB (B) 高 5 ~ 10dB (C) 相同 (D) 高 3dB

1-11 光纤的损耗因素主要有本征损耗、________和附加损耗等。

(A) 制造损耗 (B) 连接 (C) 耦合损耗 (D) 散射损耗

1.2 光纤通信技术发展历史

1.2.1 光纤通信技术发展历史

用光传递信息可以追溯到古代,那时很多国家用烟、信号灯、信号旗等来传递信息。19 世纪 30 年代人类发明了电报,用电代替光,通过采用莫尔斯码等编码技术,比特率 B 可以达到 10b/s,在中继站的支持下,传输距离可达千公里。1866 年世界上开通了第一条电报电缆,1876 年贝尔发明了电话,1880 年他又发明了光电话,电话采用连续变化的电流来“模拟”地传递声音信息,此后,模拟电通信技术在通信系统中占统治地位长达一个世纪之久。

20 世纪,全球范围电话网的发展,导致了电通信系统里不断出现新的设计,用同轴电缆代替双绞线,使系统容量大大增加。由于通信系统的带宽受限于其载波频率,导致了微波系统的产生,1948 年第一个微波系统投入使用,此后同轴电缆系统和微波系统都得到了较大发展,到 1970 年,通信系统的容量 BL(速率 - 距离乘积)达到约 100(Mb/s) · km,然后电通信系统的容量就基本上被限制在这个水平上。比特率(B)、传输距离(L),以及比特率-距离乘积(BL)是衡量通信系统整体性能的重要指标。此外,对于波分复用系统还有频率效率(信道比特率/信道间隔,b/Hz)指标。

20世纪后半期,人们意识到如果采用光波作为载波,通信容量可望有几个数量级的提高,但直到50年代末仍然没找到相干光源和合适的传输介质。1960年发明了激光器,解决了第一个问题,1966年光纤被提出可以作为光波系统的最佳传输介质,但当时光纤具有高达1000dB/km的巨大损耗,同年,被称为"光纤之父"的高锟博士发表了可能实现光纤通信的划时代论文,论文指出,如果提高石英光纤的纯度,可以大大降低其损耗,他因此获得了2009年的诺贝尔物理学奖。1970年光纤损耗得到突破,美国康宁公司拉制出世界上第一根衰减20dB/km的光纤,同年美国贝尔实验室制成可在常温下工作的铝镓砷(AlGaAs)半导体激光器(光源)。1973年左右,各种波长范围的高效率、高速率光电检测器件(PIN, APD)陆续问世,导致了光纤通信系统的迅速发展。1974年左右,许多国家都进行了各种室内的光纤通信传输实验。1976年后,出现了各种实用的光纤通信系统。1979年,单模光纤在1550nm波长上的损耗已降到0.2dB/km,已接近石英光纤的理论损耗极限。1980年,美国AT&T公司的45Mb/s光纤通信系统FT-3实现商用,光纤通信进入高速发展时期。

光纤通信系统(又称光波系统)的发展大致可以分为五个阶段:

第一代光波系统于1978年投入使用,光源采用波长为0.85μm(短波长,损耗3.5dB/km)的铝镓砷(AlGaAs)半导体激光器,硅材料PIN或APD光检测器,采用多模光纤,系统的传输速率为50~100Mb/s,中继距离为10km。与同轴电缆相比,较大的中继距离对系统设计者来说是一个巨大的鼓舞,可以减小对中继站的安装与维护费用。

第二代光波系统出现在20世纪80年代早期,光源采用波长为1.3μm(长波长)的铟镓砷磷/铟磷(InGaAsP/InP)半导体激光器,锗材料PIN或APD光检测器,采用多模光纤,中继距离超过20km,但由于受多模光纤中模式色散的影响,系统的传输速率被限制在100Mb/s以下。1987年实现了中继距离为50km,传输速率为1.7Gb/s的1.3μm单模光纤通信系统。

第三代光波系统出现在1990年,光源采用波长为1.55μm的半导体激光器,采用单模光纤与色散位移光纤,中继距离超过100km,传输速率为2.4Gb/s。

第四代光波系统以波分复用增加速率和用光放大器增加中继距离为标志,进行色散管理,可以采用或不采用相干检测方式,采用直接检测方式,实现了在2.5Gb/s速率上传输4500km和10Gb/s速率上传输1500km。从1990年开始,光放大器正引起光纤通信领域里发生着一次变革。

目前,人们已涉足第五代光波系统的研发,这种系统基于一个基本概念——光孤子,即由于光纤非线性效应与光纤色散效应相互抵消,使光脉冲在无损耗的光纤中保持其形状不变地传输的现象。1989年,掺铒光纤放大器开始用于光孤子放大,后来许多系统实验证实了光孤子通信的可能性,但自今尚无商业化传输系统。

与电通信相比,光纤通信具有如下优点:(1)通信容量大、传输距离远;(2)信号串扰小、保密性好;(3)抗电磁干扰、传输质量佳;(4)光纤尺寸小、重量轻,便于敷设和运输;(5)节约有色金属等。缺点是:(1)光纤的连接比电缆困难;(2)信号的处理(交换、路由)比电信号复杂;(3)一般用于长途干线通信中。

1.2.2 光纤通信系统发展趋势

光纤通信系统的发展趋势是网络化、大容量与高速化、全光化、多媒体化和器件集成化。

1. 网络化

信息化是21世纪的时代特征，信息化的基础是网络化。光纤通信向联网化方向发展已成为必然趋势，其中尤以同步数字体系（SDH）传送网和光纤接入网为典型代表。

SDH是一种以联网为基本特征的新型传输体系，SDH网络是一个将复接、线路传输及交换功能融为一体并由统一网管系统进行自动化管理的综合信息网。

光纤接入网作为电信网的一部分，直接面向用户，通过先进的光纤传输为用户提供各种业务服务。

2. 大容量与高速化

实现大容量与高速化的主要手段是采用复用技术，电复用鉴于电器件性能已达极限，很难超过2.5Gb/s，因此电复用向光复用转移已成定论。光复用有以下几种。

光时分复用（OTDM），它需较复杂的光子器件，离实用化尚有一段距离。

光频分复用（OFDM），将彼此光频靠得很近的光信号组合起来实现大容量传输，尤其是与相干光通信技术相结合，可大大提高复用信道数。

光波分复用（OWDM），将载有信息的各波长光信号复用传输，以实现大容量、多用途的目标，目前已得到广泛应用。目前商用的密集光波分复用（DWDM）系统的波长数已达到160个（实验室已做到1000个）。

波分复用（WDM），可以大大提高通信容量，相邻波长间隔越小，总的传输容量就越大，因此，减小WDM系统的波长间隔是人们努力的方向。普通的点到点WDM系统虽然有巨大的通信容量，但只提供了原始的传输带宽，必须要有灵活的节点才能实现高效灵活的组网。因此，光节点的开发十分重要。光分插复用器（OADM）和光交叉连接器（OXC）依靠光层上的波长连接解决节点的容量扩展问题，使单个节点容量从160Gb/s增加到10Tb/s。

3. 全光化

能消除电—光转换这一瓶颈。光放大技术实现对光信号的直接放大，更新传统的光/电/光中继器结构；光孤子传输将光纤的非线性效应与色散效应有机结合，实现无脉冲展宽的长距离传输；光交换技术直接对光信号的进出进行控制，实现全光信号的直接交换。

4. 传送业务的多媒体化

人们已经不能满足单一的语音通信，传送业务必须包括语音、数据、图像等多媒体业务。

5. 器件集成化

目前器件发展的方向是高速率、高性能、多用途、组件化和单片集成化。系统端机的集成化与模块化可提高传输速率与性能、简化结构、降低成本。

光传送网的最新发展趋势是自动交换光网络，使光联网从静态光联网发展到智能光网络，它将交换功能引入到光层，传送与交换在光层的进行。

自 测 练 习

1-12　英国人________在1899年和1901年分别实现了横跨英吉利海峡和大西洋的通信。

(A) 波波夫　　(B) 贝尔　　(C) 马可尼　　(D) 赫兹

1-13　通信系统的容量常用__________来描述。

1-14　不同波长的光波需选用不同的探测器,0.85μm 波长的光波应选用__________;而 1.55μm 波长的光波则选用__________。

1-15　光纤通信系统的发展趋势是__________。

1-16　SDH 的中文名称是__________。

1.3　光纤通信的基本概念

1.3.1　模拟信号与数字信号

在通信系统中,电信号分为模拟信号与数字信号两种,如图 1-7 所示。

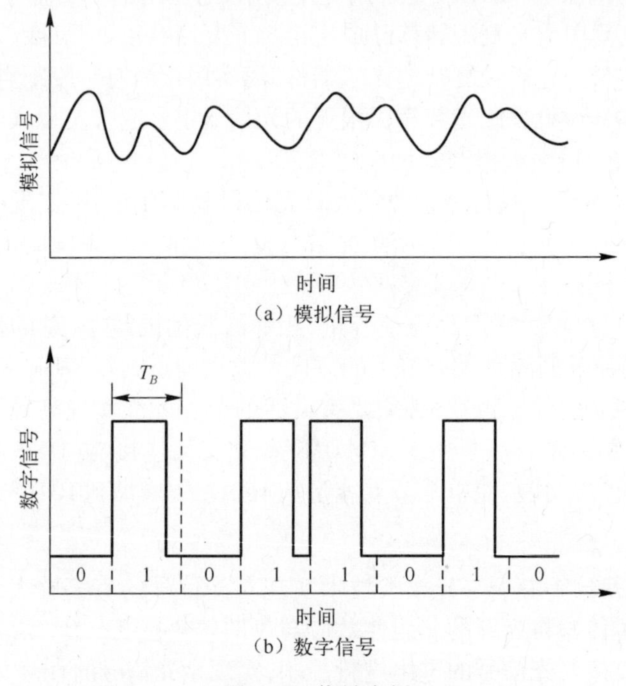

(a) 模拟信号

(b) 数字信号

图 1-7　信号表征

对模拟信号来说,其信号电流随时间作连续变化,最熟知的例子就是通过麦克风和摄像机将声音和图像信息转变成连续变化的电信号的音频和视频信号。相反,数字信号只取一些分离值,在二进制情况下,只存在 0、1 两种可能值,在电流开启或关闭的情况下分别对应两种状态,称为“1”码或“0”码,每一个码有一定的持续时间 T_B,叫作比特时间。描述数字信号的另一个量叫比特率 B,它的定义为每秒钟的比特数,即 $B=1/T_B$。最熟知的数字信号就是计算机的数据信号。无论是模拟信号还是数字信号,都具有一定的信号带宽,信号带宽表征了信号在傅里叶变换下所包含的频率范围。

模拟信号可以以一定的时间间隔进行取样、量化、编码后转变成数字信号。图 1-8 图示了变化过程。第一步,取样,取样速率由模拟信号的带宽 Δf 决定,根据取样原理,带宽受限的信号可以完全由一系列分离取样值来表示而不丢失任何信息,只要取样频率 f_s 满足奈奎斯特准则，$f_s \geqslant 2\Delta f$。第二步，量化，将信号幅度划分成 M 个分离值（并不一定要求等分），则每个取样值就会被量化到某一个分离值上。这种量化过程会增加噪声，叫做量化噪声，它会叠加在模拟信号的其他噪声上。

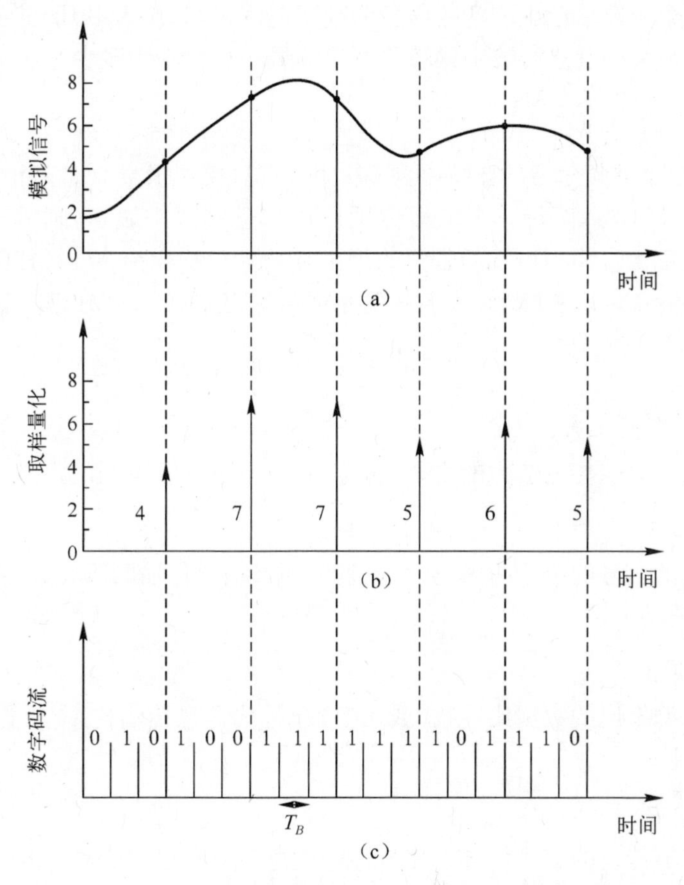

图 1-8　模拟信号转变为数字信号

量化噪声可以通过选择划分数目，使其满足 $M > A_{\max}/A_N$ 来降低到最小值，这里 $A_{\max}$ 为给定模拟信号的最大振幅，A_N 为模拟信号的均方根噪声幅度，比值 $A_{\max}/A_N$ 叫做动态范围，它与信噪比 SNR 有如下关系

$$\mathrm{SNR} = 20\lg(A_{\max}/A_N) \tag{1-3}$$

信噪比的单位是 dB。

第三步，编码。量化的取样值通过脉冲编码调制（PCM）方法转换成数字信号，用脉冲的有无来表示信息，量化值的大小通过一系列的“1”或“0”二进制码来表示，所需的二进制码的位数 m 与量化信号值 M 有关系

$$M = 2^m \quad 或 \quad m = \log_2 M \tag{1-4}$$

这样，采用 PCM 的数字信号的比特率可表示成

$$B = mf_s \geqslant 2\Delta f \cdot \log_2 M \tag{1-5}$$

将式（1-3）代入，可得

$$B > \Delta f \cdot \mathrm{SNR}/3 \tag{1-6}$$

式（1-6）表明了带宽为 Δf，信噪比为 SNR 的模拟信号进行数字化转化所需的最小比特

率。如 SNR > 30dB，则要求 $B > 10\Delta f$，表明数字信号对带宽的要求大大提高，但对于光纤来说，带宽不成为常需要考虑的问题。

例题 1-4 一个由电话产生的音频信号的频率范围是 0.3 ~ 3.4kHz，带宽 $\Delta f = 3.1$kHz，如要求信噪比约为 30dB，则其进行数字化转化所需的最小比特率为多少？

解：由式(1-6)，可得 $B > 31$kb/s

实际上，一个数字音频信号的比特率为 64kb/s，它对模拟信号以 1.25μs 的时间间隔进行取样（取样速率 $f_s = 8$kHz），而每一个取样值用八位二进制码来表示，则 $B = f_s \cdot 8 = 64$kb/s。数字电视所需带宽更大。模拟电视的带宽约为 4MHz，如信噪比为 50dB，其进行数字化转化所需的最小比特率为 66Mb/s，实际上，数字电视如不用标准格式（如 MPEG-2）进行压缩，其所需比特率为 100Mb/s 或更高。

1.3.2 传输速率

传输速率是衡量系统传输能力的主要指标。它有以下几种不同的定义。

1. 码元传输速率

携带数据信息的信号的单元叫做码元，每秒钟通过信道传输的码元数称为码元传输速率，单位是波特，简称波特率。

2. 消息传输速率

每秒钟从信息源发出的数据比特数（或字节数）称为消息传输速率，单位是比特/秒（或字节/秒），简称消息率。

3. 比特传输速率

每秒钟通过信道传输的信息量称为比特传输速率，单位是比特/秒（b/s），简称比特率（bit rate）。比特率经常在通信领域用作连接速度、传输速度、信道容量、最大吞吐量和数字带宽容量的同义词。比特率越高，传送的数据越大。声音中的比特率是指将数字声音由模拟格式转化成数字格式的采样率，采样率越高，还原后的音质就越好。视频中的比特率（码率）原理与声音中的相同，都是指由模拟信号转换为数字信号的采样率。

常利用比特率衡量声音和视频文件质量。例如，音频文件中：8kb/s 通话质量，32kb/s 中波广播质量，96kb/s FM 广播质量，128kb/s 普通 MP3 质量，1411kb/s 16 位 CD 质量。

比特率与波特率的区别与联系。波特率有时候会同比特率混淆，实际上后者是对信息传输速率（传信率）的度量。波特率可以被理解为单位时间内传输符号的个数（传符号率），通过不同的调制方法可以在一个符号上负载多个比特信息。因此信息传输速率即比特率在数值上和波特率有这样的关系：$S = IN$，其中 I 为比特率，S 为波特率，N 为每个符号负载的信息量，以比特为单位。因此只有在每个符号只代表一个比特信息的情况下，例如基带二进制信号，波特率与比特率才在数值上相等，但是它们的意义并不相同。

小结：

计算机中的信息都是用二进制的 0 和 1 来表示，其中每一个 0 或 1 被称作一个位，用小写 b 表示，即 bit（位）。大写 B 表示 byte，即字节，一个字节 = 八个位，即 1B = 8b。ADSL 上网时的网速是 512kb/s，如果转换成字节，就是 512/8 = 64kB/s。

1024b/s = 1kb/s，1024kb/s = 1Mb/s，1024Mb/s = 1Gb/s。$2^{10}=1024$。

1.3.3 归零码与非归零码

对于数字信号，有归零码与非归零码两种不同的码型，如图 1-9 所示。在归零码（RZ）中，表示“1”的光脉冲时间小于比特时间，所以，在比特时间结束前，脉冲幅度将回复到 0，而在非归零码（NRZ）中，光脉冲将在整个比特时间内保持，所以，在两个连“1”码之间，光脉冲幅度并不变成 0。这样，在 NRZ 码中，脉冲信号的宽度随信号而变，而在 RZ 码中脉冲宽度始终不变。NRZ 码的一个优点是其带宽比 RZ 码小，然而，NRZ 码的应用要求较好的脉宽控制技术，如果在传输过程中脉冲发生了展宽，可能产生误码。

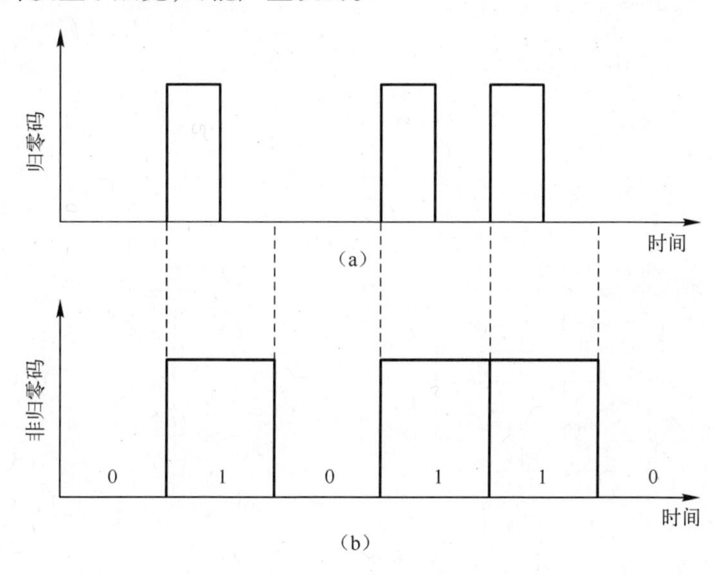

图 1-9 归零码与非归零码

1.3.4 系统容量

任何通信系统的性能最终都受限于接收信号的信噪比（SNR），根据信息论，在高斯噪声存在下，如果在传输过程中不引入其他噪声，可得到二进制数字信号系统的最大可能码率，这个码率称为信道容量，可表示成

$$C=\Delta f_{\mathrm{ch}}\log_2\left(1+\frac{S}{N}\right) \tag{1-7}$$

式中：Δf_{ch}为信道的带宽；S 为平均信号功率；N 为平均噪声功率。

信道的容量不能靠无限地增大带宽 Δf_{ch}来增加，即使是很完善的系统都会存在点噪声，点噪声是随 Δf_{ch}而线性增加的。考虑点噪声，我们有

$$C\leqslant C_{\max}=\left(\frac{S}{N}\right)\log_2\mathrm{e} \tag{1-8}$$

式中：e 为自然对数底数。与微波系统相比，光纤通信的信道带宽要大近 10000 倍，但信道容量并不是简单地增大 10000 倍，但毫无疑问，光纤通信系统的信道容量比微波系统大得多。

1.3.5 调制方式

将电信息加载到光波上的过程称为调制，通常是采用直接将电信号加载到光源或采用外调制器的方法来获得调制光输出。图1-10为激光调制实验装置图，图1-11为JDS Uniphase oc-192 modulator调制器，图1-12为可调谐DFB激光器输出激光光谱图，图1-13为经调制后输出的调制激光波形图（电域）。

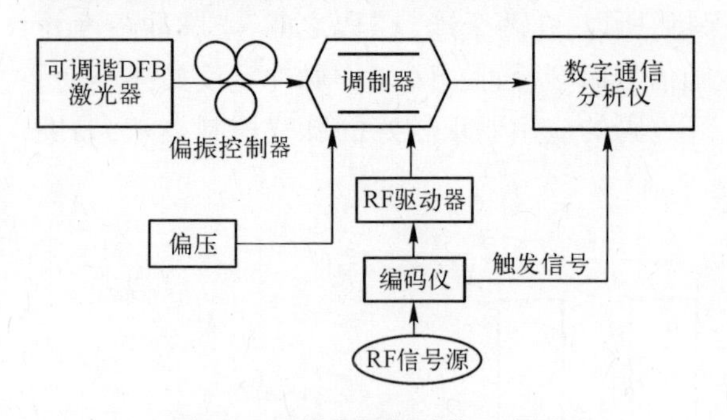

图1-10 激光调制系统示意图

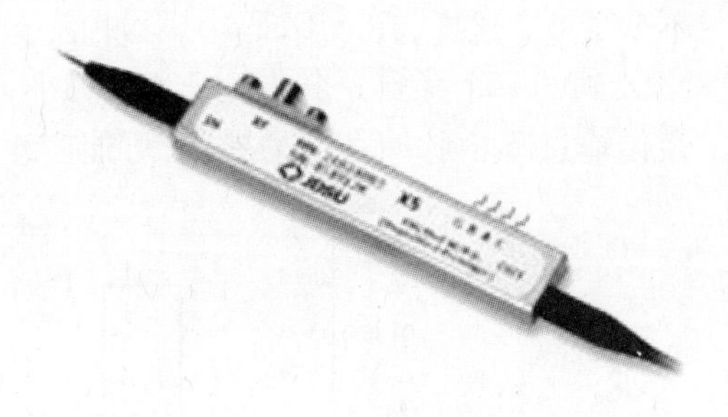

图1-11 调制器

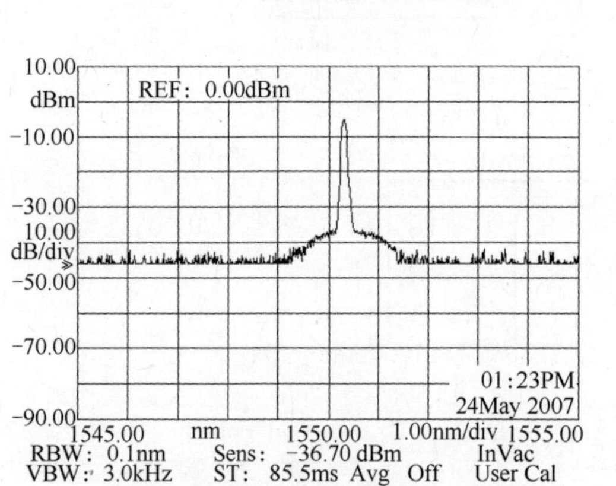

图1-12 可调谐DFB激光器输出激光光谱

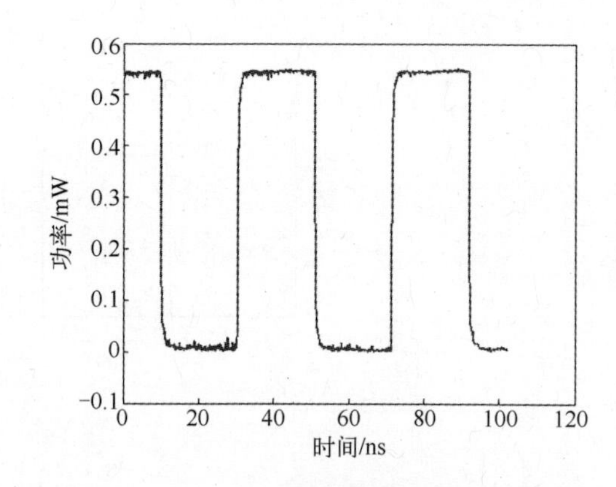

图1-13 调制激光波形图

激光的电场可表示为：

$$e_c(t)=A_c\cos(\omega_c t+\varphi_c) \tag{1-9}$$

式中：A_c为激光光场的振幅；ω_c为激光的角频率；φ_c为激光的初相位。式(1-9)中，如果振幅、频率和相位均为常数，则$e_c(t)$表示一个未调制的正弦光波即载波。如果上述三个参数之一受到外加信号控制而发生变化，则$e_c(t)$就成为调制波。

按照调制波控制参数（A_c、ω_c或$\omega_c t+\varphi_c$）的不同，激光调制可分为调幅、调频和调相等类型。在数字通信中，可以采取类似的调制方法，视载波的幅度、频率或相位在两个值之间改变而叫移幅键控（ASK）、移频键控（FSK）、移相键控（PSK）以及幅度和相位同时变化的正交幅度调制（QAM）。目前，在数字电视传输系统中，常用的数字调制方式是PSK和QAM，或二者的变种。

最简单的一种ASK叫开关调制（OOK），它以光信号的有无来表示“1”或“0”，大多数数字光纤通信系统都采用PCM与OOK相结合的方法。

ASK调制是以单极性非归零码序列来控制光载波的导通与关断。PSK调制则是用数字信号调制光载波的相位，它分为二移相键控(BPSK)、四移相键控(QPSK)及 M 进制移相键控(MPSK)。图1-14为MPSK调制格式星座图。BPSK信号的正弦载波有 0、π 两个可能的离散相位状态。QPSK信号的正弦载波则有 $\pi/4$、$3\pi/4$、$5\pi/4$、$7\pi/4$ 四个可能的离散相位状态。

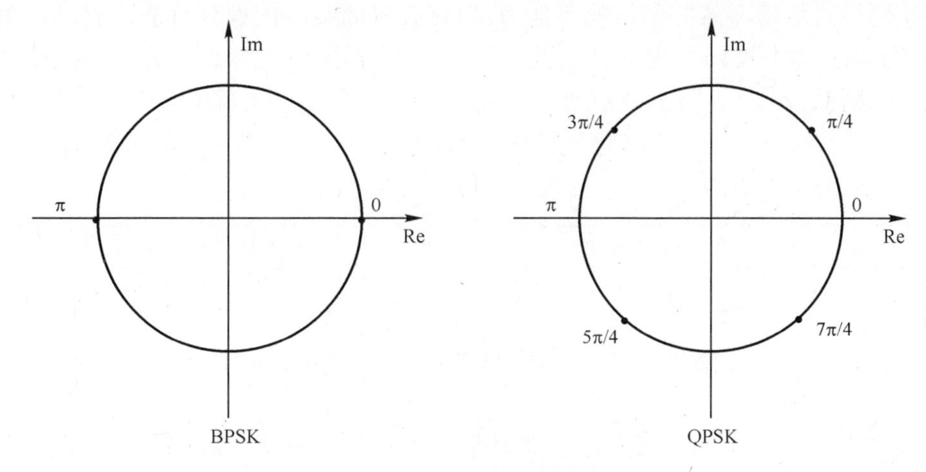

图1-14　MPSK调制格式星座图

M 进制正交幅度调制(M-QAM)是由两个正交载波的多电平ASK信号叠加而成的，图1-15为M-QAM调制格式星座图。4-QAM与QPSK信号的调制格式相同。M-QAM调制的最大优点是能有效地提高频谱效率。如 $M=2^k$，则频谱效率比OOK最大能提高 k 倍。但随着 M 的加大，星座图中欧氏距离减小，信号抗幅度噪声和相位噪声的能力下降，满足一定误码率下所需的平均发射功率增加。因此，星座图的设计应尽可能保持星座点间有较大的欧氏距离。

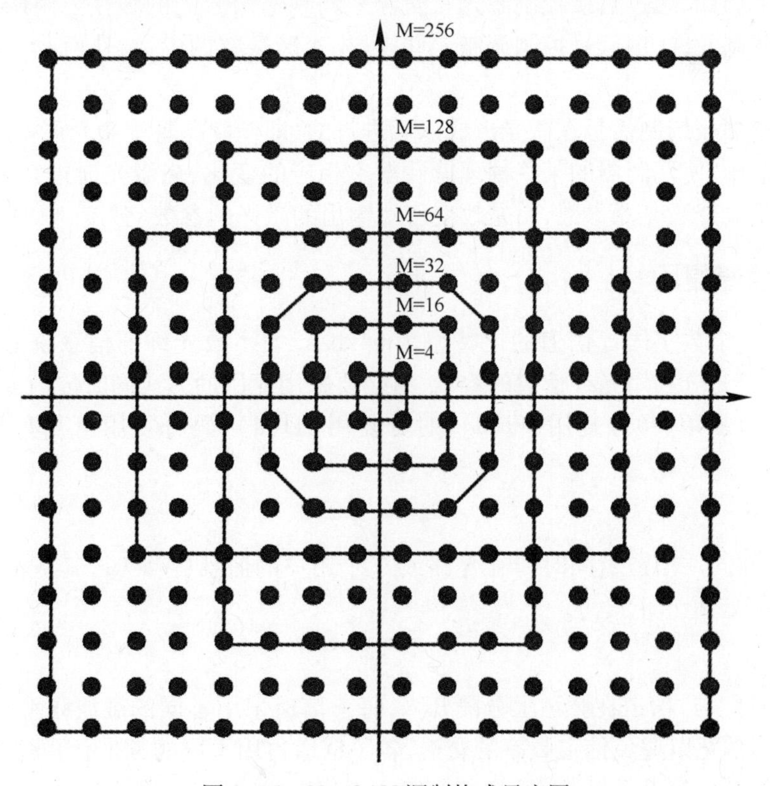

图1-15　M-QAM调制格式星座图

在 M 较大时，M－QAM 抗噪声的能力比同阶 PSK 要好，实际应用中 PSK 调制阶数 M 一般不大于 10。此外，更高的多进制调制（M 越大），意味着更高的频率效率，但更低的功率效率。

BPSK 码格式尽管有较好的抗噪声能力，但接收机的某一次误判可能造成后续全部码元的解码失效，采用差分编码方式可以克服这一点，这一调制技术称为差分移相键控（DPSK）。DPSK 编码原则是：对于“1”码，光载波相位不变；对于“0”码，光载波相位变化 π，如表 1－1 所列。

表 1－1　DPSK 编码

信号	0	0	1	0	1	1	1	0	0	0	0	1	0	1	0	1
DPSK 编码	0	π	π	0	0	0	0	π	0	π	0	0	π	π	0	0

DPSK 可以由两级铌酸锂双臂驱动马赫曾德尔调制器，通过选择适当的驱动条件来实现。

按载波的输出方式不同又可分为连续调制、脉冲调制和脉冲编码调制等。脉冲调制主要分为脉冲调幅、脉冲强度调制、脉冲调频、脉冲调位及脉冲调宽等类型。脉冲编码调制是先将连续的模拟信号通过抽样、量化和编码，转换成一组二进制脉冲代码，用幅度和宽度相等的矩形脉冲的有、无来表示，再将这一系列反映数字信号规律的电脉冲加在一个调制器上以控制激光的输出，这种调制形式也称为数字强度调制。

按调制器的位置分，激光调制分为内调制和外调制两类。内调制是指加载的调制信号在激光振荡的过程中进行，以调制信号的规律去改变振荡的参数，从而达到改变激光输出特性实现调制的目的。例如，通过直接控制激光泵浦源来调制输出激光的强度。内调制也可在激光谐振腔内放置调制元件，用信号控制调制元件，以改变谐振腔的参数，从而改变激光输出特性实现调制。

外调制是指加载调制信号在激光形成以后进行的，即调制器置于激光谐振腔外，在调制器上加调制信号电压，使调制器的某些物理特性发生相应的变化，当激光通过它时即得到调制。所以外调制不是改变激光器参数，而是改变已经输出的激光的参数（强度、频率等）。

1.3.6　信道复用

如前所述，一个数字语音信道的比特率为 64kb/s，大多数光纤通信系统能够传输 1Gb/s 以上的信号，为了充分利用光纤信道的容量，有必要采用复用的方法同时传输多路信号。常用复用方法有：信道复用、频分复用（FDM）、时分复用（TDM）、码分复用（CDM）及光波分复用（WDM）。

1. 信道复用

信道复用，在同一信道上同时传输 N 路或 N 个用户的信息（$N>1$），其基本方法是将该信道划分为 N 个子信道。

2. 频分复用

频分复用（FDM），信道在频域上分隔开来，每一信道采用不同的载波频率，载波频率的间隔应大于信道的带宽以避免信道频率的交迭，各子信道占用不同的频带，用滤波器分路。FDM 对模拟信号和数字信号都适用。

3. 时分复用

时分复用(TDM),不同信道的数据交叉形成一个复合数据,各子信道占用不同的时隙,用门分路。例如,64kb/s的单信道语音信号的比特率时间为15μs,采用TDM方法可以将5个这样的信道复合起来,相邻码之间仍有3μs的延时。TDM只适用于数字信号,几组TDM信号可以采用FDM方法复用起来以增加系统的容量。

采用TDM概念,形成了不同的数字系列,如表1-2所列。

表1-2　SDH复用等级和接口速率

SDH(中国、欧洲)	SDH(SONET)	速率/(Mb/s)
STM-1	OC-3	155.520
STM-4	OC-12	622.080
STM-16	OC-48	2448.320
STM-64	OC-192	9953.280

由于"电子瓶颈"限制,TDM不能获得较大(如40Gb/s以上)的传输速率。单波长通信系统远不能有效利用光纤带宽。

4. 码分复用

码分复用(CDM),各子信道采用不同的相互正交的码序列,用相关器分路。

5. 光波分复用

光波分复用(WDM),一根光纤同时传输几个不同波长的光载波,每个光载波携带不同的信息,用光滤波器分路。WDM分为BWDM和DWDM两种,BWDM是利用1.3μm和1.55μm附近两个低损耗窗口构成两个波长的WDM系统,DWDM系统工作在1.55(1.50~1.60)μm窗口,同时用8、16或更多个波长,其中各波长之间的间隔约为1.6nm、0.8nm或更小,对应于200GHz,100GHz或更窄的频率间隔,得到广泛应用(以下用WDM表示)。WDM技术成为目前光纤通信最具代表性的先进技术。表1-3为国际电信同盟(ITU-T)对WDM标称波长的规定,以1552.52nm(193.1THz)波长为中心,信道间隔为100GHz。

表1-3　ITU-T WDM标称波长

标称中心频率/THz	标称中心波长/nm	标称中心频率/THz	标称中心波长/nm
……	……	193.0	1553.33
193.3	1550.92	192.9	1554.13
193.2	1551.72	192.8	1554.94
193.1	1552.52	……	……

WDM系统在发送端用复用器(OMUX)组合不同波长的光信号并耦合到同一根光纤中,在接收端用解复用器(ODMX)分离不同波长的光信号并作进一步处理。传输中继放大采用掺铒光纤放大器(EDFA)。DWDM+EDFA+G.655光纤+光子集成,是长途光纤宽带传输的主要技术方向。基于WDM和波长选路的光传送网已成为主要的核心网。

WDM的特点:

(1) 利用多个波长并行传输,突破电子电路的速率极限,减小了光纤色散的影响,充分利用光纤的巨大带宽资源，使单根光纤的传输容量比单波长传输增加几倍、几十倍甚至几百倍；

（2）各波长的信道相对独立，可同时传输不同类型、不同速率的信号；

（3）可降低对光/电，电/光器件要求；

（4）在光域传输的透明性好；

（5）高度的组网灵活性、经济性和可靠性。

1.3.7 眼图

1. 眼图

眼图是指利用实验的方法估计和改善（通过调整）传输系统性能时在示波器上观察到的一种图形。观察眼图的方法是：用一个示波器跨接在接收滤波器的输出端，然后调整示波器扫描周期，使示波器水平扫描周期与接收码元的周期同步且只出单周显示，这时示波器屏幕上看到的图形像人的眼睛，故称 为"眼图"，如图 1-16 所示。在无码间串扰和噪声的理想情况下，波形无失真，每个码元将重叠在一起，最终在示波器上看到的是迹线又细又清晰的"眼睛"，"眼"开启得最大。当有码间串扰时，波形失真，码元不完全重合，眼图的迹线就会不清晰，引起"眼"部分闭合。若再加上噪声的影响，则使眼图的线条变得模糊，"眼"开启得小了。因此，"眼"张开的大小表示了失真的程度，反映了码间串扰的强弱。由此可知，眼图能直观地表明码间串扰和噪声的影响，可评价一个基带传输系统性能的优劣。另外也可以用此图形对接收滤波器的特性加以调整，以减小码间串扰和改善系统的传输性能。

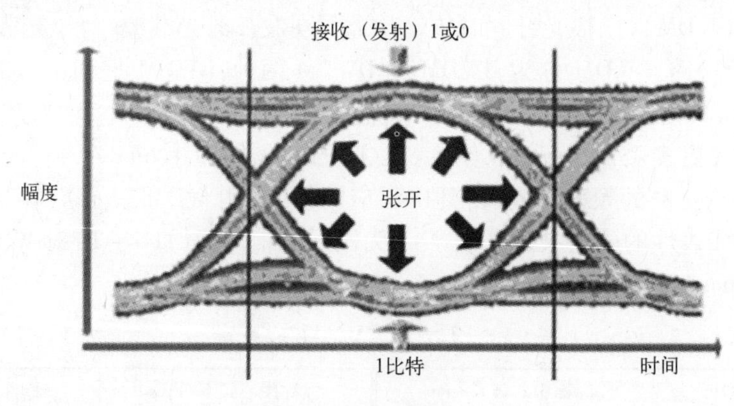

图 1-16 眼图

2. 眼图实例

图 1-17 为 10Gb/s（即 9.95328Gb/s）SDH/SONET 2^7-1 伪随机二进制序列（PRBS）RZ 信号波形曲线。输入信号波长为 1550.357nm，当输入信号功率为 4.99dBm，光纤放大器泵浦电流为 65.93mA 时，输入信号眼图如图 1-18 所示（用 hp 83480A 型数字通信分析仪观察）。

当泵浦电流为 101.04mA，输入信号经过 50.4km 长距离传输后，图 1-19 为信号经过 50.4km 传输后的眼图。从图上可以看出，信号眼图基本闭合，说明此时系统性能非常差。此时，在系统中插入色散补偿器，可改善系统的传输性能。当插入色散参数 $D=-647.8$ps/nm · km 的色散补偿器后，信号眼图如图 1-20 所示。从图 1-20 上可以看出，信号得到很好补偿。这是由于色散补偿器对已展宽的光脉冲进行压缩，迫使信号复原。

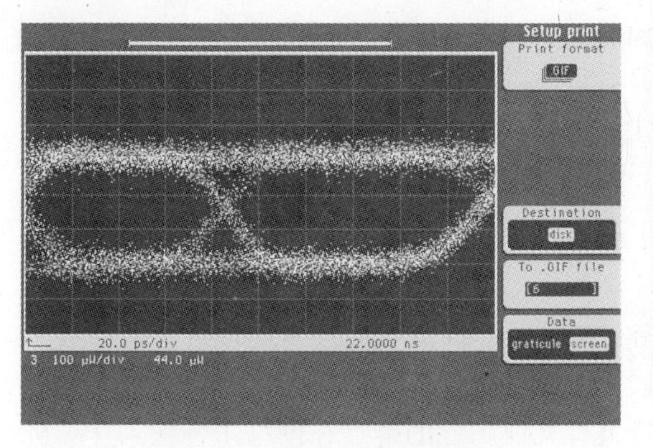

图 1-17　10Gb/s 波形曲线

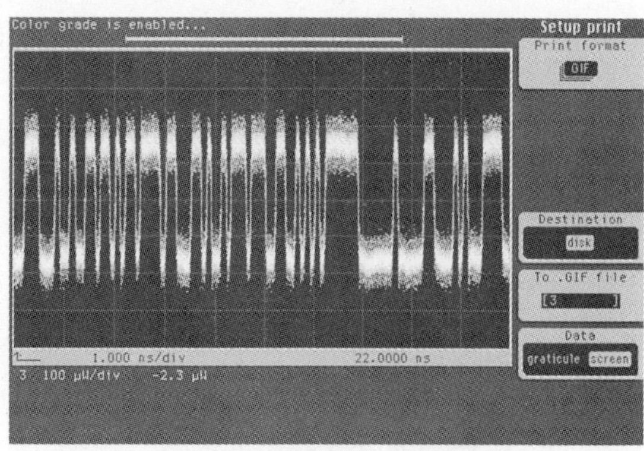

图 1-18　10Gb/s PRBS NRZ 信号眼图

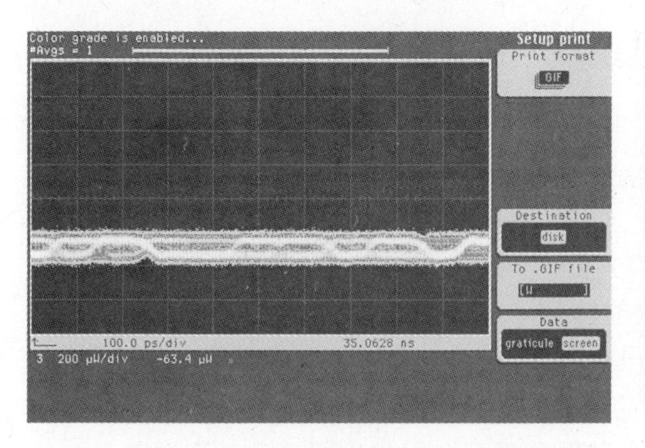

图 1-19　传输 50.4km 后信号眼图

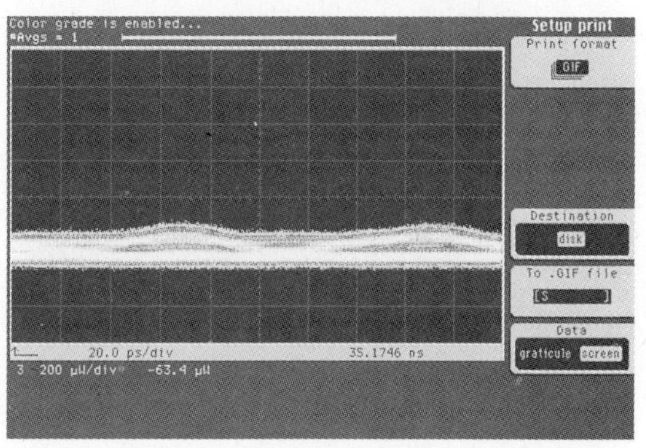

图 1-20　加入色散补偿之后的眼图

自测练习

1-17　在通信系统中,电信号分为____________与____________两种。

1-18　比特时间 T_B是指____________。比特率 B 的定义为____________。

1-19　模拟信号转变成数字信号的步骤是________、________、________。所得信号称为________。

1-20　一个数字音频信号的比特率为____________。

1-21　任何通信系统的性能最终都受限于接收信号的____________。

1-22　BPSK 信号的正弦载波的离散相位状态是________。QPSK 信号离散相位状态是________。

1-23　STM－16 系统的传输速率是____________。

1-24　ITU－T 所规定 WDM 系统标称中心频率为________。波长间隔为 0.8nm 的系统,所对应频率间隔为____________。

1-25　眼图是____________在信道中传输,加入了信道噪声,在接收端,使用示波器采用位同步所产生的图形。

1-26　用数字通信分析仪观察到某一信号眼图,仪器的时间刻度调整为 20ps/格,观察到的“眼睛”宽度约为 5 格,则该信号的速率为____________ Gb/s。

1-27 标准的有线传输采用脉冲编码调制(PCM),每秒钟抽样________次,每次抽样值用8bit来表示,总的码率是64kb/s。

(A) 400　　(B) 800　　(C) 40000　　(D) 8000

1.4 计算机通信网简介

计算机通信网是指一群互联的、相互通信的、独立的计算机及数据终端设备。从组成来说,计算机通信网包括一系列用户终端、计算机、具有信息处理与交换功能的节点及节点间的传输线路。用户通过终端访问网络,其信息通过具有交换功能的节点在网络中传输。计算机通信网可分为用户子网和通信子网。

1.4.1 计算机通信网与TCP/IP互联

计算机通信网又称全球互联网(Internet),起源于美国远景规划局所建计算机网络——ARPA(1969年建立)。1983年左右,ARPA上的所有机器转向TCP/IP协议,并以ARPA为主干建立Internet。1989年,ARPA正式宣布关闭。目前全球加入了Internet的国家已达175个。中国于1994年正式接入Internet。我国互联网事业发展十分迅速,先后建成了中国科学技术网(CSTNET)、中国公用计算机互联网(CHINANET)、中国教育和科研计算机网(CERNET)、中国金桥信息网(CHINAGBN)、中国联通互联网(UNINET)等几个主要的互联网络。

什么是Internet? 有人说,Internet是"网络的网络"。它采用TCP/IP协议簇将世界各地成千上万个不同类型的计算机网络连接起来,让全世界几千万个用户进行通信和资源共享。总的说来,Internet是由众多的计算机网络互联组成、采用TCP/IP协议与分组交换技术、由众多的路由器连接而成的全球信息资源网。

Internet采用网际互联技术,它提供异构网络互联的方法及一组通信约定,将许多不同的物理网络互联起来并使它们成为一个协调的整体,与具体网络无关,又称开放系统互联(OSI)。

TCP/IP(Transmission Control Protocol/Internet Protocol)是为Internet设计的工业标准协议簇。IP技术的核心就是TCP/IP协议簇。Internet是一种最典型的IP网络。

IP层协议在TCP/IP确立的网络层次结构中起着核心作用,它采用无连接方式传递数据报,这样上层应用不用关心低层数据传输的细节,可以提高数据传输的效率;通过IP数据包和IP地址将各种物理网络技术统一起来,达到屏蔽低层技术细节,向上提供一致性的目的。这样,可以使物理网络的多样性对上层透明。因此,Internet可以充分利用各种通信媒介,从而将全球范围内的计算机网络通过统一的IP协议联在一起。

1.4.2 OSI与TCP/IP分层模型

OSI模型由应用层、表示层、会话层、传输层、网络层、数据链接层及物理层组成,又称七层参考模型。TCP/IP四层分层模型为应用层、传输层、网络层、网络接口层。上层协议层需要低层的协议层提供服务,这样,当任何一个计算机应用模块有网络通信的需求时,只要按照标准的接口使用低层协议模块提供的网络服务即可。表1-4给出了OSI与TCP/IP的网络体系结构。

表 1-4　OSI 与 TCP/IP 网络体系结构

<table>
<tr><td>应用层</td><td rowspan="3">应用层</td><td colspan="6" rowspan="3">FTP、HTTP、Telnet、SMTP、POP3、SNMP、DNS</td></tr>
<tr><td>表示层</td></tr>
<tr><td>会话层</td></tr>
<tr><td>传输层</td><td>传输层</td><td colspan="6">TCP、UDP</td></tr>
<tr><td>网络层</td><td>网络层</td><td colspan="6">IP、ICMP、ARP、IGMP</td></tr>
<tr><td>数据链接层</td><td rowspan="2">网络接口层</td><td rowspan="2">Ethernet</td><td rowspan="2">FDDI</td><td rowspan="2">ATM</td><td rowspan="2">FR</td><td rowspan="2">X. 25</td><td rowspan="2">ISDN</td></tr>
<tr><td>物理层</td></tr>
</table>

1. 应用层

应用层是 TCP/IP 四层模型的最高层,应用程序通过该层访问网络。这一层有许多标准的 TCP/IP 工具与服务,比如 FTP(文件传输)、Telnet(远程登录)、SNMP(简单网络管理)、SMTP(简单报文传送)、DNS(域名服务)等。

2. 传输层

传输协议在计算机之间提供端到端的通信。两个传输协议分别是传输控制协议 TCP 和用户数据报协议 UDP。TCP 为应用程序提供可靠的通信连接,适合于一次传输大批数据的情况,并适用于要求得到响应的应用程序。UDP 提供了无连接通信,且不对传送包实行可靠保证,适合于一次传输少量数据,数据的可靠传输由应用层负责。传输协议的选择依据数据传输方式而定。

3. 网络层

网络层协议负责相邻计算机之间的通信。它将数据包封装成 Internet 数据报,并运行必要的路由算法。四个网络层协议是:网际协议(IP)、地址解析协议(ARP)、网际控制报文协议(ICMP)和互联网组管理协议(IGMP)。IP 主要负责在主机和网络之间寻址和路由数据报,ARP 获得同一物理网络中的硬件主机地址,ICMP 发送消息并报告有关数据报的传送错误,IGMP 被 IP 主机用来向本地多路广播路由器报告主机组成员。

4. 网络接口层

网络接口层是 TCP/IP 网络模型的最低层,负责数据帧的发送和接收。这一层从 IP 层接收 IP 数据报并通过网络发送之,或者从网络上接收物理帧,抽出 IP 数据报,交给 IP 层。

IP 支持广域网和本地网接口技术。它所支持的本地网技术包括 LAN 技术(如 Ethernet、Token Ring)以及 MAN(Metropolitan Area Network)技术(如 FDDI)。TCP/IP 还支持两种主要类型的广域网技术:串行线路和分组交换网络。串行线路包括模拟电话线、数字线和租用线。分组交换网络包括 X. 25、帧中继和 ATM 等。

在 TCP/IP 模式中,数据从一层传递到另一层。在这个过程中,每一层的协议软件为上一层进行数据封装。数据封装是一个按照较低层协议要求的格式保存数据的过程。

在 TCP/IP 各层中数据单位的名称随着相应协议的不同而不同。物理层用比特位串表示所有数据,数据链路层将数据帧(又称物理帧)作为数据单位(如以太网是以太网帧),网络层将 IP 数据报作为数据单位,至于传输层,它采用 TCP 时将 TCP 段或 TCP 传输报文作为数据单位,采用 UDP 时将 UDP 数据报作为数据单位,应用层将应用报文作为数据单位。图 1-21 为

TCP/IP 各层协议报格式。

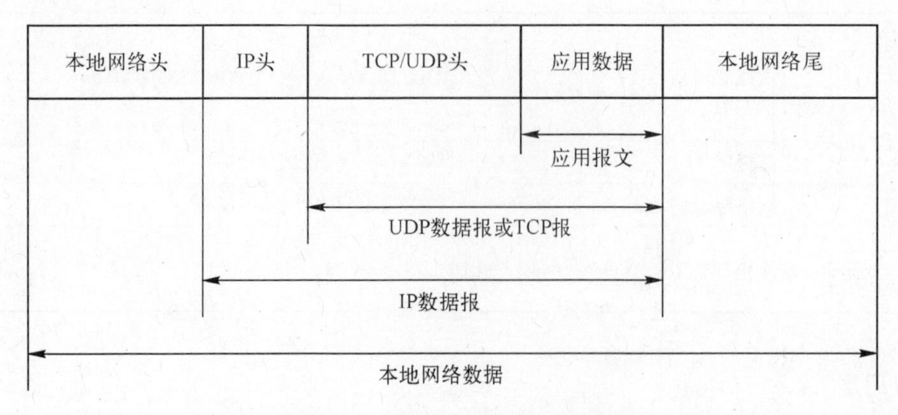

图 1-21　TCP/IP 各层协议报格式

1.4.3　IP 地址技术

从概念上来说,地址是系统中某个对象的标识符。在物理网络中,各站点都有一个机器可以识别的地址,该地址称为物理地址(也叫硬件地址或 MAC 地址)。在互联网中,统一通过上层软件(IP 层)提供一种通用的地址格式,在统一管理下进行分配,确保一个地址对应一台主机。这样,全网的物理地址差异就被 IP 层屏蔽,通称 IP 层所用的地址为互联网地址或 IP 地址。它包含在 IP 数据报的头部。

IP 地址在概念上有三层:互联网、网络和主机。一个互联网包含多个网络,一个网络中有若干台主机。IPv4 规定地址总长 32 位,分为 5 类,如图 1-22 所示。

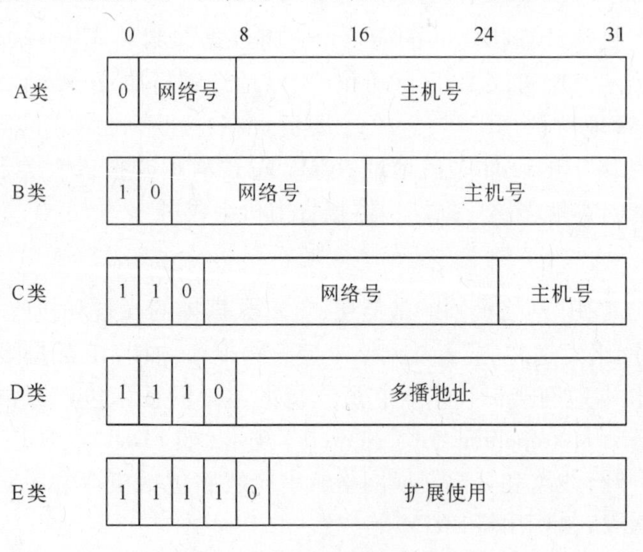

图 1-22　IPv4 地址分类

A 类地址:适用于大型网络,网络号占 7 位,主机号占 24 位,可容纳网络数为 27 个,每个 A 类网络拥有主机数最多为 224 台。

B 类地址:适用于中型网络,网络号占 14 位,主机号占 16 位,可容纳网络数为 214 个,每个 B 类网络拥有主机数最多为 216 台。

C 类地址:适用于小型网络,网络号占 21 位,主机号占 8 位,可容纳网络数为 221 个,每个 C 类网络拥有主机数最多为 28 台。

D 类地址:多播地址,支持多目传输技术,即与网络中多台主机同时通信。

E 类地址:将来扩展用。

为了易于理解,IP 地址的表示采用点分十进制表示法(Dotted Decimal Notation),即每 8 位二进制数值用十进制数表示,且每个量之间用一个点分开,如 202.114.208.240 是一个 C 类地址。

除了上述 5 类地址外,IP 还定义了几类特殊的 IP 地址。

网络地址:IP 把主机号的所有位都为“0”的地址保留给网络本身。

定向广播地址:IP 把主机号各位全为“1”的地址指定为定向广播地址,表示向某网络内所有主机发送信息。

有限广播地址:由 32 个“1”组成,它只向本地网络广播。

“0”地址:TCP/IP 规定:网络号各位全为“0”的 IP 地址,称为“0”地址。当需要本网内通信,但又不知本网网络号的情况下使用“0”地址。

回送地址:A 类网络地址 127 是一个保留地址,用于网络软件测试以及本地机进程间通信,称为回送地址。

1.4.4 IP 技术的发展现状

TCP/IP 协议最初是为提供非实时数据业务而设计的,因此传统的 IP 网传送实时音频、视频能力较差。随着 Internet 业务的增多和技术的成熟,IP 技术自身也在不断发生变化。这些变化已经使人们对传统的电信和计算机通信的概念有了新的认识。在 IP 网上除了收发电子邮件、浏览主页外,还可以进行实时通话甚至观看点播电视。特别是 IP 电话的发展,拉近了传统电信网与数据通信网的距离,给电信市场带来极大的冲击。IP 技术现已进入电信市场。

总的来看,目前 IP 技术的发展主要表现在以下几个方面。

1. 从 IPv4 到 IPv6

现在 Internet 上运行的 IP 协议是 IPv4,改变 IP 协议的动机主要表现在两个方面:

(1) 地址空间即将耗尽。

(2) 新的 Internet 应用需要高效传输。

IPv6 保留了 IPv4 赖以成功的许多优点,但也有许多改进。IPv6 的特点主要有:扩大了地址空间,从原来的 32 位扩展到 128 位;简化了 IPv4 的头标格式;并定义了服务质量等功能。

2. IP 网传送实时业务技术

IETF 定义了一系列的技术和协议来确保 Internet 上业务的 QoS 要求,便于同时支持非实时的数据信息和实时的多媒体数据信息。

(1) RTP/RTCP(实时传输协议/实时传输控制协议,RFC1889):是为支持实时多媒体通信而设计的传输层协议。它与 UDP 配合使用,为应用进程之间提供了实时信息通信的能力,RTP 协议负责传送带有实时信息的数据包;RTCP 则负责管理传输质量和在当前应用进程间交换的控制信息。

(2) RSVP(资源预留协议):它处于传输层,主要功能是在非连接的 IP 协议上实现带宽预留，确保端对端间的传输带宽，尽量减少实时多媒体通信中的传输延迟和数据到达时的抖动。RSVP 还可以按不同应用分配带宽。

3. IP 多播技术

在传统的 Internet 中，从一台服务器发送出的每个数据包只能传送给一个客户机。如果有另外的用户希望顺路获得这个数据包的拷贝是做不到的。每个用户必须分别对服务器发送单独的查询，服务器则向每个用户发送数据包拷贝。解决办法是采用多点广播(Multicasting)技术。IP 多播技术允许路由器一次将数据包复制到几个通道上，从而减少引起网络拥塞的可能性。

4. IP Over What?

IP Over ATM，IP Over SDH 和 IP Over Optical 等 IP 骨干网技术是目前大家讨论的焦点，究竟 IP Over 什么好？目前，国外以 Web 业务为主的 Internet 网络提供商主要使用 IP Over SDH 的技术，而传统的电信运营商多是实时性要求高的业务，多选择 IP Over ATM，而 IP Over Optical 技术将综合前两者的优点，克服其缺点。这三种技术将在较长一段时间内共存，在宽带通信网络中将发挥各自的作用，逐渐走向融合，最后统一于 IP Over Optical 技术。

5. 路由和交换技术

传统路由器通常依靠软件来实现网络的第三层控制功能，延迟大，转发速度慢。而以 ATM 为代表的交换技术是用硬件实现交换，每个事件沿着同一路径，通常实现第二层数据单元的交换功能，速度快，面向连接。如何将路由技术和交换技术结合起来，提高网络转发 IP 数据报的效率是目前 IP 网络发展的热点问题。

1.4.5 IP 业务简介

目前，IP 业务已经全面渗透到电信产业的各个领域，已经远远超出了当初建立 Internet 网时的设想。人们不再满足于 E-mail(电子邮件)、FTP(文件传输)、Telnet(远程登录)、WWW 浏览等一些基本应用，开始关注 IP 电话/传真、网上寻呼、IP 电视会议、VPN(虚拟专用网)以及电子商务等一些新业务。从总体上看，这场革命将以实时业务和商业应用为主导。

1. IP 电话

Internet 电话技术通常被称 IP 电话或 IPhone，它主要指利用 Internet 作为传输载体实现计算机与计算机、普通电话与普通电话、计算机与普通电话之间的语音通信的技术。IP 电话技术受到如此关注的最重要原因就是可以非常显著地降低长途通话费用。

现有电话网为每一次成功的呼叫都提供一条 64kb/s 的固定信道。因此，只要没有挂机，这条 64kb/s 的信道始终不能被别的呼叫使用，即使是没有人说话或是在语音停顿时也是如此。而 IP 电话则不同，语音信息不占用固定的信道，而且有信息时才传送，因此 IP 电话的带宽利用率远远高于现有电话。另外，IP 电话使用的压缩技术可以将语音信息压缩到 10kb/s 以下，对带宽的占用远远低于现有电话。

由于 IP 电话的带宽利用率高，再加上政策上的原因，使 IP 电话的使用费相对较低，尤其是国际长途电话费远远低于现有电话，这也是 IP 电话真正的魅力所在。

目前，世界上许多公司纷纷投入到 Internet 电话技术的研究中。Internet 网络带宽的提高、硬件压缩技术的发展和高效压缩算法的应用，使 Internet 电话的话音质量大幅度提高。ITU-T 的 H.323 建议为 Internet 电话的发展奠定了标准化的基础。

为了克服早期只能在 PC 与 PC 之间打 IP 电话的缺点，IP 电话公司开始开发一种称作 Internet 电话网关(Internet Telephone Gateway，ITG)的产品。采用网关，可以把传统电话与 Internet 连在一起，使得普通电话具有 Internet 电话的优越功能。ITG 是解决普通 PSTN 电话用户通过 Internet 打长途电话的最佳方案。由于 ITG 对于呼叫方和被叫方都是本地电话，因而 ITG 可以使 Internet 电话费用低的优点扩展到普通的 PSTN 用户的中继线。市话网的用户可以通过一个特服号拨入 ITG，本地的 ITG 通过 Internet"呼叫"远方的 ITG，远方的 ITG 再呼叫本地的 PSTN 用户。ITG 除了完成电话网与 Internet 的硬件接口外，还承担着信令转换、话音处理、呼叫应答与提示、路由寻址等功能。ITG 真正实现了 PSTN 与 Internet 的有机结合。

2. 基于 IP 的 VPN

VPN 是数据通信网的一种增值业务，可以允许不同部门在此数据通信网上开展虚拟专用网 VPN 业务，就像自己拥有一个专用通信网一样。VPN 的优势在于动态使用网络资源，并提供高可靠性、低费用的通信。

IP 虚拟专用网(Virtual Private Network，VPN)利用了 Internet 及其广泛的网络覆盖特点，在 Internet 网络范围内，理论上它可以做到以"任何地点到任何地点"的方式组合专用广域网。由于它是 Internet 上的逻辑网络，同时又具有同真实的专用网相似的独立性、保密性、安全性，因此称之为 IP 虚拟专用网。VPN 的网络与信息安全性是它的基本性能与关键性能。目前，解决安全问题的技术手段主要有：访问控制、鉴权认证、信息加密、数字签名。使 IP VPN 具有独立性能的主要技术是隧道技术(Tunneling)。

此外，还有基于 IP 的会议电视、手机 QQ 等新型业务。

自 测 练 习

1-28　开放系统互联网络 OSI 七层参考模型是____________________。

1-29　TCP/IP 的英文名称全称是 ____________________。

1-30　TCP 的作用是____________，而 IP 的作用是____________。

1-31　TCP/IP 的网络体系的四层结构是____________________。

1-32　物理层是指____________________。

1-33　IPv4 规定地址总长________比特，分为 5 类，地址 202.114.208.240 属于__________。

1.5　光纤通信网络概述

从上节我们知道，计算机通信网包括一系列用户终端、计算机、具有信息处理与交换功能的节点及节点间的传输线路。光纤有着巨大的频带资源和优异的传输性能，是实现高速率、大容量传输的最理想的物理媒质。交换是通信网的另一主要组成部分，为了解决电子交换与信息处理网络发展的电子瓶颈，在交换系统中引入光子技术，实现光交换是一种很好的解决方案。目前光纤通信网络(简称光网络)已成为信息传输的基础网络，计算机通信网在某种意义上说就是基于光纤传输的光纤通信网络。

通信网络的发展已经历了两代，第一代全电网络及第二代电光网络，正向着第三代全光网络发展。全光光纤网(简称全光网)是在光域上实现传输和交换的网络。从现有的光 SDH 网迈向新一代全光网,将是一个分阶段演化的过程。三代网络比较,如表 1-5 所列。

表 1-5　三代网络比较

网络名称	第一代网络	第二代网络	第三代网络
	全电网络	电光网络	全光网络
网络举例	低速以太网	SDH 网	MONET(美)
	低速信令环	ATM 网	MWTN, OPEN, PHOTON(欧洲)
	低速信令总线		WP/VWP,FRONTIER(日本)
物理媒质	电缆	光缆	
节点处理信号	电信号	光电变换后,对电信号进行处理	光信号
节点特性	节点是转发站		节点不是转发站
	存在电子瓶颈		不存在电子瓶颈
	本节点为其他节点传输和处理信号服务		本节点只处理与本节点有关的信息
	电分插复用(ADM)、电交叉连接、电信号存储		不为其他节点传输和处理信号服务
			光分插复用(ADM)、光交叉连接、光信号存储、光波长转换
			节点具有最少量的 O/E、E/O 变换
结构特性	不灵活		非常灵活
	电子瓶颈的限制、不能随时增加一些新节点		随时增加一些新节点
透明度	不透明		完全透明
			同时兼容不同速率、协议、调制格式的信号

下一代的新型网络——全光网应具备的特性:

(1) 很高的可靠性、安全性和存活性。

(2) 良好的可扩展性,以适应业务发展的需求。

(3) 良好的透明性,以适应任何类型、格式及任何速率的信息。

(4) 高速、高质量和无阻塞的传输和交换性能。

(5) 能实现全业务服务,包括音视频多媒体业务。

(6) 强的兼容性,能实现多种技术、网络、媒体及业务的融合。

(7) 能实现全时、全方位的无缝服务。

(8) 进行个体化服务的能力。

(9) 管理简单、维护方便。

(10) 价格合理、费用低廉。

小结:

通信网组成三要素是交换设备、传输设备、用户终端。在全光网系统,交换是光交换、传输是光纤传输、只是在用户终端用少量的光电转换。

如果把电通信(包括移动通信)、计算机通信比喻为前台表演,那么光通信网络则是后台准备。没有后台的支持,前台是无法表演的。

自测练习

1-34 通信网络的发展已经历了两代，第一代全电网络及第二代________网络，正向着第三代________网络发展。

1-35 全光光纤网（简称全光网）是在光域上实现________和________的网络。

1.6 光纤通信系统计算机辅助设计工具简介

目前，光波系统正在变得日益复杂，光网络构建的成本压力也与日俱增。电信运营商正寻求花较少的费用来扩展光网络系统。但这些系统通常包含多个信号通道、不同的拓扑结构、非线性器件和非高斯噪声源等，对它们的设计和分析是相当复杂和需要高强度劳动的。先进的计算机辅助设计工具使得这些系统的设计和分析变得迅速而有效。常见的仿真软件有 OptiSystem、Photoss 等，如表 1-6 所列，其中 OptiSystem 是一种最流行的光波系统仿真系统。本教材重点介绍 OptiSystem 系统。

表 1-6 常见光网络计算机辅助设计工具

公司（国别）	仿真软件名称	网址	功能
Optiwave（加拿大）	OptiSystem	www. optiwave. ca	器件、传输
ZKOM（德国）	Photoss	www. zkom. de	器件、传输、交换
IPSIS（法国）	COMSIS	www. ipsis. com	传输
Rsoft Inc.（美国）	LinkSIM	www. rsoftinc. com	器件、传输
Artis（意大利）	OptSimArtifex	www. artis - software. com	传输、网络
VPI（德国）	PTDS	www. virtualphotonics. com	器件、传输、网络
OPNET Technologies（美国）	OPNET Modeler WDM Guru	www. opnet. com	传输、网络
Univ. of Ottawa（加拿大）	RWANCO WCONSIM WRONSIM	www. site. uottawa. ca	传输、网络

1.6.1 OptiSystem 简介

OptiSystem 是一个基于实际光纤通信系统模型的系统级模拟器，它集设计、测试和优化各种类型宽带光网络物理层的虚拟光连接等功能于一身，从长距离通信系统到 LANS 和 MANS 都使用。OptiSystem 具有强大的模拟环境和真实的器件和系统的分级定义。它的性能可以通过附加的用户器件库和完整的界面进行扩展，而成为一系列广泛使用的工具。全面的图形用户界面控制光子器件设计、器件模型和演示。巨大的有源和无源器件的库包括实际的、波长相关的参数。参数的扫描和优化允许用户研究特定的器件技术参数对系统性能的影响。因为是为了符合系统设计者、光通信工程师、研究人员和学术界的要求而设计的，OptiSystem 满足了急速发展的光子市场对一个强有力而易于使用的光系统设计工具的需求。

在正确安装 OptiSystem 系统软件后，双击其在桌面上的图标。此时，用户操作界面，如图 1-23 所示。用户操作界面分为工作区、元件库和状态栏等主要组成部分。工作区是人们从事设计工作的场所，在这个区里，可以插入组成系统的各种元器件、编辑器件、连接各器件；元件库是系统存放各种元器件的地方；状态栏则显示使用 OptiSystem 的相关提示及其他帮助。此外，菜单栏包含 OptiSystem 所有的菜单。

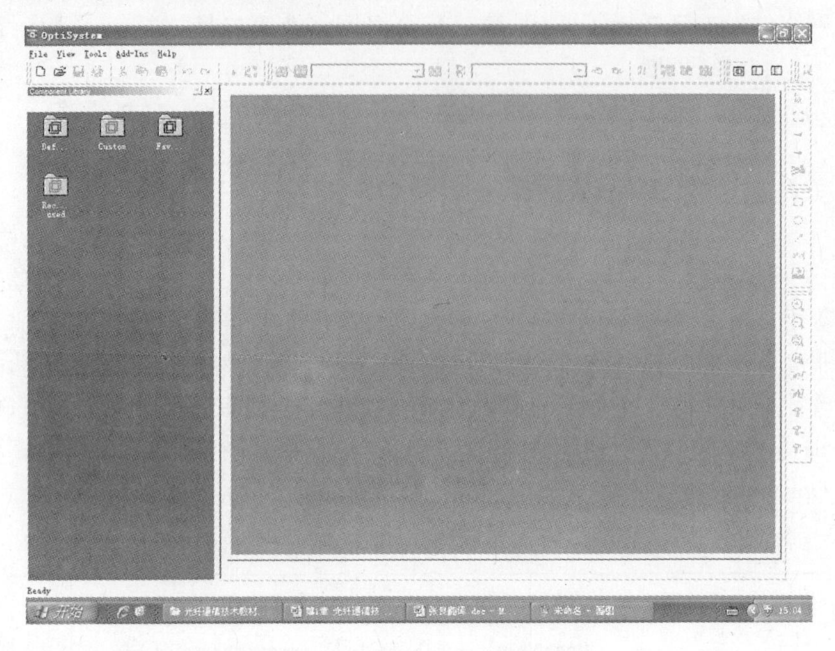

图 1-23　OptiSystem 用户操作界面

在菜单栏的文件栏里选择新文件或打开已有文件，即可进入设计工作界面，如图 1-24 所示。此时，工作区已由灰色变成了白色。用户就可从元库里选择元器件，放入工作区以组成光纤通信系统，如图 1-25 所示。然后单击菜单栏的“▶”按钮，即可进行设计工作。

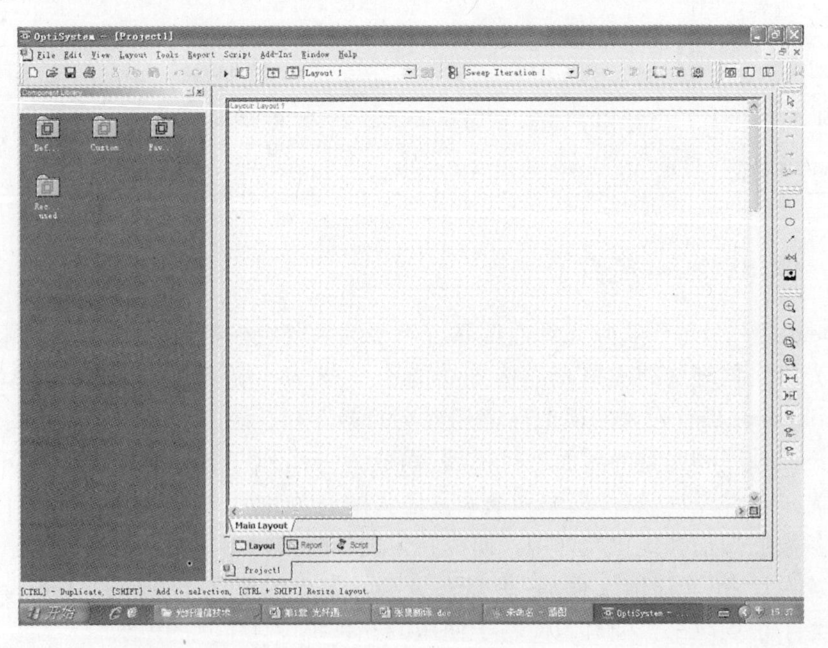

图 1-24　OptiSystem 工作界面

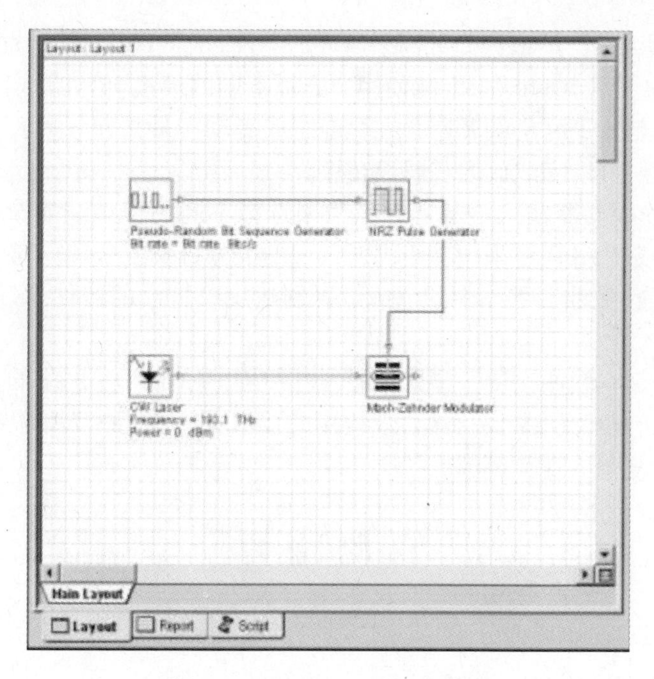

图 1-25　OptiSystem 设计界面

小结：

OptiSystem 可以物理层任何类型的虚拟光连接和宽带光网络进行分析，从远距离通信到 MANS 和 LANS 都适用。它的广泛应用包括：物理层的器件级到系统级的光通信系统设计、CATV、TDM/WDM 网络设计、SONET/SDH 的环形设计、传输器、信道、放大器和接收器的设计、色散图设计、不同接收模式下误码率（BER）和系统代价（penalty）的评估、放大的系统 BER 和连接预算等。

1.6.2　OptiSystem 系统资源库

OptiSystem 系统资源库包含了构成复杂光纤通信系统的各种器件及相关测试设备，设计者可根据实际需要调整相关器件的参数，以便优化通信系统。

在器件库中，对于光信号和电信号，OptiSystem 处理混合信号格式。OptiSystem 根据模拟所需的精度和效率来选择合适的算法来计算。为了预测系统性能，OptiSystem 采用分析法，分别计算出诸如 BER 和 Q 因子等参数。OptiSystem 高级的可视化工具可以生成 OSA 频谱、示波器和眼图。信号功率、增益、噪声系数也包含在 WDM 分析工具中。在模拟完成后，用户可以选择器件的端口的数据来存储，并且显示在监视器上。这就使用户可以在模拟完成后直接处理，而不必重新计算。在同一个端口，用户可以在显示器上打开任意数目的观察仪。

发射器件库包括了所有与光信号产生和编码相关的器件，例如半导体激光器、调制器、编码器和比特序列发生器等。半导体激光器由于它在发射器中的重要角色而成为了最重要的发射器部件。

光纤是主要的传输通道。对于任意的 WDM 信号，OptiSystem 采用一种非线性色散传播的单模光纤模型，用以说明信号的振幅和相位受影响的现象和效果。在很大的条件范围内，这个模型都可以真实地预测波形的失真、眼图的退化和信号的其他要素。

EDFA 和拉曼放大器已经成为光纤网络所需的器件,从 WDM 网络转发器到 CATV 在线放大器,都有着广泛的应用。OptiSystem 能使用户选择不同的模型,例如自定义增益和噪声系数的理想放大器,或者是基于测量或者速率方程静态或者动态的黑匣子模型。通过利用半导体激光器的多功能特性,可以完成放大和波长转换。

用户可以依据光探测器输入端的混合信号来选择不同的模型。如噪声用概率密度函数(PSD)来描述,PIN 或者 APD 将采用基于高斯近似的准分析模型来计算噪声的作用。

使用 VC ++ 语言,按照器件库中的范例可以创建用户自已的器件库,用 VC ++ 语言进行添加和嵌入。

OptiSystem 7.0 版本软件支持一些新功能,包括 OCDMA - PON 网络的模拟等。OCDMA - PON 被认为是高性价比的传输,支持多协议应用的技术平台。此外 7.0 版本软件还采用 64 位操作系统技术,支持复杂的计算模拟。

自测练习

1-36 OptiSystem 用户操作界面分为________、________和 ________等主要组成部分。

本章思考题

1-1 光纤通信有哪些优点及缺点?

1-2 光纤通信系统由哪几部分基本组成?各部分的功能是什么?

1-3 1970 年以后的 30 多年里,光纤通信以惊人的速度发展。请介绍其中一些关键性或突破性的进展。

1-4 为什么光纤通信向长波长、单模传输方向发展?

1-5 如何观察眼图?

1-6 什么是 Internet?

1-7 OSI 与 TCP/IP 的分层模型是什么?

1-8 光纤通信网络的发展趋势是什么?

1-9 什么是 SDH?

1-10 简述 OptiSystem 软件系统的功能。

1-11 在网络上查找“基于 Optisystem 仿真系统”实例,领会设计方法。

练 习 1

1-1 通信用光纤按其传输的光信号模式的数量可分为________。

(A) 1310nm 和 1550nm　　(B) 单模和多模

(C) 色散位移和色散没有位移　　(D) 骨架式和套管式

1-2 色散位移光纤通过改变折射率分布,将 1310nm 附近的零色散点,位移到 ________ nm 附近。

(A) 980　　(B) 1310　　(C) 1550　　(D) 1650

1-3 G.652 光纤在 1550nm 附近进行波分复用传输距离主要受到 ________限制。

(A) 衰减　　(B) 色散　　(C) 发光功率　　(D) 光缆外护套

1-4　G.653 光纤在 1550nm 附近色散极小,但由于________导致 G.653 并不适合于 WDM 传输。

(A) 受激拉曼散射 SRS　　(B) 受激布里渊散射 SBS

(C) 四波混频 FWM　　(D) 衰减

1-5　最适合 DWDM 传输的光纤是________。

(A) G.652　　(B) G.653　　(C) G.654　　(D) G.655

1-6　对于普通单模光纤,一般认为不存在的是________。

(A) 材料色散　　(B) 波导色散　　(C) 模式色散　　(D) 波长色散

1-7　G.652 光纤在 1310nm 和 1550nm 波长上描述正确的有________。

(A) 在 1310nm 色散较小,但损耗较 1550nm 大

(B) 在 1550nm 损耗较小,但色散较 1310nm 大

(C) 在 1310nm 色散较大,但损耗较 1550nm 小

(D) 在 1550nm 损耗较大,但色散较 1310nm 小

1-8　有关 G.655 光纤以下正确的描述是________。

(A) G.655 较 G.652 在 1550nm 附近的色散小

(B) G.655 较 G.653 在 1550nm 附近的 FWM 效应要小

(C) G.655 在 1550nm 窗口时具有了较小色散和较小衰减

(D) G.655 工作区色散可以为正,也可以为负。

1-9　光源的调制方法一般分为________。

(A) 直接调制　　(B) 间接调制　　(C) 自相位调制　　(D) 交叉相位调制

1-10　单模光纤可以分为________。

(A) 非色散位移单模光纤　　(B) 色散位移单模光纤

(C) 截止波长位移单模光纤　　(D) 非零色散位移单模光纤

1-11　G.653 光纤无法使用在________系统中。

(A) 跨洋通信　　(B) 以太网　　(C) 波分复用　　(D) 光通信

1-12　有一工作于 1.55μm 波段的波分复用(WDM)系统,若其信道宽度为 100GHz,则其所对应的波长带宽是多少?

1-13　分别计算工作在 0.88μm,1.3μm,1.55μm 光通信系统的载波频率,及每种情况下光子的能量(用 eV 作单位)。

1-14　假设数字通信系统的传输速率可以达到载频的 1%,在 5GHz 及 1.55μm 的载波上可以传多少个语音信道?(语音的传输速率是 64kb/s)

1-15　1 小时的演讲稿可以以 ASCII 码的格式存在计算机硬盘上。假设每分钟讲 200 词,每个词平均 5 个字母。利用 1Gb/s 的系统,需要多长时间传输?

1-16　某一工作在 1Gb/s 的 1.55μm 波段数字通信系统,探测器探测到的平均功率为 -40dBm。假设 1 和 0 的几率相同。计算每 1 比特所包含的光子数。

1-17　有一数字 NRZ 比特流 010111101110,假设传输速率为 2.5Gb/s。光脉冲的最短与最长宽度是多少?

1-18　习题 1-18 图为某时分复用 OTDM 传输系统的眼图,可得该传输系统的传输速率为________Gb/s。

1-19　习题 1-19 图为某时分复用 OTDM 传输系统的眼图，可得该传输系统的传输速率为________Gb/s。

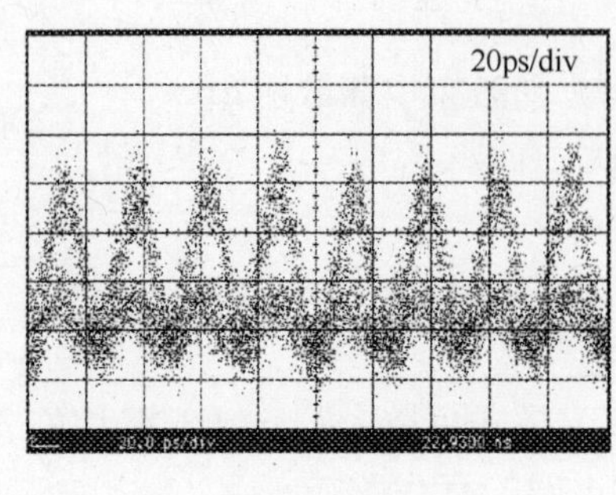

习题 1-18 图

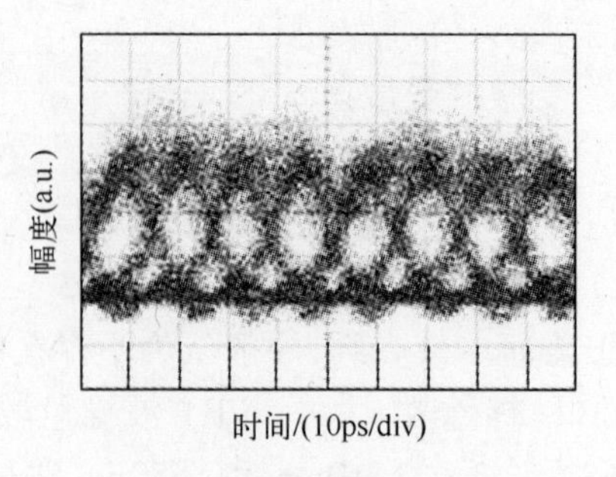

习题 1-19 图

1-20　1.7Gb/s 的单个比特间隔为________。

（A）1.7ns　　（B）1ns　　（C）0.588ns　　（D）0.17ns

1-21　光纤衰减为 0.00435dB/m，则 10km 长光纤的总衰减为________。

（A）0.0435dB　　（B）1.01dB　　（C）4.35dB　　（D）43.5dB

第 2 章　光纤/光缆与光传输

【本章知识结构图】

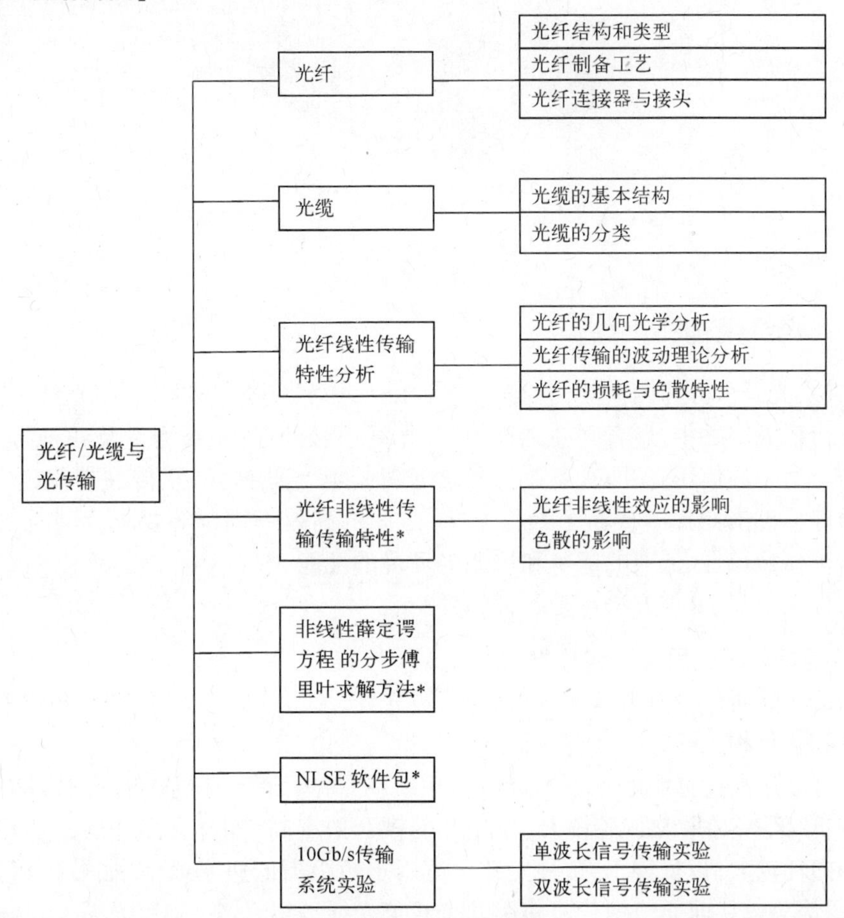

光纤是光的传输介质,是光纤通信系统的重要组成部分。对于超长、高速率光纤通信系统来说,光纤色散与非线性效应是系统的限制因素。光纤色散会使信号展宽,非线性效应会产生自相位调制及交叉相位调制及四波混频等现象,这些效应均会导致通信系统的性能恶化。

2.1　光　　纤

光纤是光学纤维的简称,它是一种由玻璃或透明聚合物构成的介质圆柱光波导,耦合进入光纤的光波能够在其内部传播。光纤由纤芯、包层和外套涂层三部分构成。光纤的基本结构如图 2-1 所示。纤芯由高度透明的介质材料(如石英玻璃等)经过严格的工艺制成,是光波的传播媒介,包层是一层折射率稍低于纤芯折射率的介质材料,它一方面与纤芯一起构成光波导,另一方面也保护纤壁不受污染或损坏,外套涂层一般由高损耗的柔软材料(如塑料等)制成,起着增强力学性能,保护光纤的作用,同时也阻止纤芯光功率串入邻近光纤线路,抑制串扰。

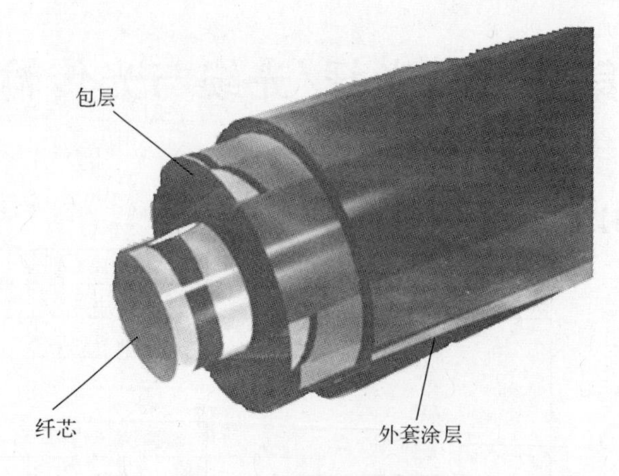

图 2-1　光纤结构示意图

2.1.1　光纤结构和类型

一般来说,光纤可分为两大类,一类是通信用光纤,另一类是非通信用光纤。前者主要用于各种光纤通信系统之中;后者则在光纤传感、光纤信号处理、光纤测量及各种常规光学系统中广泛应用。对于通信用光纤,在系统工作波长处应满足低损耗、宽传输带宽(大容量)以及与系统元器件(如光源、探测器和光无源器件)之间的高效率耦合等要求。同时,也要求光纤具有良好的机械稳定性、低廉的成本和抗恶劣环境的性能。

光纤的种类很多,分类方法也是各种各样。

1. 按照制造光纤所用的材料分类

按照制造光纤所用的材料分类,可分为石英光纤、多组分玻璃光纤、塑料包层石英芯光纤、全塑料光纤和氟化物光纤等。

塑料光纤是用高度透明的聚苯乙烯或聚甲基丙烯酸甲酯(有机玻璃)制成的。它的特点是制造成本低廉,相对来说芯径较大,与光源的耦合效率高,耦合进光纤的光功率大,使用方便。但由于损耗较大,带宽较小,这种光纤只适用于短距离低速率通信,如短距离计算机网链路、船舶内通信等。目前通信中普遍使用的是石英光纤。

2. 按光在光纤中的传输模式分类

按光在光纤中的传输模式可分为:单模光纤和多模光纤。

单模光纤(SMF, Single Mode Fiber)中心玻璃芯很细,在 10μm 以下,包层外直径为 125μm,如图 2-2。单模光纤只能传输一种模式的光。

多模光纤(MMF, Multi Mode Fiber)中心玻璃芯较粗,为 50～62.5μm,包层外直径与单模光纤一样,也是 125μm。多模光纤可传多种模式的光,但其模间色散较大,这就限制了传输数字信号的频率,而且随距离的增加会更加严重。多模光纤传输的距离一般只有几公里。

3. 按折射率分布情况分类

按折射率分布情况可分为阶跃型折射率光纤和渐变型折射率光纤。

阶跃型折射率光纤:光纤的纤芯折射率高于包层折射率,使得输入的光能在纤芯—包层交界面上不断产生全反射而前进。这种光纤纤芯的折射率是均匀的，包层的折射率稍低一些。光纤纤芯到包层的折射率是突变的，只有一个台阶，所以称为阶跃型折射率光纤，简称阶跃光纤，也称突变光纤，如图 2-2 所示。这种光纤的传输模式很多，各种模式的传输路径不一样，经传输后到达终点的时间也不相同，因而产生时延差，使光脉冲受到展宽。所以，这种光纤的模间色散高，传输频带不宽，传输速率不能太高，只适用于短途低速通信。

渐变型折射率光纤：纤芯中心折射率最大，沿纤芯径向折射率逐渐减小，其包层折射率分布与阶跃光纤一样，为均匀分布，该类光纤又称梯度型光纤，如图 2-2 所示。

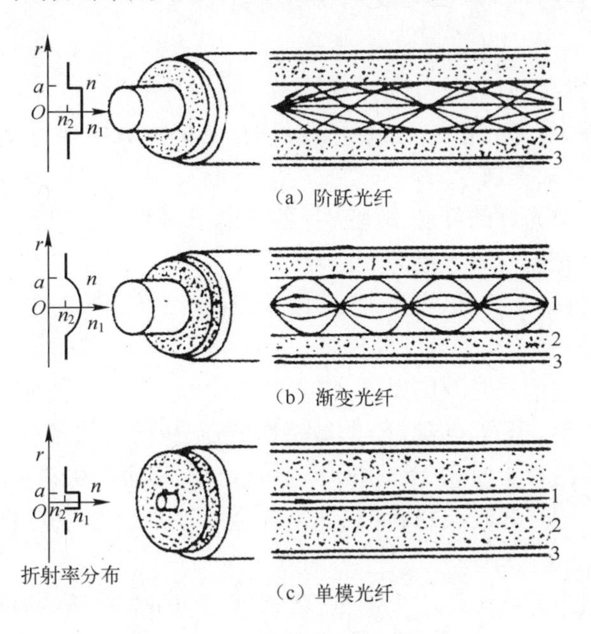

图 2-2　光纤的结构与折射率分布

4. 按最佳传输频率窗口分类

按最佳传输频率窗口分为常规单模光纤和色散位移单模光纤。

常规单模光纤是指光纤生产厂家将光纤传输频率优化在单一波长的光波上，如 1300nm 等。

单模光纤没有模间色散，从而有很高的传输带宽。那么，如果让单模光纤工作在 1.55μm 波段，不就可以实现高带宽、低损耗传输了吗？但是实际上并不是这么简单。常规单模光纤在 1.31μm 处的色散比在 1.55μm 处色散小得多。这种光纤如工作在 1.55μm 波段，虽然损耗较低，但由于色散较大，仍会给高速光通信系统造成严重影响。因此，这种光纤仍然不是理想的传输媒介。

为了使光纤较好地工作在 1.55μm 波段，人们设计出一种新的光纤，叫做色散位移光纤（DSF）。这种光纤可以对色散进行补偿，使光纤的零色散点从 1.31μm 处移到 1.55μm 附近。这种光纤又称为 1.55μm 零色散单模光纤，常称 G.653 光纤。

G.653 光纤是单信道、超高速传输的极好的传输媒介。现在这种光纤已用于通信干线网，特别是用于海缆通信类的超高速率、长中继距离的光纤通信系统中。

色散位移光纤虽然用于单信道、超高速传输是很理想的传输媒介，但当它用于波分复用多信道传输时，又会由于光纤的非线性效应而对传输的信号产生干扰。特别是在色散为零的波长附近，干扰尤为严重。为此，人们又研制了一种非零色散位移光纤即G.655光纤，将光纤的零色散点移到1.55μm工作区以外的1.60μm以后或在1.53μm以前，但在1.55μm波长区内仍保持很低的色散。这种非零色散位移光纤不仅可用于单信道、超高速传输，而且还可适应于波分复用系统，是一种理想的传输媒介。

还有一种单模光纤是色散平坦型单模光纤。这种光纤在1.31μm到1.55μm整个波段上的色散都很平坦，接近于零。但是这种光纤的损耗难以降低，体现不出色散降低带来的优点，目前尚未进入实用化阶段。

5. 特种光纤

特种光纤是指具有某种特殊性能的光纤。

(1) 保偏(单偏振)光纤：光波通过保偏光纤时，其偏振方向保持不变，这种光纤可通过光纤波导结构的特殊设计来实现。

(2) 有源光纤：该类光纤的纤芯中掺杂有激活离子，如铒离子等，在泵浦光源作用下可产生增益，常用来制作激光器与放大器等有源器件。

(3) 双包层或多包层光纤：该类光纤中，信号光在纤芯传输，而泵浦光在包层中传输，常用来制作高功率激光器与放大器等有源器件。

(4) 增敏光纤：通过增强光纤的磁光、电光或温度敏感效应，使光纤的特征参数对外界物理量(如磁场、电流、温度、压力、转速等)的敏感性增强，从而构成各种灵敏的光纤传感系统。

(5) 特殊涂层光纤：对于应用于恶劣环境中的光纤，其涂层材料不能采用普通的石英类或硅胶类材料，而必须采用一些硬质材料(如SiN_2或金属等)，以增强光纤的抗压或耐高温、耐酸碱等性能。

(6) 耐辐射光纤：当光纤工作于大剂量核辐射环境下时，普通的石英玻璃会因染色而失去透光能力。为此，采用耐辐射玻璃材料(如含铈玻璃)来制作光纤的纤芯和包层，这样的光纤就可以在核辐射环境下正常工作。

(7) 发光光纤：采用磷光体、发光晶体以及其他发光材料制成的光纤，可用于探测X射线、高能粒子以及其他带电粒子。

2.1.2 光纤制备工艺

目前通信中所用的光纤一般是石英光纤。石英的化学名称叫二氧化硅(SiO_2)，它和我们日常用来建房子所用的砂子的主要成分是相同的。但是普通的石英材料制成的光纤是不能用于通信的。通信光纤必须由纯度极高的材料组成，为了获得低损耗的石英光纤，需要解决两个关键的技术难题：超高纯度的光纤原材料的获取，例如要求氢氧根含量不能超过10^{-8}，重金属(Fe,Cu,Ni,Cr,Mn)离子含量不能超过十亿分之一；超高精度的光纤拉丝尺寸控制，控制精度要求达到1μm或者更小。

光纤原材料的提纯采用“加热—蒸馏—冷凝”工艺。当石英沙子原料被加热到2230℃时，其中的石英(SiO_2)成分先被汽化，然后再在2000℃的温度冷凝为液体，通过这种工艺使得纯石英与沸点更高的重金属离子分离，从而获得高纯度的石英原材料。杂质离子的分离需要将石英原料加温到更高温度(达到7000℃)，这时所有杂质化合物都将被分解。通过“加热—蒸馏—冷凝”工艺获得的石英原料纯度可以达到10^{-6}。更高的纯度还要利用光纤制备工艺来实现。

制造光纤的方法很多，目前主要有：管内化学气相沉积(CVD)法、棒内CVD法、等离子体化学汽相沉积（PCVD）法、轴向汽相沉积（VAD）法和化学气相沉积（MCVD）法。但不论用哪一种方法，都要先在高温下做成预制棒，然后在高温炉中加温软化，拉成长丝，再进行涂覆、套塑，成为光纤芯线。光纤的制造要求每道工序都要相当精密，由计算机控制。

MCVD 工艺的化学反应机理为高温氧化。MCVD 工艺是由沉积和成棒两个步骤组成。沉积是获得设计要求的光纤芯折射率分布。如图 2-3 所示，以 $SiCl_4$ 为原材料，$GeCl_4$、BCl_3 和 $PoCl_3$ 等为掺杂材料，以氢氧焰为热源，在高纯度石英玻璃管内进行气相沉积。

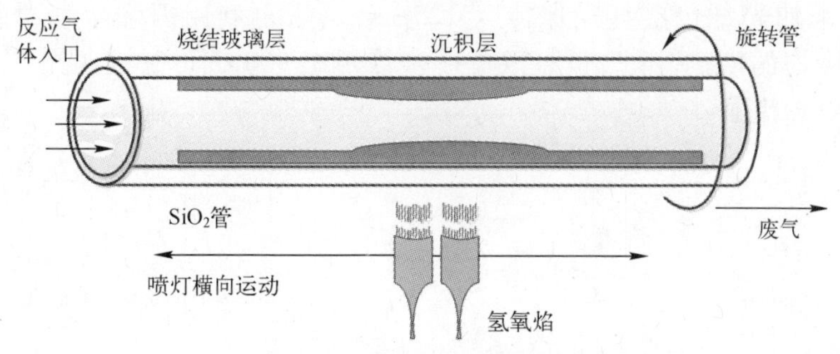

图 2-3　MCVD 预制棒工艺

高纯度的石英原材料以及掺杂材料就在氢氧焰加热部位的石英管内壁沉积为“光纤预制棒”材料，其折射率包络结构与光纤完全一致，所不同的仅仅只是直径不一样。随后的成棒工艺是将已沉积好的空心高纯石英玻璃管熔缩成一根实心的光纤预制芯棒。

PCVD 与 MCVD 的工艺一样，也是在高纯石英玻璃管内壁进行高温氧化反应和气相沉积。所不同之处是热源和反应机理：PCVD 工艺用的热源是微波，其反应机理为微波加热产生等离子使气体电离。离子重新结合时释放出的热能熔化反应物形成透明的石英玻璃沉积薄层。PCVD 方法可以更为准确地控制光纤的折射率分布，而且沉积效率高、沉积速度快，有利于消除 SiO_2 层沉积过程中的微观不均匀性，从而大大降低光纤中散射造成的本征损耗，适合制备复杂折射率剖面的光纤。

MCVD 和 PCVD 工艺的预置棒都是在石英管内沉积，因此预置棒尺寸受到石英玻璃管直径的限制。当需要制备较大直径的预置棒时，就需要用到 OVD 工艺。如图 2-4 所示，其原料在氢氧焰中水解生成 SiO_2 微粉，然后经喷灯喷出，沉积在由石英、石墨或氧化铝材料制成的“母棒”外表面，经过多次沉积，去掉母棒，再将中空的预制棒在高温下脱水，烧结成透明的实心玻璃棒，即为光纤预制棒。

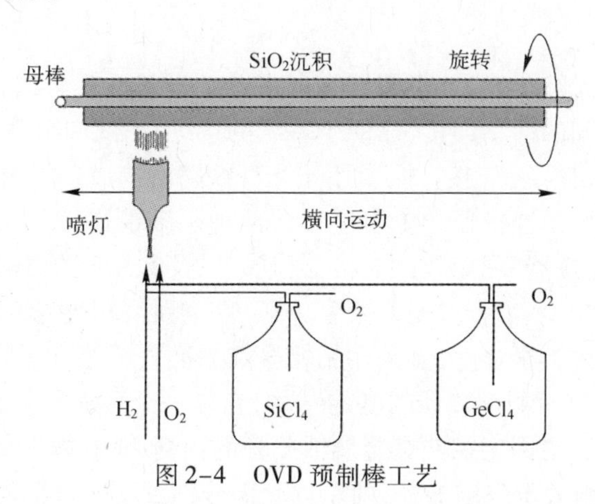

图 2-4　OVD 预制棒工艺

VAD 工作原理与 OVD 相同,不同之处是预制棒的生长方向是沿母棒轴向垂直生长的, VAD 的重要特点是可以连续生产,适合制造更大型号的预制棒,从而可以拉制更长的连续光纤。VAD 预制棒工艺,如图 2-5 所示。

在预制棒工艺之后就是光纤拉丝、套塑和成缆等工艺。拉丝工艺设备构成,如图 2-6 所示,光纤预制棒的端部被电加热炉加热到 1850 ~ 2000℃,形成熔融状态;然后利用重力的作用并适当加一点牵引力来进行光纤拉丝,同时利用激光走丝仪精密监测光纤的包层外径并通过控制拉丝速度来使光纤包层直径保持为 125μm;然后再利用丙烯酸酯材料进行涂敷至 250μm,即获得所谓的“裸光纤”,也可以进一步涂覆至 900μm。制成的光纤缠绕在直径为 20cm 左右的光纤卷盘上。

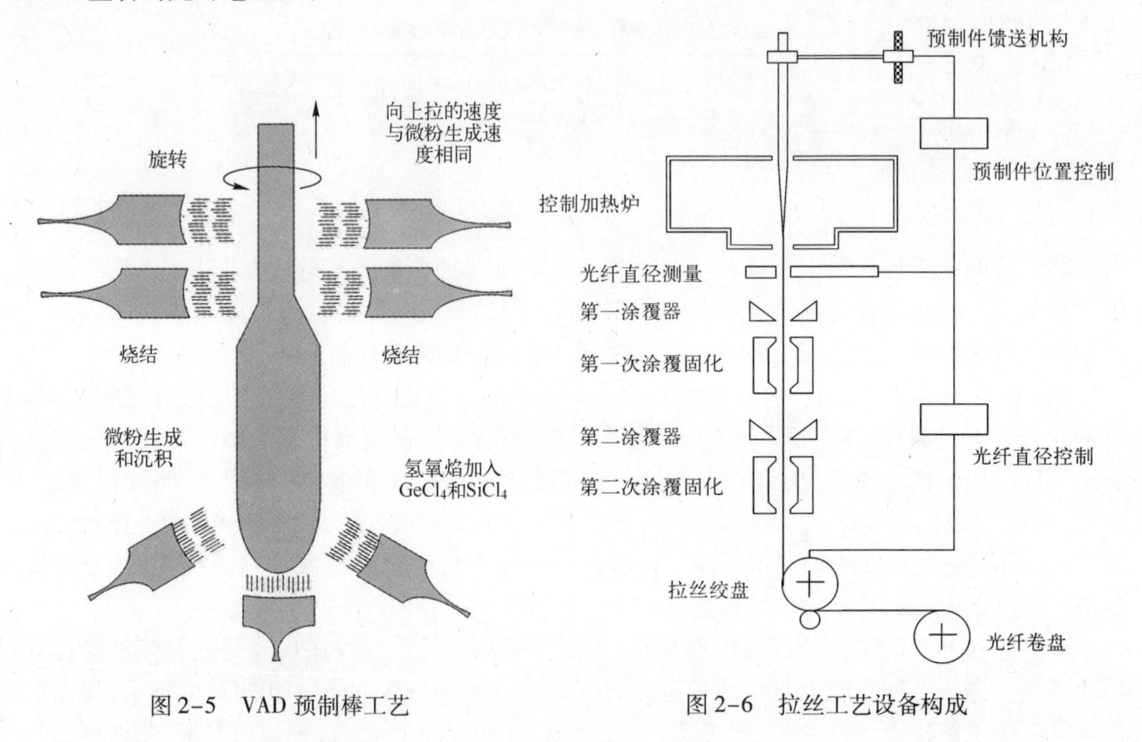

图 2-5　VAD 预制棒工艺

图 2-6　拉丝工艺设备构成

2.1.3　光纤连接器与接头

1. 光纤连接器

光纤连接器又称为光纤跳线,其作用是实现系统中设备之间、设备与仪表之间、设备与光纤之间及光纤与光纤之间的活动连接,以便于系统的接续、测试和维护。接头的作用是实现光纤与光纤之间的永久性(固定)连接。主要用于光纤线路的构成,通常在工程现场实施。

光纤连接器可分为多模连接器和单模连接器两种。多模连接器用于多模光纤系统,有 U 形环路连接器、插座式连接器、现场装配连接器(FA)以及 C 形连接器等几种。单模光纤连接器有 FC 型(平面对接型)、PC 型(直接接触型)、SC 型(矩形)和 ST 型等几种。

光纤连接器的结构种类很多,大多采用精密套筒来准直纤芯,以降低损耗。

图 2-7 给出了圆柱套筒型连接器的基本结构,它是一个最简单的接触型活动连接器。两根需要连接的光纤被永久地固定在两个金属或陶瓷的内套筒内,内套筒中心打有精密小孔,直径控制在 126μm 左右,稍大于包层外径,两个内套筒分别置于一个精密的圆柱形定位筒内(即

外套筒)，使两根光纤端面可准确接触。两个内套管的位置通过两端保持弹簧来固定。内套筒的材料既可采用坚硬、耐久的金属(如不锈钢)，也可采用陶瓷材料(如 Al_2O_3)，而后者具有更好的耐热、力学和化学性能。

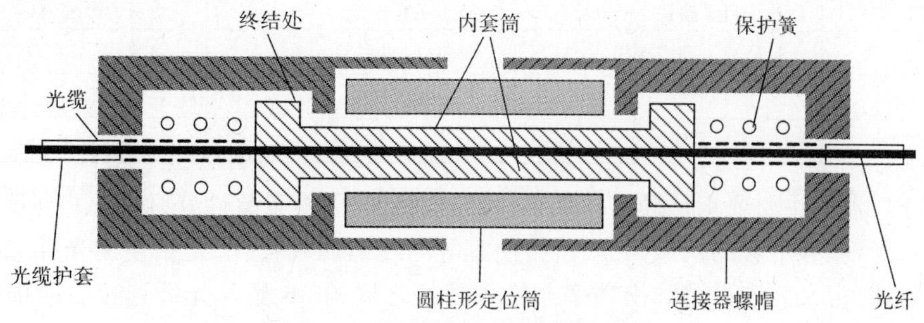

图 2-7　圆柱套筒型连接器基本结构

图 2-8 给出了一种带状结构阵列式的多芯光缆连接器结构，多用于各种局域网中。带状光缆的连接，采用塑料铸模技术制造，两个插头用两根导针对准定位，一次最多可以连接 10 根光纤。平均插入损耗小于 0.3dB ~ 0.35dB。

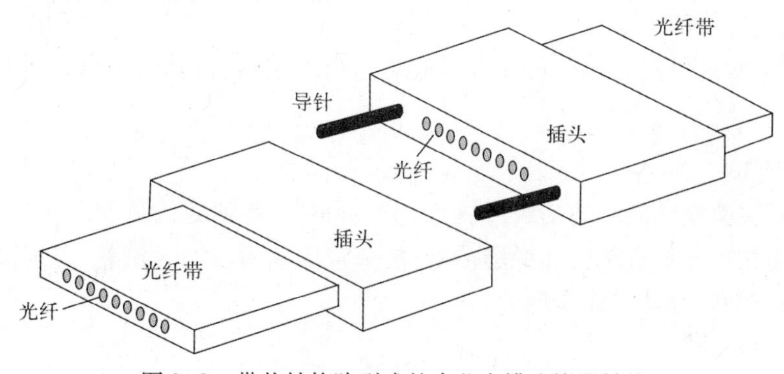

图 2-8　带状结构阵列式的多芯光缆连接器结构

2. 光纤接头

光纤固定接头的方法有熔接法、V 形槽法和套管法。熔接法是使光纤端面受热并熔接在一起。V 形槽法是利用 V 形槽或几根平行棒之间的间隙使光纤准直连接。套管法是采用弹性紧套管、精密孔套管或松套管使光纤准直连接。这三种方法的示意图及优缺点，如表 2-1 所列。

表 2-1　光纤接头方法的示意图及优缺点

方　法	熔　接　法	V 形槽法	套　管　法
示意图	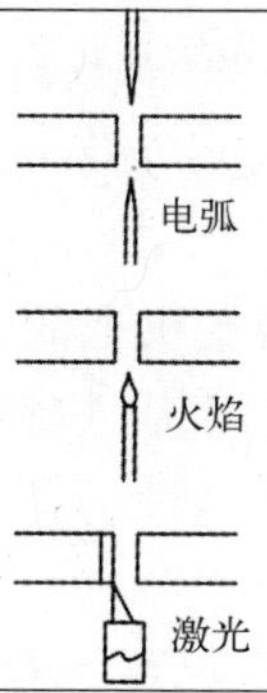 电弧 火焰 激光	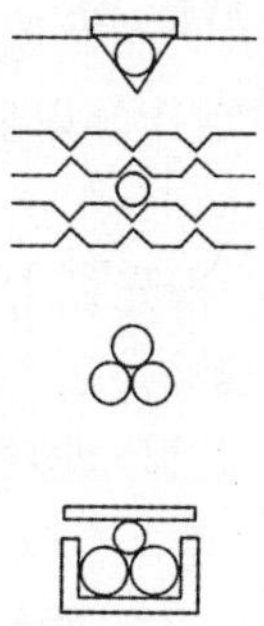	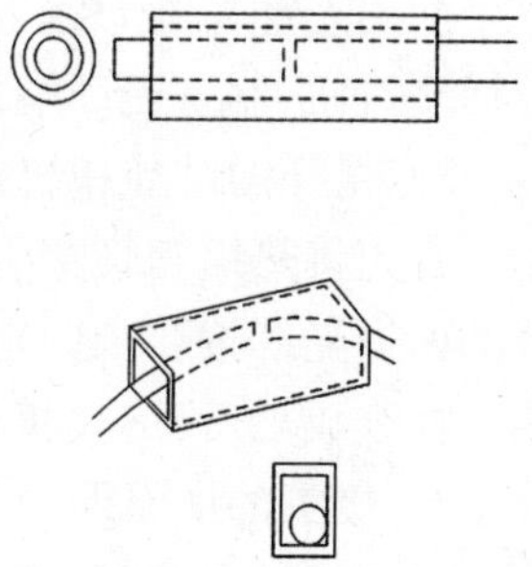

（续）

方 法	熔 接 法	V形槽法	套 管 法
连接工艺及特点	电弧放电、火焰、激光； 易于自动熔接	需要黏结剂； 易于多纤连接	需要黏结剂； 受灰尘影响最小
连接工具	自动或手动熔接机	简单，但用手工	简单，但用手工
操作技术	采用自动焊机过程简单	接续时间稍长	要求技术熟练
接头损耗/dB	0.1	0.15	0.15

光纤连接器的主要要求是插入损耗小、回波损耗大、装拆重复性好、体积小、环境温度变化时性能保持稳定、有足够的机械强度、价格便宜等。所谓插入损耗，是指使用光纤连接器所引入的功率损耗，定义为连接器输出功率与输入功率之比的 dB 数。光纤连接时的损耗与多种因素相关，包括被连接光纤的结构参数（如纤芯直径、数值孔径、折射率分布），端面状态（如形状、平行度、清洁度）与相对位置（如横向错位、倾斜、间隙等）。

回波是指光纤连接时所产生的端面反射光波。连接器要求回波损耗大，因为光的反射提供了一种不希望出现的反馈源进入到激光器的谐振腔，这会影响激光器的光频响应、线宽和内部噪声，导致系统性能的下降。

此外，光纤跳线连接器（或光纤适配器）还有直通连接器，俗称法兰盘，常用于跳线之间的活动连接。

3. 光纤熔接

光纤接续是实验室或光纤通信野外施工（光缆断了）遇到的常见问题。一般采用熔接方法。该方法所需相关器材有单芯光纤熔接机、松套管切割钳、纱布、酒精、光纤涂敷层剥除器、光纤切割刀、热缩套管等。操作步骤为：

1）光纤端面处理

（1）去除套塑层。

对于松套光纤，首先应调整好松套切割钳的进刀深度，在离端头规定长度（不应超过3cm）处，横向旋转切割，然后用手轻轻一折，松套管断裂，用手轻轻褪下松套管。对于紧套光纤，先用光纤套塑剥离钳，去除尼龙层，并把尼龙残留物去除。

（2）去除一次涂层。

一次涂层又叫预涂敷层。用光纤涂敷层剥离器去除一次涂层，应该干净、不留残余物。具体操作为用光纤涂敷层剥离器按规定长度夹住光纤，均匀用力，向外拉动。用酒精清洗掉残留物。

（3）切割、制备端面。

利用光纤切割刀将去掉涂敷层的光纤按照切割装置上的标记放置好光纤，固定好以后，按下切割按钮，制备光纤端面。端面制作好以后的裸光纤长度约为2cm。

2）光纤的对准和熔接

首先将热缩套管穿引到其中一根光纤上。打开光纤熔接机上的光纤防尘罩，将制备好端面的两根光纤按要求固定在V形槽内，关上防尘罩，揿下“熔接”按钮，熔接机将自动对准、熔接。接续成功后，熔接机显示器上会显示熔接损耗。

3）接头的增强保护

光纤接续完成后，有2～4cm长度的裸纤的一次涂敷层已经不存在了，强度大大降低，并且熔接部位经过电弧灼烧后变的更脆,所以需要进行接头保护。方法是轻轻从熔接机上取下光纤,注意用力平稳,避免倾斜方向硬拉。将热缩套管轻轻拉到接头部位,打开加热器盖板,将套有热缩套管的光纤接头放入熔接机加热器内,合上盖板。加热到一定时间(视具体设置而定),取出,放到熔接机的散热片上,冷却即可。

自测练习

2-1 光纤包层主要起什么作用?光纤去掉包层其导光特性有何改变?

2-2 根据光纤横截面折射率分布的不同,常用的光纤可以分成________。

(A) 阶跃光纤 (B) 渐变光纤 (C) 单模光纤 (D) 多模光纤

2-3 从横截面上看,光纤主要由________、________和________三部分组成。

2-4 石英光纤的组成成分是________,整个光纤的外径尺寸大约为________。

2-5 石英光纤中,纤芯的折射率________(大于、小于、等于)包层的折射率。

2-6 多模光纤的直径一般________(大于、小于、等于)单模光纤的直径。

2-7 常见的光纤连接方法有__________、____________和____________________。

2-8 OVD 与 VAD 工艺的主要特点是什么?

2-9 PCVD 工艺与 MCVD 工艺相比,主要优点是什么?

2-10 光纤制作四步骤:____________、____________、________和__________。

2-11 G.655 光纤称为____。

2-12 市场上所售卖光纤有________、______和________三种规格。

2.2 光 缆

光缆是由光纤、高分子材料、复合材料及金属材料共同构成的光信息传输介质,因此,除了要求光缆具有信息容量大、传输性能好的优点外,还要求它具有体积小、重量轻、寿命长等优点。

2.2.1 光缆的基本结构

根据不同的用途和使用环境,光缆可分为很多种,但都是由缆芯、加强元件和护层组成。

1. 缆芯

缆芯由光纤芯线组成,可分为单芯型和多芯型两种。单芯型由单根经过二次涂敷处理后的光纤组成。多芯型则由多根经涂覆处理后的光纤组成,它又可以分为带状结构和单位式结构。缆芯结构,如表 2-2 所列。

表 2-2 缆芯结构

	结 构	形 状	结构尺寸
单芯型	充实型 二层结构 三层结构	二次涂覆 一次涂覆 光纤 缓冲层	外径:0.7 ~ 1.2mm 缓冲层厚度:50 ~ 200μm

（续）

	结　构	形　状	结构尺寸
单芯型	管型	空气、硅油	外径:0.7～1.2mm
多芯型	带状		节距:0.4～1mm 光纤数:4～12
	单位式	光纤　缓冲套管　光纤　加强件　二次涂覆	外径:1～3mm 光纤数:6

目前，二次涂覆主要采用以下两种保护结构：

1）紧套结构

如图2-9所示，在光纤与套管之间有一缓冲层，其目的是减小外力对光纤的作用。缓冲层一般采用硅树脂，二次涂覆用尼龙。这种光缆的优点是结构简单、使用方便、适用于短距离传输，多用做室内光缆，也可用于较长距离的室外传输，如在大学校园周围就可以采用这种光缆。

2）松套结构

如图2-10所示，将一次涂覆后的光纤放在一个管子中，管中填充油膏，形成松套结构。一个PVC管中可以放置1～8根一次被覆光纤。因而，在PVC管中，光纤有足够的空间进行宽松的移动。光纤在PVC管中螺旋排列。如果光缆被拉伸或弯曲，不会影响到光纤。这种光缆的优点是性能好、防水性能好、便于成缆。

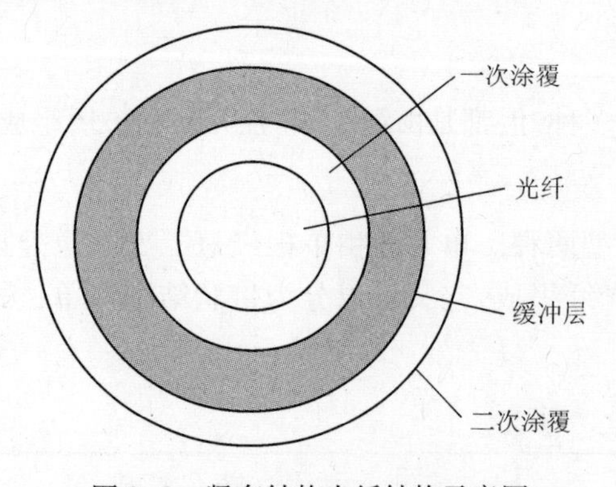

图2-9　紧套结构光纤结构示意图

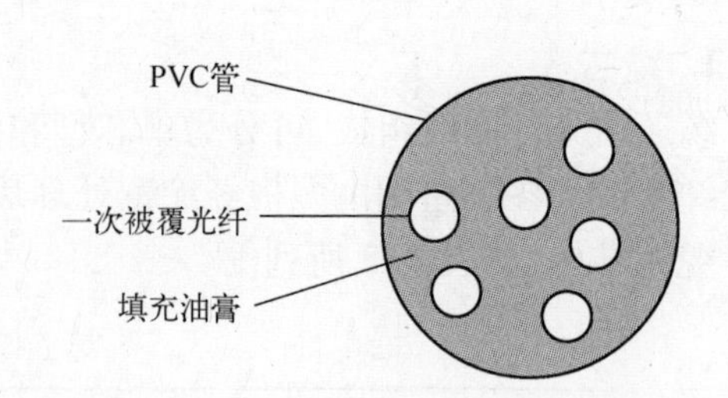

图2-10　松套结构光缆结构示意图

2. 加强元件

由于光纤材料比较脆，容易断裂，因此为了使光缆便于承受安装时所加的外力等，要在光缆中加一根或多根加强元件，它位于光缆中心或分散在四周。加强元件的材料可用磷化钢丝、不锈钢丝或非金属丝的纤维——增强塑料等。

3. 护层

光缆的护层主要是对已经成缆的光纤芯线起保护作用，避免由于外部机械力和环境影响造成光纤的损耗。因此要求护层具有耐压力、防潮、湿度特性好、重量轻、耐化学侵蚀、阻燃等特点。

光缆的护层可分为内护层和外护层。内护层一般用聚乙烯和聚氯乙烯等。外护层根据敷设条件而定，可采用由铝带和聚乙烯组成的外护套加钢铠装等。

2.2.2 光缆分类

光缆的分类方法很多，常用的分类方法有按网络层次、光纤状态、光缆缆芯结构、敷设方式和光缆使用环境分类。

1. 按网络层次分类

根据光缆服务的网络层次，将光缆分为核心网光缆、中继网光缆和接入网光缆。

(1) 核心网光缆是指跨省的长途干线网用光缆。核心网光缆多为几十芯的室外直埋光缆。

(2) 中继网光缆是指用于长途端局和市话之间以及市话局之间中继网的光缆。中继网光缆多为几十芯至上百芯的室外架空、管道和直埋光缆。

(3) 接入网光缆是指从端局到用户之间所用的光缆。接入网光缆按其具体作用又可细分为馈线光缆、配线光缆和引入线光缆。馈线光缆为几百芯至上千芯的光纤带光缆，配线光缆为几十上百芯光缆、引入线光缆则为几芯至十几芯光缆。

2. 按光纤状态分类

按光纤的二次涂覆方式和光纤在光缆中的松紧自由状态不同，可将光缆分为紧结构光缆、松结构光缆和半松半紧结构光缆。

(1) 松结构光缆的特点是光纤在光缆中有一定的自由移动空间，有利于减小外界机械应力对预涂覆光纤的影响。

(2) 紧结构光缆的特点是光缆中的光纤无自由移动的空间，具有直径小、重量轻、易剥离、易敷设和连接、但大的拉伸应力会直接影响光纤的衰减等性能。

(3) 半松半紧结构光缆中的光纤在光缆中的自由空间介于紧结构光缆和松结构光缆之间。

目前使用的光缆多为松结构光缆。

3. 按光缆缆芯结构分类

按光缆缆芯结构的不同，可将光缆分为层绞式光缆、中心管式光缆、骨架式光缆和带状式光缆等。

(1) 层绞式光缆。层绞式光缆是应用得最多的一种光缆，它是将若干光纤芯线以加强部件为中心胶合在一起的结构。光纤芯数一般不超过 10。层绞式光缆中的两对中介线可作为联络线，或者是监视、维护作用，如图 2-11(a)所示。层绞式光缆的结构特点是：光缆中容纳的光纤数量多，光缆中光纤余长易控制，光缆的机械、环境性能好，它适宜于直埋、管道敷设，也可用于架空敷设。

(2) 中心管式光缆。中心管式光缆是由一根二次光纤松套管或螺旋形光纤松套管，无绞合直接放在缆的中心位置,纵包阻水带和双面涂塑钢带,两根平行加强圆磷化碳钢丝或玻璃钢圆棒位于聚乙烯护层中组成的。这种结构特别适合排数量很多的光纤时使用(几百芯),如图 2-11(b)所示。中心管式光缆的优点是:光缆结构简单、制造工艺简捷,光缆截面小、重量轻,很适宜架空敷设,也可用于管道或直埋敷设。中心管式光缆的缺点是:缆中光纤芯数不宜过多(如分离光纤为 12 芯、光纤束为 36 芯、光纤带为 216 芯),松套管挤塑工艺中松套管冷却不够,成品光缆中松套管会出现后缩,光缆中光纤余长不易控制等。

(3) 骨架式光缆。骨架式光缆是将光纤嵌在星形的骨架槽内,形成光缆单元,骨架中心是加强元件,骨架上的槽可以是 V 形或凹形,这种光缆可以减少光纤芯线承受的应力,并具有耐侧压、抗弯曲、抗拉的特点,如图 2-11(c)所示。骨架式光缆的优点是:结构紧凑、缆径小、纤芯密度大(上千芯至数千芯),接续时无需清除阻水油膏,接续效率高。缺点是:制造设备复杂(需要专用的骨架生产线)、工艺环节多、生产技术难度大等。

(4) 带状式光缆是近年来开始使用的新型光缆,它是将数根(如 12 根)光纤排列成行,构成带状光纤单元,再将多个带状单元按一定方式排列成缆,故可做成高密度光缆,如图 2-11(d)所示。

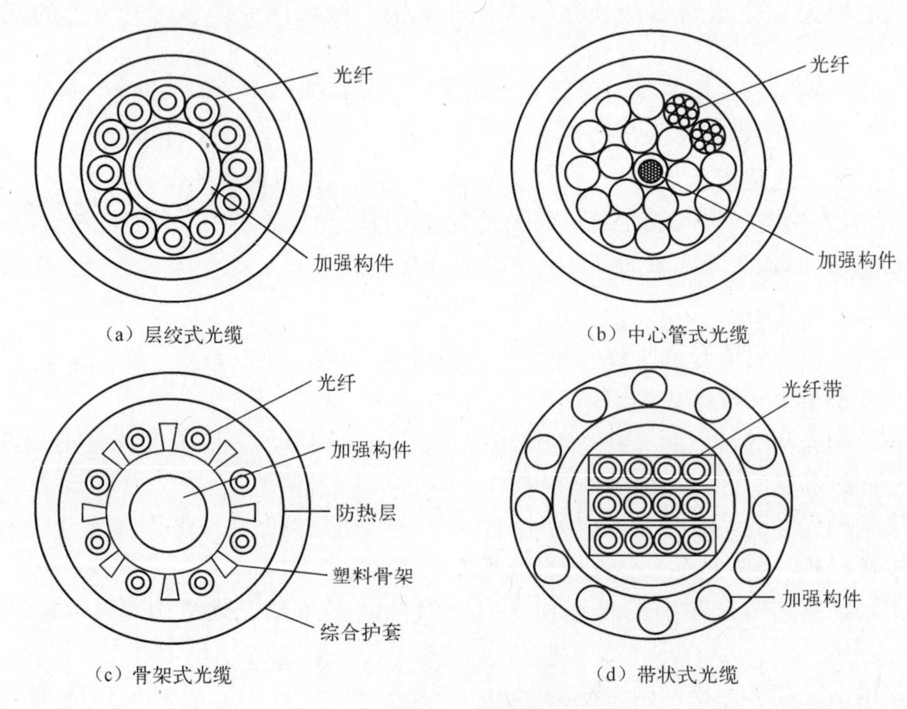

图 2-11 光缆的基本结构

4. 按敷设方式分类

按敷设方式不同,可将光缆分为陆地光缆、海底光缆和电力架空光缆。陆地光缆又分为架空光缆、管道光缆、直埋光缆和水底光缆。光缆的敷设方式不同,对光缆的机械特性要求也不同。

1) 架空光缆

架空光缆是架挂在电杆上使用的光缆。这种敷设方式可以利用原有的架空明线杆路,节省建设费用、缩短建设周期。架空光缆挂设在电杆上,要求能适应各种自然环境。架空光缆易受台风、冰凌、洪水等自然灾害的威胁,也容易受到外力影响和本身机械强度减弱等影响,因此架空光缆的故障率高于直埋和管道式的光纤光缆。一般用于长途二级或二级以下的线路,适用于专用网光缆线路或某些局部特殊地段。

架空光缆的敷设方法有两种:

(1) 吊线式:先用吊线紧固在电杆上,然后用挂钩将光缆悬挂在吊线上,光缆的负荷由吊线承载。

(2) 自承式:用一种自承式结构的光缆,光缆呈“8”字形,上部为自承线,光缆的负荷由自承线承载。

架空光缆使用中关键问题是重力的影响。一种方法是采用非常坚固的中心加强件,但即使这样,仍会有很多力作用在光缆上。图 2-12 所示的光缆结构是一种典型的架空光缆。除了在光缆护套外独立增加一个支撑钢丝,其他结构与陆地光缆相同。通过这个支撑钢丝,光缆的重量沿着支撑钢丝的长度分散开,则作用在光缆上的应力大大减小。

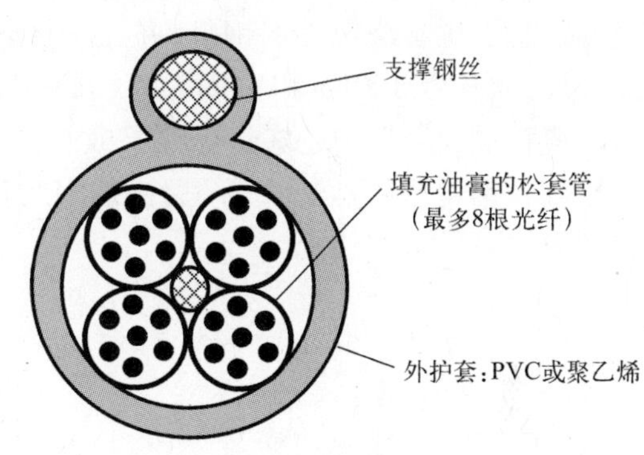

图 2-12　室外架空光缆

2) 管道光缆

管道敷设一般是在城市地区,管道敷设的环境比较好,因此对光缆护层没有特殊要求,无需铠装。

管道敷设前必须选下敷设段的长度和接续点的位置。敷设时可以采用机械旁引或人工牵引。一次牵引的牵引力不要超过光缆的允许张力。

制作管道的材料可根据地理选用混凝土、石棉水泥、钢管、塑料管等。

3) 直埋光缆

这种光缆外部有钢带或钢丝的铠装,直接埋设在地下,要求有抵抗外界机械损伤的性能和防止土壤腐蚀的性能。要根据不同的使用环境和条件选用不同的护层结构,例如在有虫鼠害的地区,要选用有防虫鼠咬啮的护层的光缆。

根据土质和环境的不同,光缆埋入地下的深度一般在 0.8 ~ 1.2m。在敷设时,还必须注意保持光纤应变要在允许的限度内。

4) 水底光缆

水底光缆是敷设于水底穿越河流、湖泊和滩岸等处的光缆。这种光缆的敷设环境比管道敷设、直埋敷设的条件差得多。水底光缆必须采用钢丝或钢带铠装的结构,护层的结构要根据河流的水文地质情况综合考虑。例如在石质土壤、冲刷性强的季节性河床,光缆遭受磨损、拉力大的情况,不仅需要粗钢丝做铠装,甚至要用双层的铠装。施工的方法也要根据河宽、水深、流速、河床、流速、河床土质等情况进行选定。

水底光缆的敷设环境条件比直埋光缆严竣得多,修复故障的技术和措施也困难得多,所以对水底光缆的可靠性要求也比直埋光缆高。

5) 海底光缆

海底光缆是通信用的,一般铺设于深海或者浅海,或者河道,不易受损。海光缆结构与其他种类的光缆有重要的不同之处。通常,海底光缆内的纤芯数目很少,在 4 ~ 20 芯之间。而陆地光缆经常达到100芯。海底光缆设计必须保证光纤不受外力和环境影响,其基本要求是:能适应海底压力、磨损、腐蚀、生物等环境;有合适的铠装层防止渔轮拖网、船锚及鲨鱼的伤害;光缆断裂时,尽可能减少海水渗入光缆内的长度;具有一个低电阻的远供电回路;能承受敷设与回收时的张力;使用寿命一般要求在25年以上。图2-13所示的铜护套具有阻水功能。

深海(深度在1000m以上)海底光缆采用无钢丝铠装结构,如图2-14所示,但光缆缆芯的结构和加强构件必须能保护光纤,以防止海水的高压力与敷设、回收时的高张力。为了防止鲨鱼伤害,还应在鲨鱼出没海域的深海光缆护套上螺旋绕包二层钢带,并涂一层聚乙烯外护套。浅海(水深在1000m以内)海底光缆的缆芯结构与深海光缆相同,但浅海光缆要有单层或双层钢丝铠装。铠装层数和钢丝外径要根据海缆路由的海底环境、水深、能否埋设、渔捞等情况而定。

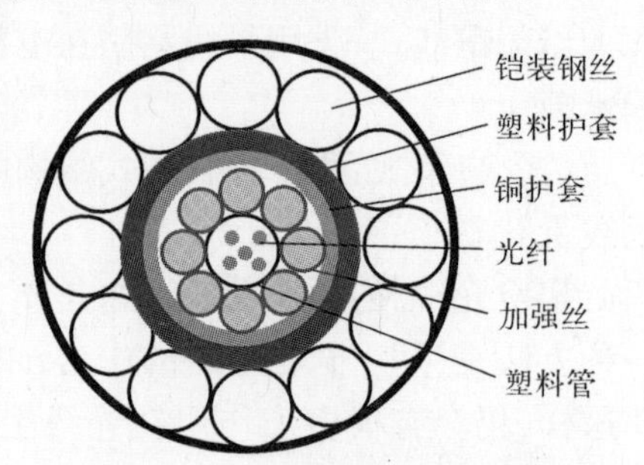

图2-13　典型的海底光缆结构图

(a)

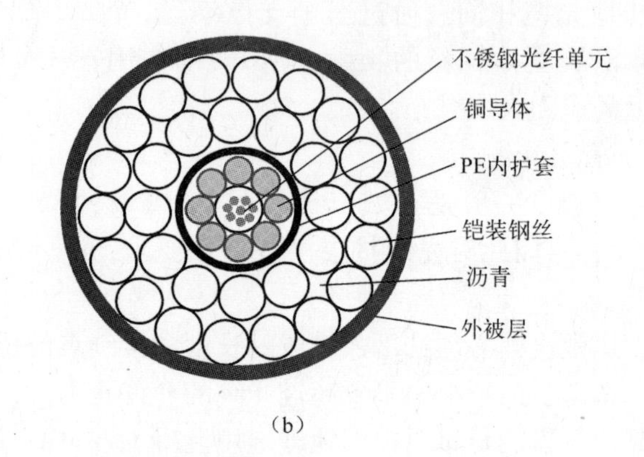

(b)

图2-14　海底光缆实物与结构图

6) 电力架空光缆

电力架空光缆是指用于高压电力通信系统的光缆以及铁路通信网络的光电综合光缆。光纤对电磁干扰不敏感,使得架空光缆成为电力系统和铁路通信、控制和测量信号的一种理想的传输介质。

电力架空光缆的敷设趋势是将光缆直接悬挂在电杆或铁塔上,或缠绕在高压电力的相线上。安装的光缆抗拉强度能承受自重、风力作用和冰凌的重量,并有合适的结构措施来预防枪击或撞、挂等破坏。

5. 按光缆使用环境分类

根据光缆的使用环境场合不同,可将光缆分为室外光缆和室内光缆。

1) 室外光缆

室外光缆由于要经受各种外界的机械作用力、温度变化、风雨雷电等作用,因此要求具有足够的机械强度,能够抵挡风雨雷电等作用和良好的温度稳定性,需要的保护措施更多,结构比室内光缆复杂。如图2-15所示是一种典型的室外光缆。这种光缆由6根松套管绕中心金属或塑料加强构件组成圆整的缆芯,松套管中放入6根光纤,并充满油膏。缆芯所有缝隙均填充油膏。光缆中光纤的数目有36根,也可以做到96根(其中每个松套管中光纤的数目为8

根)。如果光缆需要供电,则可用铜线替代松套管中一根或多根光纤。

中心加强件一般采用强度高的塑料,而不是钢。事实上,整个光缆经常用非金属材料。外部铠装层可根据环境的要求选用。由于不锈钢铠装成本高,一般不选用。在环境要求不高的情况下,可采用普通钢,但是当外护套损坏,水会浸入光缆,而且普通钢容易生锈,耐腐蚀的能力比较差。在一些地方(例如热带地区),通常在光缆外面增加一层尼龙保护层以防止白蚁的攻击。

图 2-16 所示的缆芯分割的室外光缆结构简单,成本低。缆芯内置周边开槽的齿轮型加强芯,一次被覆的光纤嵌入槽内。图中共有 6 个槽,每个槽中最多可放 8 根光纤。也有的光缆做到 20 多个槽,每个槽内只放一根光纤。

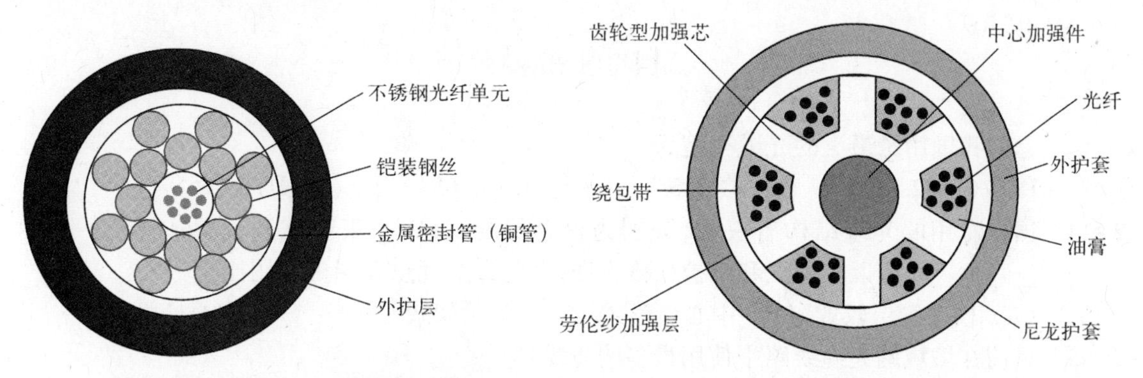

图 2-15　典型的室外光缆横截面图　　图 2-16　缆芯分割的室外光缆

2)室外光缆

室内光缆是光缆中最常见的一种,也是应用最广泛的一种光缆。大多数室内光缆结构如图 2-17 所示。

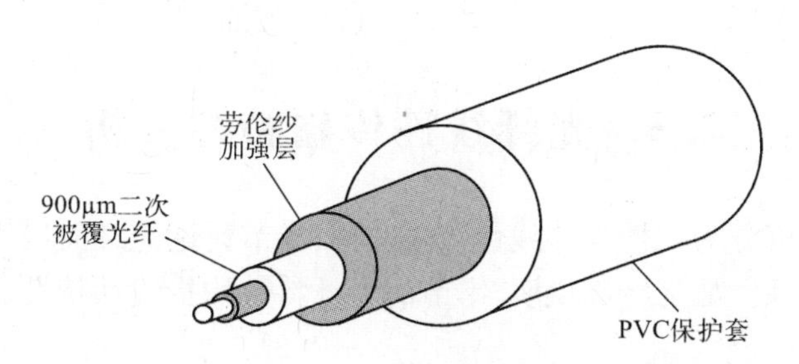

图 2-17　室内光缆结构图

室内光缆均为非金属结构,故无须接地或防雷保护。室内光缆采用全介质结构保证抗电磁干扰。各种类型的室内光缆都容易剥开,紧套缓冲层光纤构成的绞合方式取决于光缆的类型。为了便于识别,室内光缆的保护层多为彩色,且其上印有光纤类型、长度标记和制造厂家的名称等。室内光缆尺寸小、重量轻、柔软、便于布放、易于分支,并具有阻燃性。

如图 2-18 所示的双芯室内光缆是一种非常普通、低成本的室内光缆。图中两个单芯光缆排列在 8 字形的护套内。

如图 2-19 所示的为六芯室内光缆。在光缆中,6 根单芯光缆环绕中心加强件,外部有护套保护。这种光缆可以垂直安装在一栋大楼中,连接各楼层,实现信号传输。中心加强件承受着整个光缆的重量。这种光缆中光纤的数目可以达到 12 根。

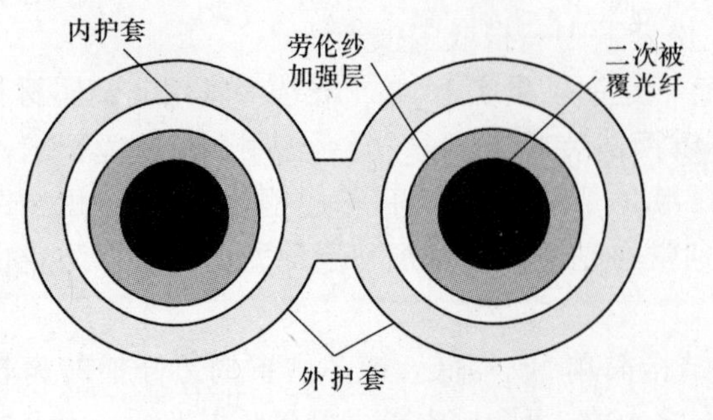

图 2-18　双芯室内光缆横截面图

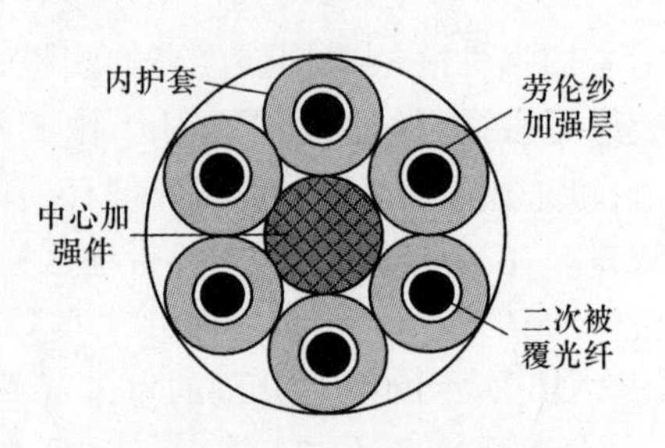

图 2-19　六芯室内光缆横截面图

自 测 练 习

2-13　目前我国用量最大的光缆类型为____________。

(A) G.652　(B) G.653　(C) G.654　(D) G.655

2-14　国内常用的光缆结构有三种，分别为松套层绞式、中心束管式和骨架式光缆。其中________光缆以其施工和维护抢修方便、全色谱等优点在国内使用比较广泛。

(A) 松套管层较式　(B) 中心束管式　(C) 骨架式　(D) 中心松管式

2-15　目前在城域网光缆线路中使用最多的光缆是________。

(A) 分离层绞式　(B) 骨架式

(C) 带状层绞式　(D) 中心管式

2-16　在松套管层绞式光缆中，松套中的填充物是________。

(A) 石油膏　(B) 堵塞剂

(C) 球氧树脂　(D) 黄油

2.3　光纤线性传输特性分析

光纤的传输特性可分为线性与非线性传输两种，本节讨论光纤的线性传输特性，下节介绍光纤的非线性传输特性。如无特殊说明，本节的光纤特性均指线性特性，也只讨论由高纯度石英制成的光纤。

光纤传输特性分析方法有几何光学法(又称射线光学法)和波动光学法两种，分析思路如图 2-20 所示。

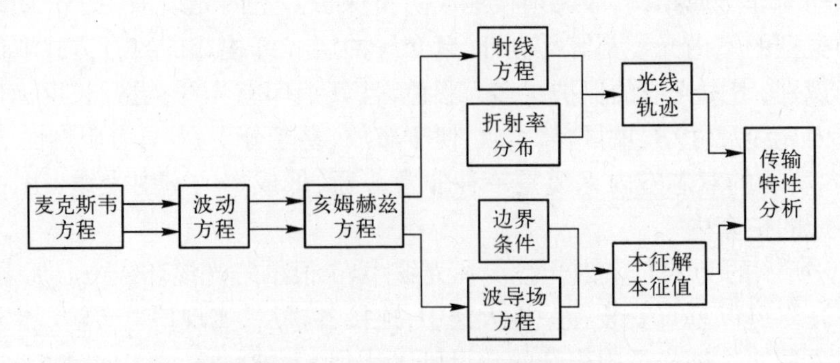

图 2-20　光纤传输分析思路流程图

2.3.1 光纤传输的几何光学分析

光纤几何参数如图2-21所示，纤芯直径为$2a$、包层直径为$2b$。纤芯的折射率(n_1)比包层折射率(n_2)略高，损耗比包层更低，光能量主要集中在纤芯内传输。

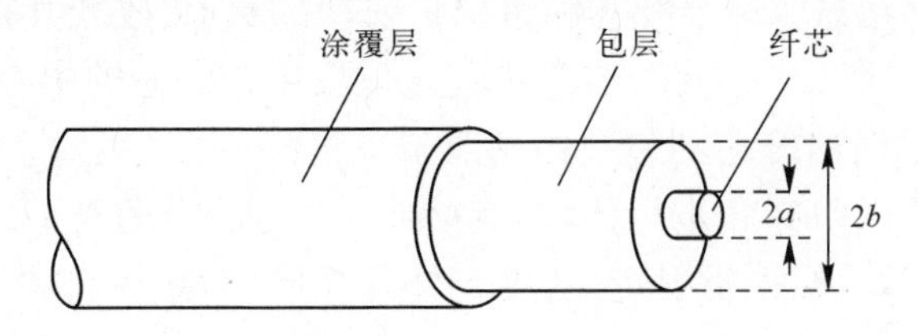

图2-21 光纤结构

光纤的相对折射率差的定义为

$$\Delta = \frac{n_1^2 - n_2^2}{2n_1^2} \approx \frac{n_1 - n_2}{n_1} \tag{2-1}$$

在石英光纤中，$n_1 \sim 1.5$，$\Delta \sim 0.01$，即包层折射率与纤芯折射率的差值极小，这种光纤称为弱导光纤。

光纤的导光特性基于光射线在纤芯与包层界面上的全反射，使光线限定在纤芯中传输(光场是以光线的方向进行传播)，如图2-22所示。对于多模光纤，纤芯的直径远大于工作波长，几何光学分析法是有效的。

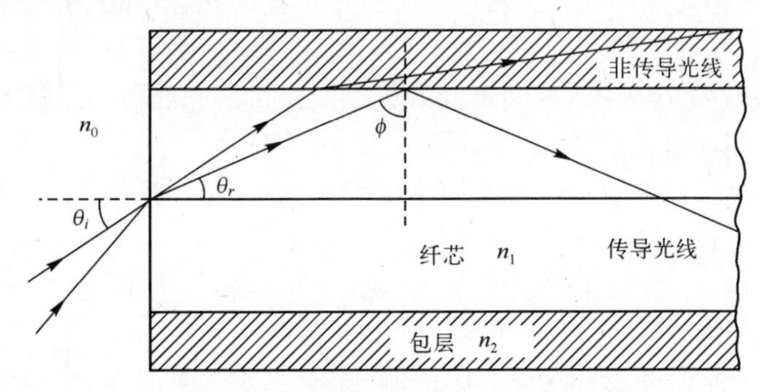

图2-22 阶跃折射率光纤导光原理

1. 多模阶跃型折射率光纤中光的传输

阶跃型光纤(Step - Index Fiber，SIF)，也称突变型光纤，其折射率分布为

$$n(r) = \begin{cases} n_1, & r \leqslant a \\ n_2, & r > a \end{cases} \tag{2-2}$$

按几何光学射线理论，阶跃光纤中的光射线主要有子午射线和斜射线。经过纤芯轴线的平面称子午面，子午面上的光射线称子午射线。不经过光纤轴线的射线称斜射线，这种射线是限制在一定范围内传输的，这个范围称焦散面。

在阶跃型光纤中，不论是子午线还是斜射线，都是根据全反射原理，光波在纤芯和包层的界面上全反射，光波限制在纤芯中向前传播。

光线以θ_i的角射入纤芯，如果θ_i角太大，则光线将进入包层而被吸收，从而光不能传播。只有当入射光线与包层边界的夹角足够小，光波可以被包层反射回纤芯之中进行传输，这样，

光线在不断的传输过程中不停地由纤芯的包层反射回纤芯之中。根据折射定律,在边界处满足全反射的临界角 ϕ_c 为

$$\phi_c = \arcsin\left(\frac{n_2}{n_1}\right) \tag{2-3}$$

式(2-3)表明:临界角只取决于纤芯和包层折射率的比值,改变其折射率就可以控制光传输角度,尤其是当 $n_2 \approx n_1$ 时,$\phi_c \approx \pi/2$,这意味着光只集中在纤芯的中心传输。这种情况下,光纤边界的损耗将减小,同时由纤芯到包层的光泄漏也将减小。

为了保证光在纤芯中以 ϕ_c 角进行传输,有必要正确掌握光在光纤端面的入射条件。设 θ_i 为光纤入射角,见图2-22。根据折射定律,由于外部介质(假定为自由空间,折射率为1)与纤芯的折射率不同,则有

$$\sin\theta_i = n_1 \sin\theta_r \tag{2-4}$$

定义入射临界角 θ_0 的正弦为数值孔径 NA,即

$$\mathrm{NA} = \sin\theta_0 = n_1 \cos\phi_c = \sqrt{n_1^2 - n_2^2} = n_1\ \sqrt{2\Delta} \tag{2-5}$$

可见,NA 反映了所允许的入射角。当给定光纤纤芯折射率,则小的数值孔径对应于小的传输角度 θ_0,也更趋于纤芯中心的准直光场。此外,如果纤芯折射率固定,则 NA 实际反映了纤芯与包层折射率差。Δ 越大,则 NA 越大,耦合效率越高,但带宽下降,损耗增加。通常 $\Delta \sim 0.01$,则 NA 的值约为 $0.05 \sim 0.2$。

当光射入光纤之后,可以有许多光线的传输角满足式(2-3)的全反射方程。每个独立的在光纤中的传导光线称为传导模式,每个模式都有各自的孔径电场,并且满足必要的边界条件,每个模式作为独立的光纤场是一个具有正交极化分量的矢量场,每个模式的角度相差很小。因此,在多模阶跃型光纤中入射角不同的光线所经过的光线传输路径不同,到达终端的时间也就不同,从而产生了脉冲展宽。

设光纤的长度为 L,光纤中光线传输的最短路径为 L,最长路径为 $L/\sin\theta_0$。所以,最大群时延差为

$$\Delta\tau = \frac{(L/\sin\theta_0) - L}{c/n_1} = \frac{Ln_1}{c} \cdot \frac{n_1 - n_2}{n_2} \approx L\frac{n_1\Delta}{c} \tag{2-6}$$

式(2-6)表明:一个激光脉冲在光纤中传输,脉冲宽度会展宽。Δ 太大的光纤不适合于光纤通信,因为这时会产生较为严重的"模间色散"。

我们可以将 $\Delta\tau$ 与比特率 B 联系起来。尽管两者的精确关系依赖于脉冲形状等因素,但 $\Delta\tau$ 应该短于比特时间 $1/B$,式(2-6)可写成

$$BL < \frac{c}{n_1\Delta} \tag{2-7}$$

式(2-7)可用于估算 $a \geqslant \lambda$ 的阶跃光纤通信系统的容量。例如,对于一根无包层的玻璃光纤,$n_1 = 1.5$,$n_2 = 1$,采用这种光纤的通信系统容量仅为 $BL < 0.4\mathrm{Mb/s \cdot km}$。如果在纤芯外加一层折射率小于纤芯的包层,则情况大为改善,大多数通信用的光纤都设计成 $\Delta < 0.01$,如 $\Delta = 2 \times 10^{-3}$,则 $BL < 100\mathrm{Mb/s \cdot km}$,这样的光纤可以将 10Mb/s 速率的数据传输长达 10km,适合于一些局域网应用。

模间色散可以通过采用渐变折射率光纤来大大减小,如采用单模光纤,则可以完全消除模间色散。

例题 2-1　某阶跃折射率光纤的纤芯折射率 $n_1 = 1.50$，相对折射率差 $\Delta = 0.01$，试求：(1)光纤的包层折射率 $n_2 = ?$ (2)该光纤数值孔径 NA = ? (3)采用这种光纤的通信系统容量是多少？

解：(1) 由光纤相对折射率差 Δ 的定义式(2-1)可得，

包层折射率为　$n_2 \approx 1.485$

(2) 将 Δ 代入式(2-5)可得

$$\mathrm{NA} \approx 0.21$$

(3) 由(2-7)式，可得系统的通信容量为

$$BL = 20\mathrm{Mb/s \cdot km}$$

2. 多模渐变型折射率光纤中光的传输

渐变型光纤(GIF，Graded - Index Fiber)，也称梯度型光纤，其折射率分布为

$$n(r) = \begin{cases} n_1 \left[1 - 2\Delta \left(\dfrac{r}{a}\right)^g\right]^{1/2}, & r \leqslant a \\ n_1[1 - \Delta] = n_2, & r > a \end{cases} \tag{2-8}$$

式中：a 为纤芯半径；$g = 1 \sim \infty$，当 $g \gg 10$ 时，折射率分布为阶跃型，渐变型光纤中通常取 $g \approx 2$(平方律分布)。光线在渐变折射率光纤中的传输情形，如图 2-23 所示。

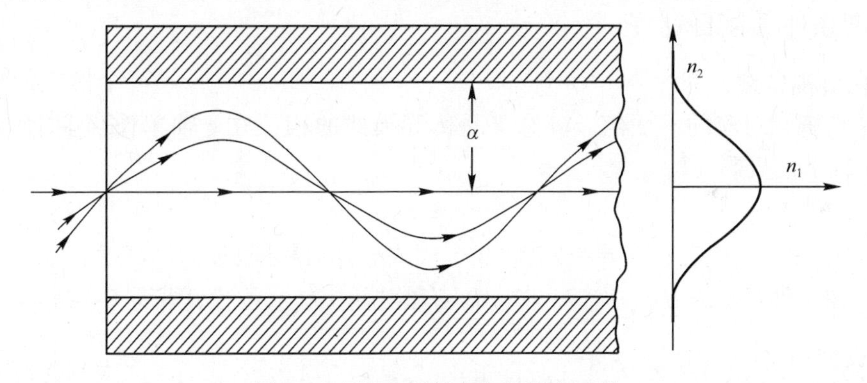

图 2-23　渐变折射率光纤导光原理

由于渐变型光纤的径向折射率分布 $n(r)$ 是变化的，通常用局部数值孔径 $\mathrm{NA}(r)$ 来描述

$$\mathrm{NA}(r) = \sqrt{n^2(r) - n^2(a)} \tag{2-9}$$

显然，当 $r = 0$ 时，$\mathrm{NA}(r)_{\max} = n(0)\sqrt{2\Delta}$ 为最大理论数值孔径。

图 2-23 可定性地理解为什么采用渐变折射率光纤可以降低模间色散。光线的传播路径不同，所经过路径的折射率也不同，沿着轴线传播的光线尽管路径最短，但传播速度却最慢，而与轴线成一定夹角的光线，由于大部分历经在较低折射率介质内，其传播速度较快，选择合适的折射率分布就有可能使所有光线同时达到光纤的输出端，从而消除模间色散。此外，图 2-23 还表明，渐变折射率光纤具有自聚焦效应，可用作准直器。

这种结构的光纤能使高阶模的光波按正弦形式传播，从而减少模间色散，提高光纤带宽，增加传输距离。

2.3.2 光纤传输的波动理论分析

采用波动理论来分析光波在光纤中的传输时，须求解波导场方程。方法是首先求出纵向场分量 E_z和 H_z，然后利用纵横关系式求出场的横向分量。

在圆柱坐标系中，E_z和 H_z满足的波导场方程为

$$\left(\frac{\partial^2}{\partial r^2}+\frac{1}{r}\cdot\frac{\partial}{\partial r}+\frac{1}{r^2}\cdot\frac{\partial^2}{\partial\theta^2}+\chi^2(r)\right)\begin{bmatrix}E_z\\H_z\end{bmatrix}=0$$

$$\chi^2(r)=\begin{cases}n^2(r)k_0^2-\beta^2, & 0<r<a\\ n_2^2k_0^2-\beta^2, & r>a\end{cases} \tag{2-10}$$

式中:β 为光波的传播常数。

通过求解方程(2-10)即可获得光纤传输模式的场分布及其特性。然而方程(2-10)的求解是比较复杂的，一般情形下只有数值解，只有在特定条件下才有精确的解析解，这时可用电磁场与电磁波课程中所学方法求解。本书略去复杂的数学分析，只给出一些基本物理概念与结论。

1. 场分布

场分布就是求 6 个场分量(E_x,E_y,E_z)，(H_x,H_y,H_z)的表达式。它们是波导场方程(2-10)满足边界条件的本征解。

2. 纵向传播常数 β

即与本征解相对应的本征值。其意义是传导模式的相位在 z 轴单位长度上的变化量，β 是波矢在 z 轴上的投影

$$\beta=\boldsymbol{k}\cdot\boldsymbol{e}_z=nk_0\cos\theta_0 \tag{2-11}$$

β 值是分立的，各代表一个导模，有时几个模式的 β 值相同，称为简并模。

模式存在条件:$n_2k_0<\beta<n_1k_0$，$k_0=2\pi/\lambda$，有效折射率(或称模式折射率):$n_{\text{eff}}=\beta/k_0$。

3. 模式分布

模式分布是指在给定光纤中允许存在的导模及其本征值 β 的取值范围。光纤中允许存在的导模由其结构参数决定。

光纤的结构参数可由归一化频率 V 来表征

$$V=\frac{2\pi}{\lambda_0}a\sqrt{n_1^2-n_2^2}=k_0an_1\sqrt{2\Delta} \tag{2-12}$$

V 值越大，允许存在的导模数量就越多。当 V 值较小时，则只允许少数几个或单个模式传播。阶跃单模光纤的判据是:

$$V<2.405 \tag{2-13}$$

这时，在光纤中只有一个模式传播，称为主模或基模。很显然，当波长 λ_0和折射率参数确定之后，光纤中允许传播的数目就与纤芯半径 a 有关。因此，多模光纤芯径较粗(50~60μm)，而单模光纤芯径就很细(5~10μm，与入射波长 λ_0有关)。

4. 模式的色散曲线与模场分布

阶跃光纤的色散曲线如图 2-24 所示，如已知 V，由曲线可求得各模式的有效折射率。

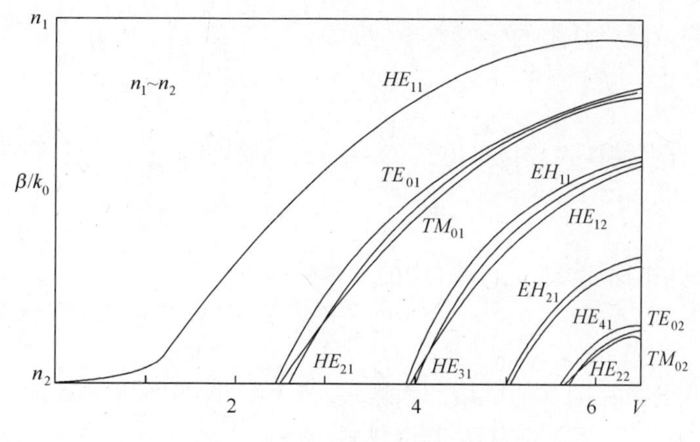

图 2-24　阶跃光纤的色散曲线

由电磁场与电磁波相关理论可知,圆柱波导(光纤)的模场分布为贝塞尔函数,如图 2-25 所示。

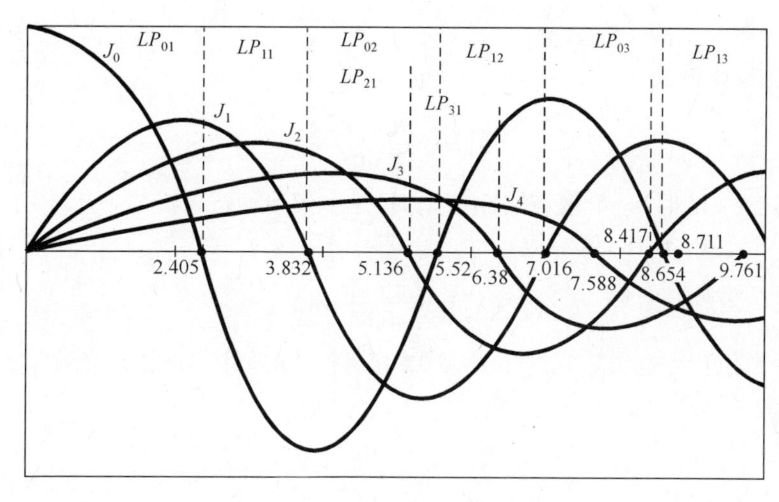

图 2-25　模场分布

5. 光纤中的传输模式

电磁波的偏振(也称极化),是描述当它通过介质时的电磁场特性。对于弱导光纤,导模几乎是平面偏振波,它们具有横电场和横磁场,称这些波为线性偏振(LP)。

光纤中存在的电磁场分量称为模式(简称模),在光纤横截面上呈现为各种光斑。若是一个光斑,就是单模(用 LP_{01} 表示),光斑的大小就是模场直径;若是两个或多个光斑,称为多模(用 LP_{11},LP_{21} 等表示),表 2-3 列出了常见模式的表示法。

表 2-3　常见模式的表示法

简并模	LP_{01}	LP_{11}	LP_{21}
混合模	HE_{11} ×2	TE_{01}、TM_{01}、HE_{21} ×2	HE_{31} ×2、EH_{11} ×2
对应场强分布(E_x)			

分析表明,多模阶跃光纤中的导模数

$$M=\frac{V^2}{2} \tag{2-14}$$

在光纤中允许存在的模式数目可由式(2-15)来估算

$$M=\frac{g}{2(g+2)}V^2 \tag{2-15}$$

平方律折射率分布梯度光纤($g=2$)中的导模数为

$$M=\frac{V^2}{4} \tag{2-16}$$

可见,传输模式的数目随 V 值的增加而增多,当 V 减小到 $V<2.405$ 时(见图 2-24),只有 $LP_{01}(HE_{11})$一个模式存在(称为基模),其余模式全部截止。

6. 单模传输条件

$$V=\frac{2\pi a}{\lambda}\sqrt{n_1^2-n_2^2}\leqslant 2.405 \tag{2-17}$$

单模传输的归一化截止频率 $V_c=2.405$。

单模光纤的截止波长为

$$\lambda_c=\frac{2\pi a n_1\sqrt{2\Delta}}{2.405} \tag{2-18}$$

当工作波长 $\lambda>\lambda_c$时,是单模传输;$\lambda<\lambda_c$时,是多模传输。

利用式(2-5),式(2-18)可写成

$$\lambda_c=\frac{2\pi a}{2.405}\cdot NA \tag{2-19}$$

因此,光纤数值孔径也决定光纤传导模式的数目。如果纤芯直径是光波长的许多倍,则传导模式的数目多达几百个。

小结:

单模光纤要求纤芯直径只有波长的若干倍。单模光纤对于光的传输损耗是最小的(因为光场只在光纤的中心传导),但由于纤芯直径很小,对于光纤与光源的耦合及光纤之间的接续将带来明显困难。

光纤纤芯增大,光纤将成为多模光纤,在临界角之内,各个模式以不同的角度进行传导。

例题 2-2　在某光纤中,传输着一个 $\beta_m=0.8n_1k_0$的导波模式,$n_1=1.5$,$a=1.5\mu m$,$\lambda=1.55\mu m$。当这束光线在 z 方向每传输 1cm 时,在纤芯与包层界面上将经受多少次反射?

解:由式(2-11)可得 $\cos\theta_0=0.8$

图 2-22 可知,光线在纤芯与包层界面上每反射 1 次将向前传输 8μm,如这束光线在 z 方向每传输 1cm 时,则其在纤芯与包层界面上的反射次数为 $1/(8\times10^{-4})=1250$。

2.3.3 光纤的损耗与色散特性

1. 光纤的损耗特性

损耗系数定义为

$$\alpha = \frac{10}{L}\lg\frac{P_{\text{in}}}{P_{\text{out}}}(\text{dB/km}) \tag{2-20}$$

式中：L 为光纤长度(km)；P_{in} 与 P_{out} 分别是光纤输入端与输出端的光功率。

光纤的损耗主要包括：吸收损耗和散射损耗。吸收损耗是光波通过光纤材料时，部分光能变成热能，引起光功率的损失，是由 SiO_2 材料和由杂质引起的吸收产生的。

散射损耗主要由材料微观密度不均匀引起的瑞利散射和由光纤结构缺陷引起的散射。瑞利散射损耗是光纤的固有损耗，它决定光纤损耗的最低理论极限。如果 $\Delta = 0.2\%$，在 1.55μm 波长，光纤损耗的最低理论极限为 0.149dB/km。从 SIF、GIF 到 SMF 光纤，损耗依次减小。

2. 光纤的色散特性与带宽

图 2-26 为熔石英折射率随波长的变化曲线。不同的频率分量对应于由 $c/n(\omega)$ 给定的不同的脉冲传输速度，色散在短脉冲传输中起重要作用。

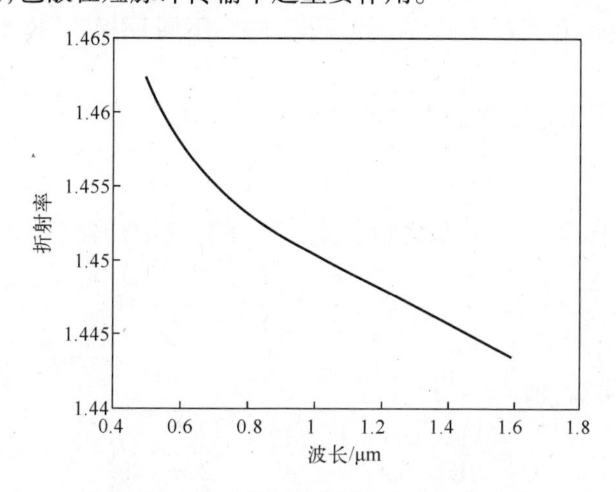

图 2-26　熔石英折射率随波长的变化曲线

光纤中传输模式的传输常数 β 在中心频率 ω_0 处的泰勒级数为

$$\beta(\omega) = n(\omega)\frac{\omega}{c} = \beta_0 + \beta_1(\omega - \omega_0) + \frac{1}{2}\beta_2(\omega - \omega_0)^2 + \cdots\cdots \tag{2-21}$$

式中

$$\beta_m = \left(\frac{\mathrm{d}^m\beta}{\mathrm{d}\omega^m}\right)_{\omega=\omega_0} \qquad (m = 0, 1, 2, \cdots) \tag{2-22}$$

参量 β_1, β_2 与折射率有关，且有关系

$$\beta_1 = \frac{n_g}{c} = \frac{1}{v_g} = \frac{1}{c}\left(n + \omega\frac{\mathrm{d}n}{\mathrm{d}\omega}\right) \tag{2-23}$$

$$\beta_2 = \frac{1}{c}\left(2\frac{\mathrm{d}n}{\mathrm{d}\omega} + \omega\frac{\mathrm{d}^2 n}{\mathrm{d}\omega^2}\right) \tag{2-24}$$

式中：n_g 是群折射率；v_g 是群速度；脉冲包络以群速度运动。参量 β_2 表示群速度色散，和脉冲的展宽有关。这种现象称群速度色散(GVD)，β_2 是 GVD 参量，单位是 ps^2/km。β_3 为三阶色散系数，与色散斜率 $\mathrm{d}D/\mathrm{d}\lambda$ 有关。

在光纤光学的文献中，通常用总色散参量 D 来代替 β_2，它们之间的关系为

$$D = \frac{\mathrm{d}\beta_1}{\mathrm{d}\lambda} = -\frac{2\pi c}{\lambda^2}\beta_2 = -\frac{\lambda}{c}\frac{\mathrm{d}^2 n}{\mathrm{d}\lambda^2} \tag{2-25}$$

D 的单位是 ps/(km. nm)。

例题 2-3 一单模光纤在 $\lambda=0.8\mu m$ 时测得 $\lambda^2(d^2n/d\lambda^2)=0.02$,计算色散参数 β_2 和 D。

解:由(2-25)有

$$\beta_2=\frac{\lambda}{2\pi c^2}\cdot\lambda^2\frac{d^2n}{d\lambda^2}=\frac{0.8\times10^{-6}\times10^{-3}km}{2\times3.14\times(3\times10^5km)^2}s^2\times0.02$$

$$=29.3ps^2/km$$

$$D=-\frac{\lambda}{c}\frac{d^2n}{d\lambda^2}=-\frac{\lambda^2}{c\lambda}\frac{d^2n}{d\lambda^2}=-\frac{0.02}{3\times10^5km\times0.8\times10^3nm}s=-\frac{100}{1.2}ps/(km\cdot nm)$$

$$=-83.3ps/(km\cdot nm)$$

实际光源发出的不是单频信号,而具有一定的谱线宽度 $\Delta\lambda$。光信号中的各种分量(不同的频率分量及模式分量)在光纤中的群速度不同(时延不同)引起了脉冲展宽,从而产生码间干扰。

光信号在光纤中以群速度传输,群速度定义为

$$v_g=\frac{d\omega}{d\beta} \tag{2-26}$$

式中:ω 为光载波的角频率;β 是传输常数。光信号在光纤中传输单位距离的时间称为时延 τ,则

$$\tau=\frac{1}{v_g}=\frac{d\beta}{d\omega} \tag{2-27}$$

由 $\beta=kn=\omega n/c$,$k=2\pi/\lambda$,则

$$\tau=\frac{d\beta}{dk}\cdot\frac{dk}{d\omega}=\frac{1}{c}\cdot\frac{d\beta}{dk}=-\frac{\lambda^2}{2\pi c}\cdot\frac{d\beta}{d\lambda} \tag{2-28}$$

可见,通常传输时延 τ 是波长 λ 的函数。常用时延差 $\tau(\lambda)$ 来表示光纤色散的严重程度。

色散系数又可定义为

$$D=\frac{d\tau(\lambda)}{d\lambda}\quad[ps/(nm\cdot km)] \tag{2-29}$$

光纤的色散主要有:模式色散、色度色散和偏振模色散。

1)模式色散

在多模光纤中,由于不同模式的光信号在光纤中传输的群速度不同,引起到达光纤输出端的时延不同,会造成脉冲展宽。

多模阶跃型光纤由模式色散引起的脉冲展宽 τ_{st} 用式(2-6)表示,即

$$\tau_{st}=L\frac{n_1\Delta}{c} \tag{2-30}$$

2)色度色散(简称色散)

实际的光源不是纯单色光,色度色散是由于不同波长(颜色)的光以不同的速度在光纤中传输而引起不同的时延。色度色散又分为材料色散和波导色散。

3)材料色散

由于光纤材料本身的折射率和光波长呈非线性关系,从而使光的传播速度随波长而变化。材料色散是一种模内色散。由式(2-25),可得材料色散系数为

$$D_{mat}=\frac{d\tau_{mat}}{d\lambda}=-\frac{\lambda}{c}\left(\frac{d^2n}{d\lambda^2}\right)\quad [ps/(nm\times km)]$$

对谱宽为 $\Delta\lambda$ 的光源,单位长度的脉冲展宽为

$$\Delta\tau_{mat}=D_{mat}\Delta\lambda=-\frac{\lambda\Delta\lambda}{c}\left(\frac{d^2n}{d\lambda^2}\right)\quad (ps/km) \tag{2-31}$$

4)波导色散

波导色散是由于导模在不同波长下的群速度不同而引起的,它与光纤的结构有关(归一化频率与波长有关)。对于多模光纤,波导色散比材料色散小得多,可以忽略;对于单模光纤,不能忽略。

对于单模光纤,最小色散波长不在零材料色散波长处,而是在波导色散与材料色散相互补偿的某一波长(不是简单的加减)。若在此波长使用窄线宽的动态单频激光器,则单模光纤的带宽可达100(Gb/s)km以上。

单模适用于远程通信,但还存在着材料色散和波导色散,这样单模光纤对光源的谱宽和稳定性有较高的要求,即谱宽要窄,稳定性要好。后来又发现在1.31μm波长处,单模光纤的材料色散和波导色散一为正、一为负,大小也正好相等。就是说在1.31μm波长处,单模光纤的总色散为零。从光纤的损耗特性来看,1.31μm处正好是光纤的一个低损耗窗口。这样,1.31μm波长区就成了光纤通信的一个很理想的工作窗口,也是现在实用光纤通信系统的主要工作波段。1.31μm常规单模光纤的主要参数是由国际电信联盟ITU-T在G.652建议中确定的,因此这种光纤又称G.652光纤。

5)偏振模色散(PMD)

在标准单模光纤中,基模 $HE_{11}(LP_{01})$ 是由两个相互正交的偏振模组成,若光纤结构完全轴对称,则这两个正交偏振模有完全相同的群时延,不产生色散。实际单模光纤存在少量不对称性($\beta_x\neq\beta_y$,β_x、β_y 分别为两个导模的传播常数),造成两个偏振模的群时延不同,导致偏振模色散。如定义 $\Delta\beta=\beta_x-\beta_y$,两个正交偏振模的相位差达到 2π 的光纤长度 L_B 为拍长,$L_B=2\pi/\Delta\beta$。则单模光纤两个正交模式传播单位距离的时延分别为

$$\tau_x=\frac{d\beta_x}{d\omega},\tau_y=\frac{d\beta_y}{d\omega} \tag{2-32}$$

由此产生的传播时延差为

$$\Delta\tau_p=\frac{d}{d\omega}(\beta_x-\beta_y) \tag{2-33}$$

由于偏振模的耦合是随机的,因而PMD是一个统计量,要求它小于 $0.5ps/\sqrt{km}$。

光纤的总色散延时为

$$\tau=\sqrt{\text{模间色散}^2+\text{材料色散}^2+\text{波导色散}^2+\text{PMD}^2} \tag{2-34}$$

自 测 练 习

2-17 光纤的主要材料是________,结构从内到外依次是__________、__________、________和__________。其中__________是光纤导光部分。

2-18 光纤中的纤芯折射率必须________包层折射率,单模光纤和多模光纤中两者的相对折射率差一般分别为__________和__________。

2-19 单模光纤纤芯直径一般为________，多模光纤纤芯直径为________，光纤包层直径一般为________。

2-20 光纤主要的传输特性是________和________。

2-21 数值孔径(NA)越大，光纤接收光线的能力就越________，光纤与光源之间的耦合效率就越________。

2-22 允许单模传输的最小波长称为________。

2-23 某介质的折射率为 $n(\lambda)=1.45-s(\lambda-1.3\mu m)^3$，$s=0.003\mu m^{-3}$。则在 $\lambda=1.5\mu m$ 时，$\beta_2=$________。

(A) $-15ps^2/km$　(B) $-21.5ps^2/km$　(C) $20ps^2/km$　(D) $30ps^2/km$

2-24 某介质的折射率为 $n(\lambda)=1.45-s(\lambda-1.3\mu m)^3$，$s=0.003\mu m^{-3}$。则在 $\lambda=1.5\mu m$ 时，$D=$________ps/(km · nm)。

(A) 18.0　(B) 10.0　(C) -5.0　(D) -15.0

2-25 多纵模 LD 发出两个分离的波长分量，其间隔为 0.8nm。标准单模光纤在 1550nm 处的色散参数为 $D=17ps/nm/km$，长度为 20km 的光纤，色散引起的脉冲加宽为________。

2-26 从光纤色散产生的机理可分为________。

(A) 模式色散　(B) 材料色散　(C) 非线性色散　(D) 波导色散

2.4 光纤非线性传输传输特性*

对于谱宽远小于脉冲中心频率 ω_0 的准单色脉冲，可以将模传播常数 $\beta(\omega)$ 在 ω_0 处展开为泰勒级数式(2-21)。

超短脉冲在光纤中传输满足广义非线性薛定谔方程。

$$\frac{\partial A}{\partial z}+\frac{\alpha}{2}A+\frac{i\beta_2}{2}\frac{\partial^2 A}{\partial T^2}-\frac{\beta_3}{6}\frac{\partial^3 A}{\partial T^3}=i\gamma\left[|A|^2A+\frac{i}{\omega_0}\left(|A|^2A-T_RA\frac{\partial|A|^2}{\partial T}\right)\right] \quad (2-35)$$

式中：A 为光脉冲归一化电场缓变振幅包络；α 为单模光纤损耗系数；$|A|^2$ 为脉冲瞬时功率；γ 为单模光纤非线性系数；T_R 为与拉曼效应有关的响应函数的一次矩。对光纤来说，在 $1.55\mu m$ 波长处，$T_R=3ps$。

T 为以群速度移动参照系中的值

$$T=t-\frac{z}{v_g}\equiv t-\beta_1 z \quad (2-36)$$

如果入射光脉冲信号的脉宽 >5ps 时，可以忽略光纤中的高阶非线性效应，则非线性薛定谔方程可以化简为

$$i\frac{\partial A}{\partial z}+\frac{i\alpha}{2}A-\frac{\beta_2}{2}\frac{\partial^2 A}{\partial T^2}-i\frac{\beta_3}{6}\frac{\partial^3 A}{\partial T^3}+\gamma|A|^2A=0 \quad (2-37)$$

2.4.1 光纤非线性效应的影响

当超短光脉冲在光纤中传输时，可引起非线性效应，如自相位调制效应、自聚焦效应和光感应双折射效应等。在这些非线性效应中，折射率的非线性效应是最基本的。光场引起的附加折射率的变化为

$$\Delta n=n-n_0=n_2I(t) \quad (2-38)$$

式中：n_2为光纤非线性折射率系数；$I(t)$为光脉冲光强；n_0为与光强无关的折射率。

考虑光纤折射率的非线性效应后，光脉冲不同部位所引起的折射率变化不同。两种情况：

1. n_2的弛豫时间远比脉冲宽度短

这时是一瞬态响应过程，有

$$\Delta n(t)=n_2 I(t) \tag{2-39}$$

脉冲各个部位引起的附加相位变化为

$$\Delta\phi(t)=kL\Delta n(t)=kLn_2 I(t) \tag{2-40}$$

式中：$k=2\pi/\lambda$；L为光脉冲在介质中的传输长度。脉冲不同部位的瞬时频率为

$$\omega(t)=\omega_0(t)+\Delta\omega(t) \tag{2-41}$$

$$\Delta\omega(t)=-\frac{\partial\Delta\phi(t)}{\partial t}=-\frac{\partial}{\partial t}[kLn_2 I(t)] \tag{2-42}$$

式中：ω_0为没有考虑自相位调制时的瞬时频率；$\Delta\omega(t)$为自相位调制引起的附加频率。$\Delta\omega(t)$的引入使得脉冲包络的不同部位具有不同的瞬时频率，这种现象称为啁啾效应，用式(2-43)来描述

$$C(t)=\frac{\partial\omega(t)}{\partial t}=-\frac{\partial^2}{\partial t^2}[kLn_2 I(t)] \tag{2-43}$$

$C(t)>0$为正啁啾，$C(t)<0$为负啁啾。自相位调制效应使脉冲包络的不同部位具有不同的瞬时频率，脉冲的前后沿具有负啁啾，脉冲中间部分具有正啁啾，由于自相位调制效应，谱宽加宽，而且是向脉冲中心频率的高端和低端同时扩展。

2. n_2的弛豫时间远比脉冲宽度长

此时，考虑脉冲部位t时刻的折射率，必须考虑t时刻之前t'时刻所引起的折射率弛豫到t时刻的剩余部分。由于自相位调制效应，脉冲不同部位具有不同的瞬时频率，脉冲的前半部分和后半部分具有相反符号啁啾，脉冲频谱的扩展只是向低频端扩展。

2.4.2 色散的影响

带有啁啾的脉冲通过色散介质时，其各部位的传播速度不同，导致脉冲的不同部位具有展宽或变窄的效应。当啁啾和色散同号时展宽，啁啾和色散异号时变窄。当介质具有正色散时，以负啁啾为特征的脉冲前沿和后沿被压缩，而以正啁啾为特征的脉冲中间部分被展宽，脉冲波形逐渐变成方波；当介质具有负色散时，具有负啁啾的脉冲前沿和后沿被展宽，而脉冲中间部分被压缩，导致整个脉冲波形变窄。

1. 二阶色散对脉冲的影响

假设$\alpha=0$，忽略非线性效应($\gamma=0$)，对于脉宽大于100fs的脉冲，只考虑二阶色散，方程(2-37)可化简为

$$\mathrm{i}\frac{\partial A}{\partial z}=\frac{\beta_2}{2}\frac{\partial^2 A}{\partial T^2} \tag{2-44}$$

方程(2-44)可用傅里叶变换求解。

$$A(z,T)=\frac{1}{2\pi}\int_{-\infty}^{\infty}\tilde{A}(z,\omega)\exp(-\mathrm{i}\omega T)\mathrm{d}\omega \tag{2-45}$$

代入方程(2-44)有

$$i\frac{\partial\tilde{A}}{\partial z}=-\frac{1}{2}\beta_2\omega^2\tilde{A} \tag{2-46}$$

其解为

$$\tilde{A}(z,\omega)=\tilde{A}(0,\omega)\exp\left(\frac{\mathrm{i}}{2}\beta_2\omega^2 z\right) \tag{2-47}$$

方程(2-47)表明 GVD 改变了脉冲的每个频谱分量的相位,这一改变依赖于频率与传输距离。尽管这种相位变化不影响脉冲频谱,但却能改变脉冲形状。GVD 使脉冲展宽,这一点可从(2-47)式的傅里叶变换看出

$$A(z,T)=\frac{1}{2\pi}\int_{-\infty}^{\infty}\tilde{A}(0,\omega)\exp\left(\frac{\mathrm{i}}{2}\beta_2\omega^2 z-\mathrm{i}\omega T\right)\mathrm{d}\omega \tag{2-48}$$

式中:$\tilde{A}(0,\omega)$ 入射场($z=0$)的傅里叶变换

$$\tilde{A}(0,\omega)=\int_{-\infty}^{\infty}A(0,T)\exp(\mathrm{i}\omega T)\mathrm{d}T \tag{2-49}$$

例如:初始入射场为高斯脉冲

$$A(0,T)=\exp\left(-\frac{T^2}{2T_0^2}\right) \tag{2-50}$$

式中:T_0为高斯脉冲的 $1/e$ 半宽。实际中用半高全宽(FWHM)代替 T_0,对于高斯脉冲,两者之间的关系为

$$T_{\mathrm{FWHM}}=2(\ln 2)^{1/2}T_0\approx 1.665T_0 \tag{2-51}$$

将方程(2-50)代入方程(2-49)、方程(2-48),利用积分

$$\int_{-\infty}^{\infty}\exp(-ax^2+bx)\mathrm{d}x=\sqrt{\frac{\pi}{a}}\exp\left(-\frac{b^2}{4a}\right) \tag{2-52}$$

可得

$$A(z,T)=\frac{T_0}{(T_0^2-\mathrm{i}\beta_2 z)^{1/2}}\exp\left[-\frac{T^2}{2(T_0^2-\mathrm{i}\beta_2 z)}\right] \tag{2-53}$$

由(2-53)式可知,高斯脉冲在传输过程中其形状不变,但其脉冲宽度 T_1 随传输距离的增加而增大。

$$T_1(z,T)=T_0\left[1+(z/L_D)^2\right]^{1/2} \tag{2-54}$$

式中:

$$L_D=\frac{T_0^2}{|\beta_2|} \tag{2-55}$$

称为色散长度。可见,脉冲的加宽与传输距离、初始脉宽及色散参量有关。

比较方程(2-50)与方程(2-55)可得,虽然入射脉冲不带啁啾(无相位调制),但经传输后变为啁啾脉冲。

例题 2-4 啁啾脉冲在光纤中的传输。

解:假设初始脉冲为

$$U(0,T)=\exp\left[-\frac{(1+\mathrm{i}C)}{2}\frac{T^2}{T_0^2}\right]$$

式中:C 为啁啾参数,可正、可负。瞬时频率增加 $C>0$,瞬时频率减小 $C<0$。

$$\widetilde{U}(0,\omega)=\left(\frac{2\pi T_0^2}{1+\mathrm{i}C}\right)^{1/2}\exp\left[-\frac{\omega^2T_0^2}{2(1+\mathrm{i}C)}\right]$$

光谱 $1/e$ 半宽为

$$\Delta\omega=(1+C^2)^{1/2}/T_0$$

当 $C=0$ 时，谱宽的传输极限满足 $\Delta\omega T_0=1$。显然，在线性啁啾的情况下，脉冲的谱宽增加因子 $(1+C^2)^{1/2}$。通过 $\Delta\omega$ 和 T_0 的测量值，可以估算 $|C|$。

$$U(z,T)=\frac{T_0}{[T_0^2-\mathrm{i}\beta_2z(1+\mathrm{i}C)]^{1/2}}\exp\left(-\frac{(1+\mathrm{i}C)T^2}{2[T_0^2-\mathrm{i}\beta_2z(1+\mathrm{i}C)]}\right)$$

$$\frac{T_1}{T_0}=\left[\left(1+\frac{C\beta_2z}{T_0^2}\right)^2+\left(\frac{\beta_2z}{T_0^2}\right)^2\right]^{1/2}$$

2. 高阶色散对脉冲的影响

当脉宽小于100fs 时，其包含的光谱成分已很宽，$\Delta\omega/\omega$ 不能忽略，必须考虑三阶色散，其传输方程变为

$$\frac{\partial A}{\partial z}+\frac{\mathrm{i}\beta_2}{2}\frac{\partial^2A}{\partial T^2}-\frac{\beta_3}{6}\frac{\partial^3A}{\partial T^3}=0 \tag{2-56}$$

该方程的解为

$$A(z,T)=\frac{1}{2\pi}\int_{-\infty}^{\infty}\widetilde{A}(0,\omega)\exp\left(\frac{\mathrm{i}}{2}\beta_2\omega^2z+\frac{\mathrm{i}}{6}\beta_3\omega^3z-\mathrm{i}\omega T\right)\mathrm{d}\omega \tag{2-57}$$

由式(2-57)可知，高阶色散使脉冲宽度变宽，而且，它使得脉冲的前沿($\beta_3<0$)或脉冲的后沿($\beta_3>0$)出现振荡，从而改变脉冲形状。

例题 2-5 某多纵模 LD 发出两个分离的波长分量，其间隔为 0.8nm。标准单模光纤在1550nm 处的色散参数为 $D=17\text{ps/nm/km}$，长度为 10km 的光纤，色散引起的脉冲展宽为多少？

解：$\Delta\tau=\Delta\lambda\times D\times L=272\text{ps}$

自 测 练 习

2-27 某多纵模 LD 发出两个分离的波长分量，其间隔为 0.8nm。标准单模光纤在 1550nm 处的色散参数为 $D=17\text{ps/nm/km}$，长度为 10km 的光纤，色散引起的脉冲展宽为________。

(A) 17ps (B) 100ps (C) 136ps (D) 272ps

2-28 啁啾效应是指____。

2-29 自相位调制是指____。

2-30 带有啁啾的脉冲通过色散介质时，其各部位的传播速度不同，导致脉冲的不同部位具有展宽或变窄的效应。当啁啾和色散同号时________，啁啾和________异号时变窄。

2-31 光纤参数__________不改变脉冲形状，而参数__________则改变脉冲形状。

2.5 非线性薛定谔方程的分步傅里叶求解方法*

式(2-37)可改写成

$$\frac{\partial A}{\partial z}=(\hat{D}+\hat{N})A \tag{2-58}$$

$$\hat{D}=-\frac{\mathrm{i}}{2}\beta_2\frac{\partial^2}{\partial T^2}+\frac{\beta_3}{6}\frac{\partial^3}{\partial T^3}-\frac{\alpha}{2} \tag{2-59}$$

$$\hat{N}=\mathrm{i}\gamma\,|A|^2 \tag{2-60}$$

分步傅里叶方法的基本思想是:在一个计算步长 h 内,将色散与非线性效应分别计算,分两步进行,第一步仅有非线性作用,第二步仅有色散。

求解式(2-58),可得

$$A(z+h,T)=\exp[h(\hat{D}+\hat{N})]A(z,T) \tag{2-61}$$

式(2-61)可近似写成

$$A(z+h,T)\approx\exp(h\hat{D})\exp(h\hat{N})A(z,T) \tag{2-62}$$

$\exp(h\hat{D})$ 计算在傅里叶域内进行

$$\exp(h\hat{D})B(z,T)=F_T^{-1}\exp\lfloor h\hat{D}(\mathrm{i}\omega)\rfloor F_T B(z,T) \tag{2-63}$$

式中:$B(z,T)$ 为任意变换函数;F_T 表示傅里叶变换;F_T^{-1} 表示傅里叶逆变换;$\mathrm{i}\omega$ 由 $\partial/\partial T$ 而得;ω 为傅里叶域中的频率。

利用式(2-61)至(2-63)即可模拟超短脉冲在光纤中的传输情况。

1. 色散对超短脉冲的影响

在式(2-37)中,令 $\gamma=0$,色散长度 $L_D=T_0^2/|\beta_2|$,T_0 为脉冲初始宽度,色散对超短脉冲的影响如图 2-27 所示。图 2-27(a)表示当不考虑三阶色散效应时,二阶色散效应对超短脉冲的影响,初始脉冲为无啁啾高斯脉冲,在光脉冲传输过程中,其形状保持不变,脉冲宽度随长度的增加而展宽,当 $z/L_D=1$ 时,脉冲宽度为初始脉宽的 $\sqrt{2}$ 倍,当 $z/L_D=2$ 时,脉冲宽度为初始脉宽的 $\sqrt{5}$ 倍,同时脉冲变为啁啾脉冲。当考虑三阶色散效应时,脉冲在传输过程中,不仅要展宽,而且其形状也会发生畸变,如图 2-27(b)所示。脉冲在传输过程中,其前沿形成非对称的振荡现象,当 $\beta_2=\beta_3/T_0$ 时,振荡消失,脉冲前言出现了一长长的拖尾。

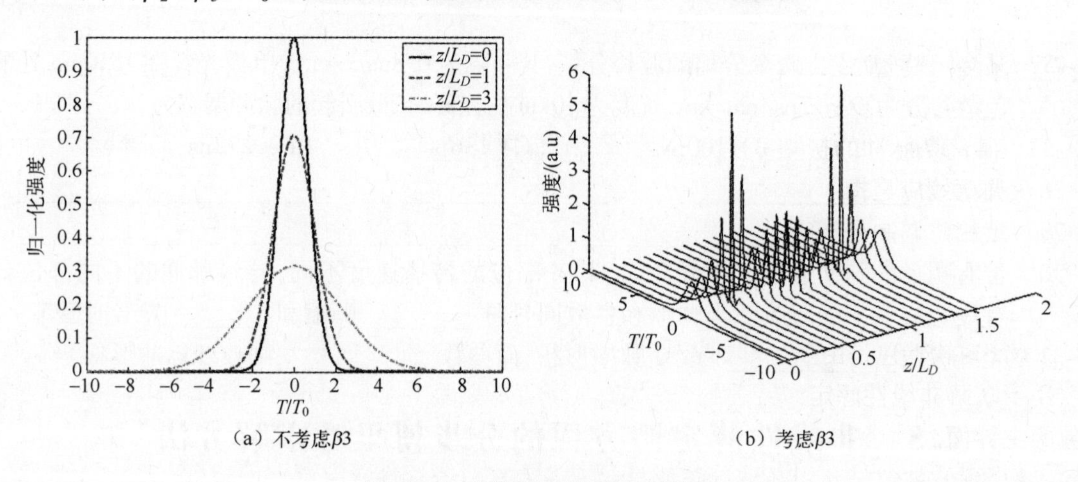

(a) 不考虑β3　　(b) 考虑β3

图 2-27　色散对超短脉冲的影响

2. 非线性效应对超短脉冲的影响

当传输距离为1km，$\beta_2=-20\mathrm{ps}^2/\mathrm{km}$，$\beta_3=5\mathrm{ps}^3/\mathrm{km}$，$\gamma=15\mathrm{W}^{-1}/\mathrm{km}$时，非线性效应对超短脉冲的影响，如图2-28所示。图2-28(a)为入射脉冲频谱图，脉冲中心频率为193.089THz。在非线性效应的影响下，脉冲的形状发生巨大变化，脉冲频谱也展宽了，如图2-26(b)所示，这是由于强光作用，光纤的折射率不是一个常数，而是与光强有关，即$\tilde{n}(\omega,|E|^2)=n(\omega)+n_2|E|^2$，其中，$n(\omega)$是光纤的线性折射率，$n_2$是与三阶电极化率$\chi^{(3)}$有关的非线性折射率系数，$|E|^2$为光纤内的光强，由于折射率与光强有关，导致光脉冲在传输过程中，其本身光场将产生附加光程，反过来又影响脉冲的相位，即所谓的自相位调制效应。自相位调制效应引起的光脉冲畸变现象因与光强有关而变得很复杂，在严重情况下，将会使脉冲发生分裂，如图2-28(b)。

光纤色散与非线性效应是限制光纤通信系统传输距离与传输容量的重要因素。光纤色散使脉冲展宽，高阶色散效应引起脉冲前沿形成非对称振荡；非线性效应引起的自相位调制使脉冲形状发生畸变。

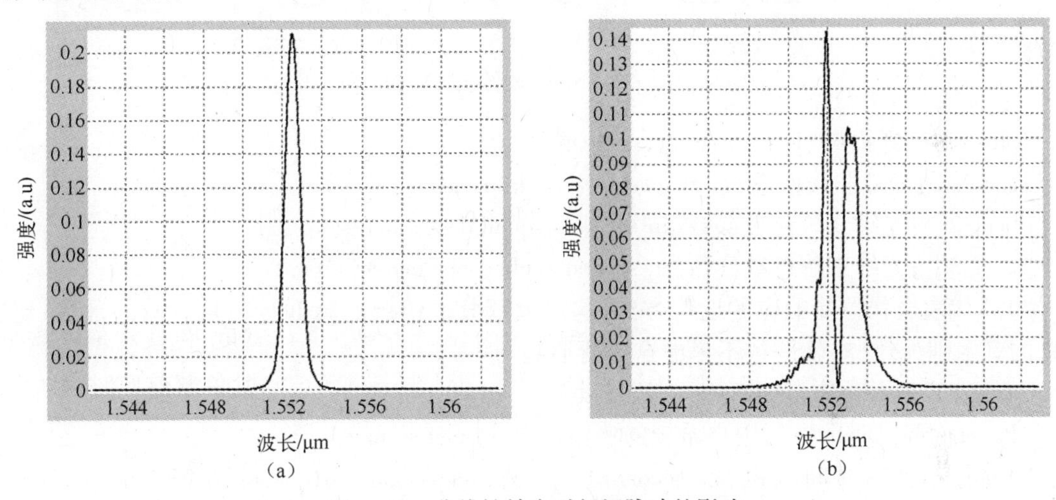

图2-28 非线性效应对超短脉冲的影响

自测练习

2-32 分步傅里叶方法的基本思想是：在一个计算步长h内，将________与________分别计算，分两步进行，第一步仅有________作用，第二步仅有色散。

2-33 某高斯脉冲的初始宽度为5ps，单模光纤的色散参数$\beta_2=-20\mathrm{ps}^2/\mathrm{km}$，则该脉冲的色散长度为________km。

2.6 NLSE软件包*

NLSE软件包是由美国罗切斯特大学著名光纤通信专家G.P. Agrawal科研小组研发的一款用于求解非线性薛定谔方程的软件包，可以直接在个人电脑上运行。图2-29为NLSE软件包的主界面。

NLSE软件包是利用对称分布傅里叶变换方法对非线性薛定谔方程式(2-37)进行数值求解。界面部分参数含义如下：

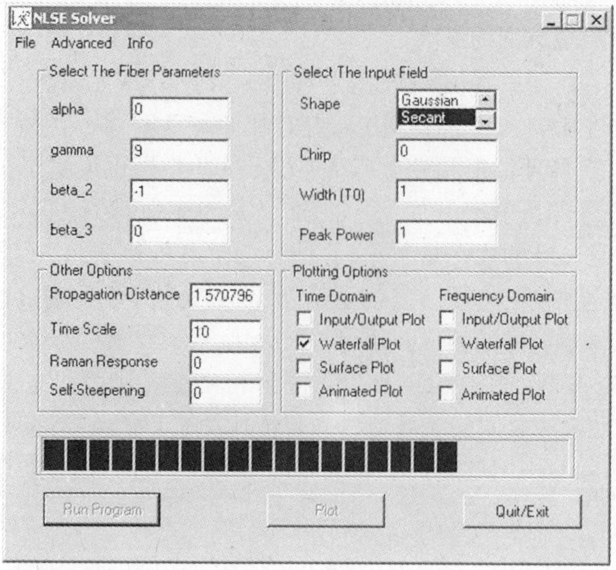

图 2-29　NLSE 软件包主界面

"alpha":光纤损耗(in inverse meters 1/m)

"gamma":光纤非线性系数(in inverse Watt kilo meters(W · km)^{1})

"beta_2" :光纤二阶色散参数(in seconds squared per meter(s^2/m)

"beta_3" :光纤三阶色散参数(in seconds cubed per meter(s^3/m)

"T_R"代表合作拉曼响应的近似方法,这对大部分电信级的脉冲传输是有效的,但对超连续谱的产生则无效(本软件包不考虑这一情形)。

"$s=\omega_0^{-1}$"表示合作自陡效应,由用户设定。

"Propagation Distance":用户希望的传输距离,in metes(m)

"Time Scale":时间刻度,in seconds(s)。A time scale = 10 意味着场的时间范围是 -10..10 seconds.

入射场:

"Shape":对话窗口所选取的脉冲波形,定义如下:

$$\text{Gaussian} = \sqrt{\text{PeakPower}} \times \exp\left[-\frac{T^2(1+\text{i}*\text{Chirp})}{2T_0^2}\right] \tag{2-64}$$

$$\text{Secant} = \sqrt{\text{PeakPower}} \times \text{Sech}\left(\frac{T}{T_0}\right)^{1+\text{i}*\text{Chirp}} \tag{2-65}$$

式中:"Chirp"为啁啾(无量纲量);"T_0" 为出示脉宽(单位 s);"PeakPower" 为峰值功率(单位 W)。

绘图选项:

绘图选项给用户提供一些常用可视化方法以便研究脉冲的传输行为。但用户只能画场的强度图。

The "Input/Output Plot":画输入(时域与频域)强度与输出(时域与频域)强度图。

The "Waterfall Plot":提供脉冲传输的 3D 可视图。

The "Surface Plot":显示传输的强度透视图。

The "Animated Plot":显示场演化动画(类似电影)。

自测练习

2-34 NLSE 软件包是由美国罗切斯特大学著名光纤通信专家________科研小组研发的一款用于求解________________的软件包，可以直接在个人电脑上运行。

2.7 10Gb/s 传输系统实验

2.7.1 单波长信号传输实验

图 2-30 为 10Gb/s 传输实验系统示意图。DFB 激光器为 PRO 8000 型 WDM 光源，调谐范围 1549.266nm ~ 1550.966nm，偏振控制器为带尾纤的机械式偏振控制器，调制器为 JDS Uniphase OC-192 型，调制信号为 10Gb/s(即 9.95328Gb/s)SDH/SONET 2^7-1 伪随机二进制序列(PRBS)。光纤放大器为 Highwave Optical Technologies 公司的掺铒光纤放大器，滤波器为 Newport 公司的可调谐带通滤波器，用于滤出光纤放大器等的噪声，单模光纤为 Corning SMF-28，数字通信仪为 hp 83480A 型数字通信分析仪，色散补偿器为带尾纤的固定补偿，色散参数 $D=-647.8\text{ps/nm}\cdot\text{km}$，插入损耗为 5.66dB。

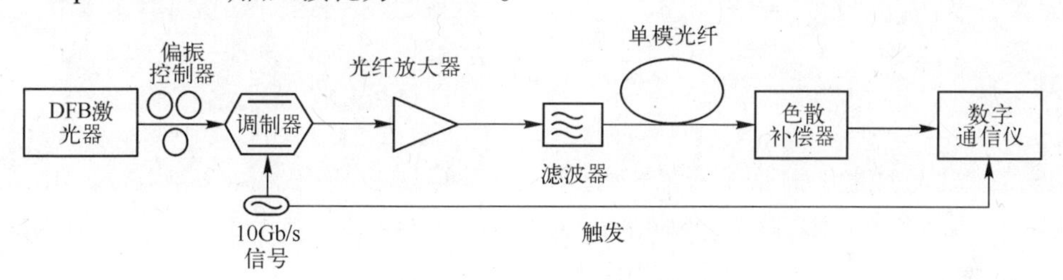

图 2-30 10Gb/s 传输系统示意图

图 2-31 为 10Gb/s SDH/SONET 2^7-1 伪随机二进制序列(PRBS)RZ 信号波形曲线。输入信号波长为 1550.357nm，当输入信号功率为 4.99dBm，光纤放大器泵浦电流为 65.93mA 时，输入信号眼图，如图 2-32 所示。

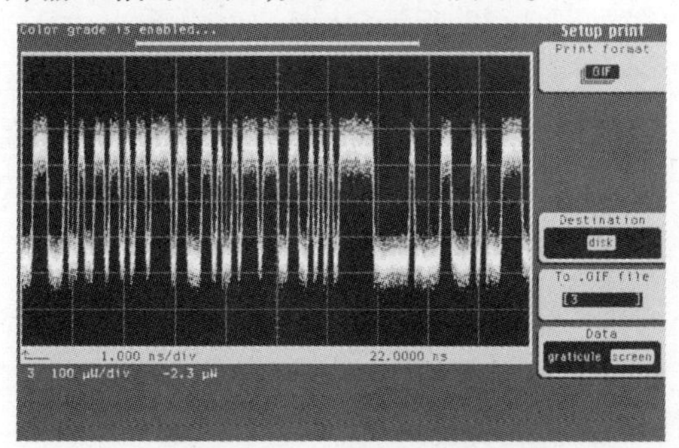

图 2-31 10Gb/s 波形曲线

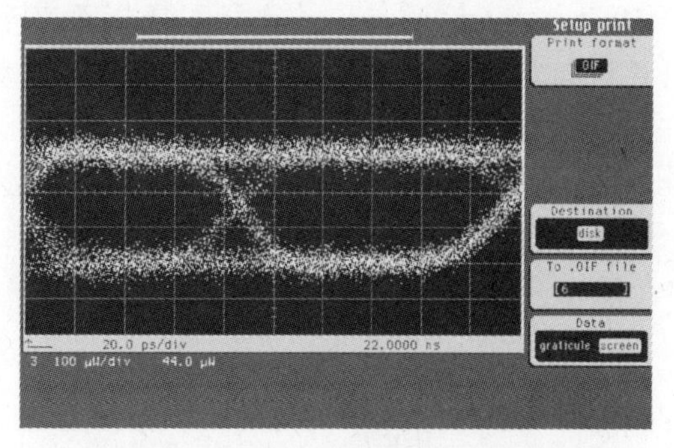

图 2-32 10Gb/s PRBS NRZ 信号眼图

当泵浦电流为 101.04mA，输入信号经过 50.4km 长距离传输后，其波形曲线，如图 2-33 所示，从图上可以看出，光脉冲不仅展宽了，而且还发生了严重的畸变，这是由于光纤色散引起光脉冲展宽及自相位调制效应引起的光脉冲畸变现象的结果。由于光纤非线性效应的影响，使得系统的传输性能恶化，系统性能恶化可从信号眼图反映出来。图 2-34 为信号经过 50.4km 传输后的眼图，从图上可以看出，信号眼图基本闭合，说明此时系统性能非常差。此时，在系统中插入色散补偿器，可改善系统的传输性能。当插入色散参数 $D = -647.8\mathrm{ps/nm \cdot km}$ 的色散补偿器后，信号波形曲线与眼图分别如图2-35、图2-36 所示。从图2-35、图2-36 上可以看出，信号得到很好补偿。这是由于色散补偿器对已展宽的光脉冲进行压缩，迫使信号复原。

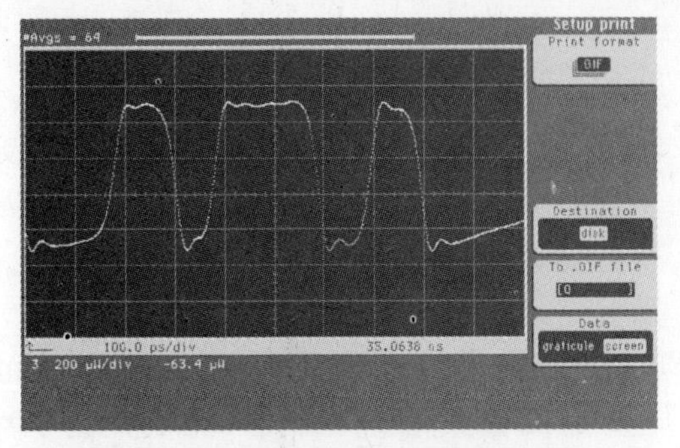

图2-33　传输50.4km 后波形曲线

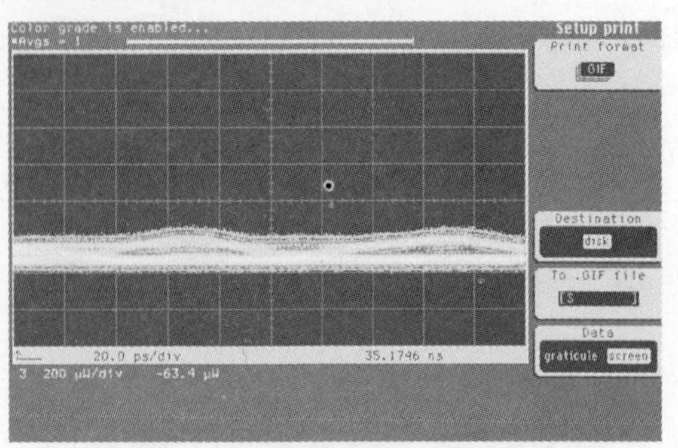

图2-34　传输50.4km 后信号眼图

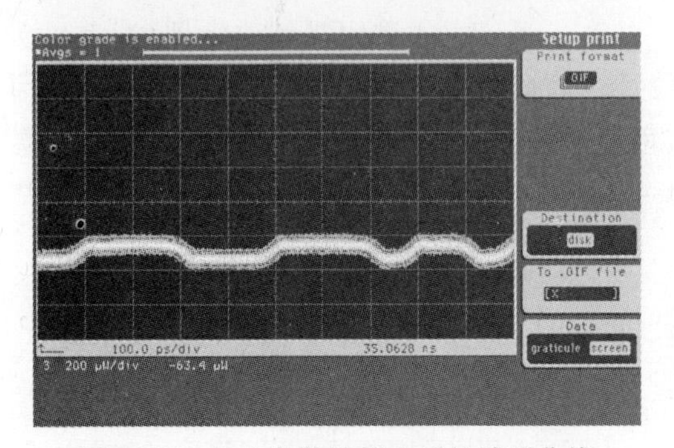

图2-35　加入色散补偿之后的波形曲线

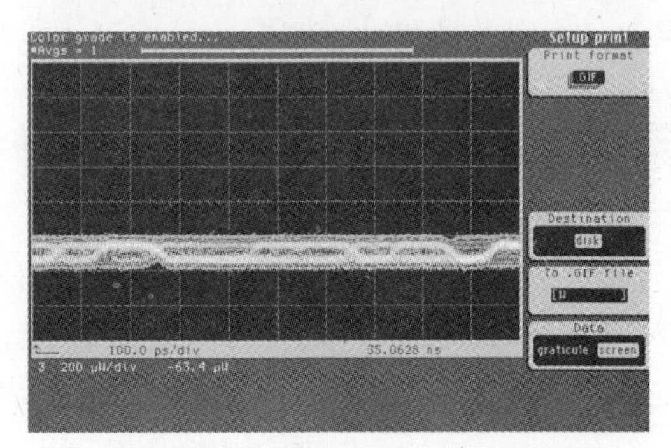

图2-36　加入色散补偿之后的眼图

2.7.2　双波长信号传输实验

波长分别为 $\lambda_1 = 1543.00\mathrm{nm}$，$\lambda_2 = 1543.10\mathrm{nm}$，输入功率均为 10.0dBm 的光信号，经 WDM 耦合器进入调制器，其后光路与图2-30 相同。双波长信号光谱如图2-37 所示，当两路信号经 10Gb/s RZ 信号调制，传输 50.4km 后，其波形曲线如图2-38 所示，从图上可以看出由于光纤色散与非线性效应的作用，两脉冲的宽度展宽了，脉冲形状也发生了严重的畸变，此时还存在另一种非线性效应——交叉相位调制，它是由于两路光脉冲在光纤中传输时，其光场相互影响所致，交叉相位调制是双脉冲相互作用的结果。

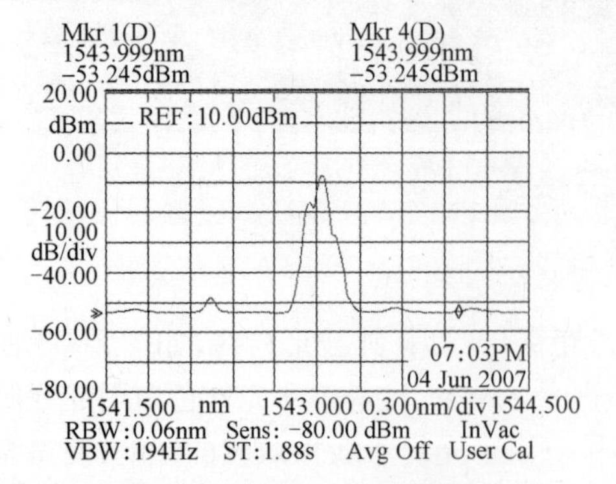

图2-37　双波长信号光谱图

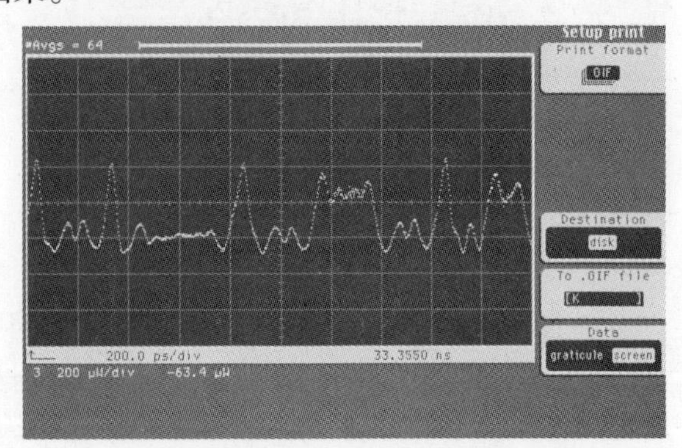

图2-38　传输50.4km 后的波形曲线

小结：

对于10Gb/s SDH/SONET 2^7-1 伪随机二进制序列(PRBS)RZ信号，当输入信号波长为1550.357nm，功率为4.99dBm，光纤放大器泵浦电流为101.04mA时，信号经过50.4km长距离传输后，其光脉冲不仅展宽了，而且还发生了严重的畸变，系统的传输性能恶化，信号眼图基本闭合，当插入色散参数为 $D=-647.8\text{ps/nm}\cdot\text{km}$ 的色散补偿器后，信号得到很好补偿。当光纤中同时传输功率为10.0dBm、波长分别为1543.00nm与1543.10nm的10Gb/s RZ光信号时，两路光脉冲的光场会相互影响，产生交叉相位调制现象。经50.4km光纤传输后，信号波形发生严重。

自测练习

2-35　10Gb/s调制信号的实际值为＿＿＿＿＿＿＿＿Gb/s。

2-36　色散补偿器的作业是＿＿＿＿＿＿＿＿＿＿＿＿＿＿＿＿。

2-37　从眼图可以测出系统的传输速率，根据图2-32，可得系统的传输速率约为＿＿＿Gb/s。

本章思考题

2-1　简述单模光纤中光的传输路径。

2-2　简述多模光纤中光的传输路径。

2-3　产生光纤损耗的因素有哪些？

2-4　什么叫光纤损耗？造成光纤损耗的原因是什么？为什么光纤工作波长选择1.55μm、1.31μm、0.85μm三个窗口？

2-5　光纤的数值孔径 $\text{NA}=\sin i_n$ 它的含义是什么？

2-6　将模传播常数 $\beta(\omega)$ 在 ω_0 处展开为泰勒级数。

2-7　什么叫光纤色散？试分析造成光脉冲展宽的原因？

2-8　利用Matlab语言编写非线性薛定谔方程的分步傅里叶求解方法的程序。

2-9　利用NLSE软件包研究超短脉冲在光纤中的传输特性。

2-10　自性设计一个10Gb/s SDH/SONET NRZ传输系统。

练　习　2

2-1　单模光纤最低损耗工作波长为＿＿＿＿，材料色散为零的工作波长为＿＿＿＿。

(A) 1.55μm　(B) 1.31μm　(C) 1.06μm　(D) 0.85μm

2-2　光纤的传输损耗主要限制了光纤通信的＿＿＿＿。

(A) 传输距离　(B) 传输速率　(C) 传输噪声

2-3　多模光纤的传输色散主要来源于＿＿＿＿。

(A) 模间色散　(B) 模内色散　(C) 光源线宽

2-4　单模光纤的导模为＿＿＿＿。

(A) HE_{11}　(B) TE_{01}　(C) TM_{11}　(D) HE_{00}

2-5 在带宽和距离乘积为100GHz · km的单模光纤中，传输4GHz的微波信号，传输距离为30km，此时是光纤的________限制了系统。

(A) 损耗　(B) 色散　(C) 重量　(D) 无限制

2-6 光纤的数值孔与________有关。

(A) 纤芯的直径　(B) 包层的直径　(C) 相对折射指数　(D) 光的工作波长

2-7 在下列因素中，不是引起光纤传输衰减的原因为________。

(A) 光纤弯曲　(B) 波导色散　(C) 光纤接头　(D) 杂质吸收

2-8 将光限制在有包层的光纤纤芯中的作用原理是________。

(A) 折射　(B) 在包层折射边界上的全内反射

(C) 纤芯—包层界面上的全内反射　(D) 光纤塑料涂覆层的反射

2-9 已知多模阶跃型折射率分布光纤，纤芯折射率为1.5，光纤芯径$2a = 50\mu m$相对折射率差为$\Delta = 0.01$，求：(1)光纤数值孔径和收光角。(2)归一化频率V和导模总数。(3)当$\Delta = 0.001$时，光纤芯径$2a$为多大时，光纤可单模工作？

2-10 在外场作用下$e(t)$，一维电子振荡器的运动方程可表示为

$$\frac{\mathrm{d}^2 x}{\mathrm{d}t^2} + \sigma\frac{\mathrm{d}x}{\mathrm{d}t} + \frac{k}{m}x = -\frac{ee(t)}{m}$$

式中：x表示电子偏离平衡位置的位移；σ、m与e分别为辐射阻尼常数、电子的质量与电荷。如果$e(t) = Re[E\exp(\mathrm{i}2\pi vt)]$、$x(t) = Re[x(v)\exp(\mathrm{i}2\pi vt)]$。计算

(1) 复极化强度$P(v) = -Nex(v)$。式中，N为电子数密度。

(2) 证明极化率为$\chi = \dfrac{Ne^2}{m\varepsilon_0}\dfrac{1}{4\pi^2(v_0^2 - v^2) + \mathrm{i}2\pi v\sigma}$，其中$v_0 = 1/2\pi\sqrt{k/m}$。

2-11 一质地均匀的材料对光的吸收系数为0.01mm^{-1}，光通过10cm长的该材料后，出射光强为入射光强的百分之几？

2-12 阶跃光纤中相对折射率差$\Delta = 0.005$，$n_1 = 1.50$，当波长分别为$0.85\mu m$和$1.31\mu m$时，要实现单模传输，纤芯半径a应小于多少？

2-13 在渐变多模光纤中，$n_1 = 1.50$，$\Delta = 0.01$，$\lambda = 0.85\mu m$，$a = 60\mu m$，试计算光纤能传输的模式数量N。

2-14 当工作波长$\lambda = 1.31\mu m$，某光纤的损耗为0.5dB/km，如果最初射入光纤的光功率是0.5mW，试问经过4km以后，以dB为单位的功率电平是多少？

2-15 某激光二极管(LD)的谱线宽度$\Delta\lambda_1 = 1.5\text{nm}$，某发光二极管(LED)谱线宽度$\Delta\lambda_2 = 40\text{nm}$，某单模光纤在波长$1.5\mu m$时材料色散系数为20ps/km · nm，求经1km光纤传播不同光源的光脉冲展宽值。

2-16 有一个15 km长的多模渐变型光纤线路工作波长$\lambda = 1.3\mu m$，使用的LED光源谱宽$\Delta\lambda = 16\text{nm}$，已知该光纤材料色散系数是5ps/km · nm，模式色散是0.3ns/km，问此光纤线路总色散是多少？

第3章 光发射机与接收机

【本章知识结构图】

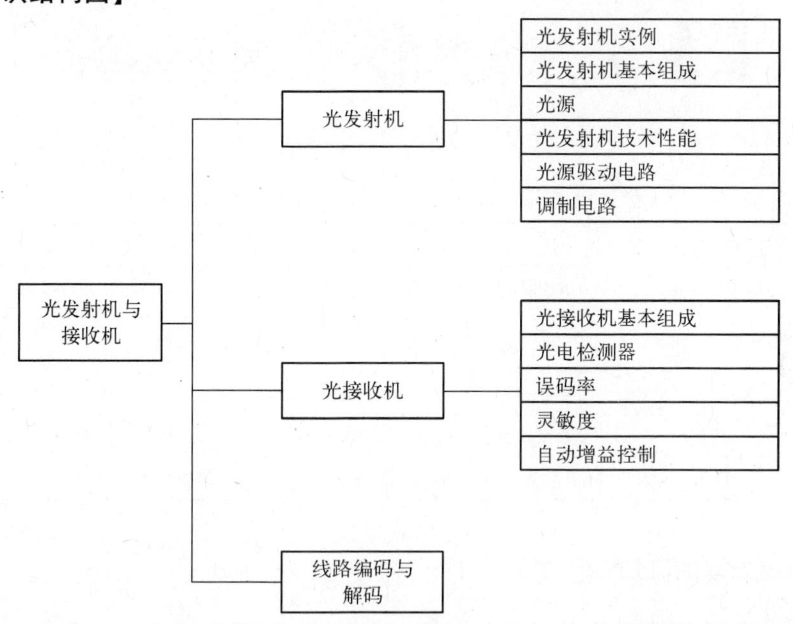

光发射机与接收机是光纤通信系统的重要组成部分。光发射机的功能是将电信号转化为光信号,并将生成的光信号注入光纤。对于用户来说,是 RF 信号(或计算机数据)输入,光信号输出。光接收机的功能是将线路传送来的光信号转化为电信号,并进行解码,恢复发送端信息。对于用户来说,是光信号输入,RF 信号(或计算机数据)输出。

3.1 光发射机

在光纤通信系统中,光发射机是光端机、光中继器的重要组成部分,它的基本功能是将要传输的电信号调制在光波上,并将光波耦合到光纤线路中。

3.1.1 光发射机实例

图3-1为美国 GAINCOM 公司(GA) 1550TX 型光发射机外观图,它是一种室内机架式双光输出(9dBm 或 7dBm 可选)1550nm 外调制光发射机,和光纤放大器(EDFA)配合使用,可将光信号传送 80km 以上,且保证良好的信号质量。它可同时抑制受激布里渊散射及光纤自相位调制现象,提升光纤传输的光功率又能维持线性度。产品特点:前板 LED 及 LCD 显示,标准 1U - 19 英寸机架,具有自动(AGC)或手动增益控制模式,提供 RS485 控制接口,具有开放型的网管界面,双电源,并支持热备份,光接口 FC 为 FC/APC 及 SC 为 SC/APC。传送带宽为 45 ~ 870MHz。GA 1550TX 型光发射机基本参数如表3-1所列。

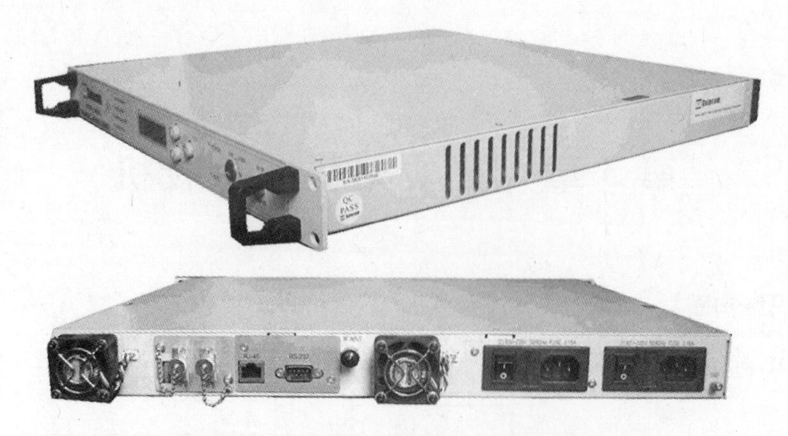

图 3-1　GA 1550TX 型光发射机外观图

表 3-1　GA 1550TX 型光发射机基本参数

光学参数		射频参数		性能参数(EDFA +65km 光纤)	
波长	1550 ± 10nm	RF 带宽	45 ~ 870MHz	CNR	> 52dB(0dBm 接入)
输出功率	≥9dBm(7dBm)	RF 输入电平	15 ~ 25dBmV/CH	CSO	端口 1: > 63dB; 端口 2: > 65dB
光接头	SC/APC,FC/APC	控制端口	RS485	CTB	> 65dB
输出端口	2 个	测试端口	- 20dB	尺寸	450L × 485W × 45H(mm)
激光器	DFB	RF 输入阻抗	75Ω	重量	< 6kg

3.1.2　光发射机基本组成

光发射机由光源、调制器和信道耦合器等部分组成,如图 3-2 所示。按调制方式,可分为直接调制光发射机与外调制光发射机两种,直接调制是指输入的 PCM 信号直接施加在光源的驱动器上,这样光源的输出信号就承载着输入的 PCM 信号,该结构的优点是结构简单,缺点是会产生啁啾,影响通信系统性能。外调制是指将输入的 PCM 信号加在调制器上,通过调制器,将输入的 PCM 信号加载到光波上,实现光信号的调制。常见光源是半导体激光器或发光二极管。

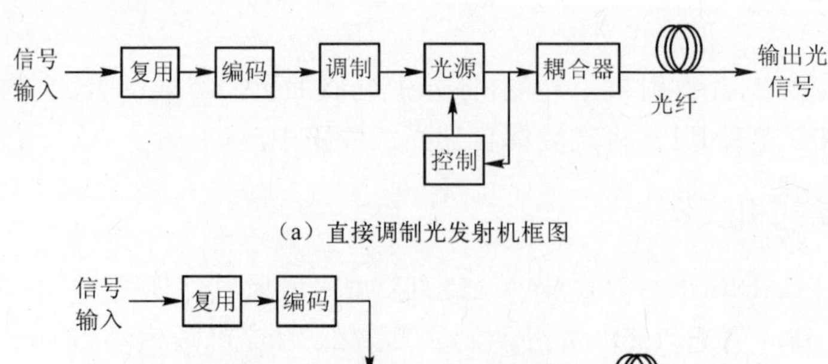

图 3-2　光发射机的基本组成方框图

此外,光发射机还包含驱动电路、输入电路、保护报警电路、自动偏置控制电路、控温电路及数据模式控制电路等组成部分。

电信号首先进入输入电路,在这里将输入电信号进行整形并完成非归零/归零码变换。光源驱动电路给光源一个预偏置电流,以便提高工作速度,为稳定输出平均光功率和工作温度,设置自动偏置控制电路和控温电路,输入电信号通过调制光源工作电流(或外调制器)的方法,将电信号调制在光波上。此外,在光发射机中还设置报警电路,对光源寿命以及工作状态进行报警,还设置光源自动关闭电路以防止因激光暴露对工作人员产生伤害等。

3.1.3 光源

光源是光发射机最重要的组成部分,其主要功能是将待传输的电信号转换成光信号(E/O)。光源的特性决定了光发射机电路部分的功能和性能。在光纤通信中,光源需满足以下要求:

(1) 光源的发射波长,应在光纤低损耗窗口之内;

(2) 足够高的、稳定的输出光功率;

(3) 电光转换效率高,驱动功率低,寿命长,可靠性高;

(4) 单色性好(谱窄),以减少光纤的材料色散;

(5) 方向性好(辐射角小),以提高耦合效率;

(6) 易于调制,响应速度快,线性好,带宽大。

基于以上要求,目前光纤通信中采用的主要光源有半导体激光器(LD)和发光二极管(LED)。近年来,利用掺稀土元素光纤制成的光纤激光器也成为光纤通信系统的潜在光源,因为光纤激光器具有很多优点,如作为增益介质的光纤可以很长,因而易于散热,可以作大功率激光器。此外,光纤激光器采用光纤输出,易与普通光纤耦合,减小损耗,并通过改变掺杂元素可以获得各种不同波长的激光输出。

1. 半导体激光器

1) 概述

由《激光原理与技术》课程可知,半导体激光器又称之为激光二极管,核心部分是 PN 结,发光原理为受激辐射,高能带(导带)上的电子跃迁到低能带(价带)上,就会将其间的能量差(禁带能量)$E_g = E_c - E_v$以光的形式放出,其波长基本上由能量差 E_g决定。

$$E_g = hv \tag{3-1}$$

式中:$h = 6.626 \times 10^{-34}$ J · s 为普朗克常数;v 是发射光频率。

制作半导体激光器的材料必须选取直接带隙材料。所谓直接带隙材料是指在电子和空穴复合跃迁的过程中,必须满足能量守恒和动量守恒两个条件,反应在能级图上就是价带顶和导带底对应同一动量坐标,如图 3-3(a)所示;反之则为间接带隙,这种材料电子和空穴复合跃迁的过程中,由于动量不守恒,有一部分动量以声子(热能)的形式发射出来,这种材料发光效率很低,如图 3-3 所示。硅、锗这样的常见的半导体材料都是间接带隙材料,不适合采用,常使用的是 III - V 族的半导体材料。

如图 3-4 所示,如若 PN 结两端都是同种本征材料,这种 PN 结称为同质结。同质结两边材料的折射率相差较小,有源区对载流子和光子的限制较弱,造成激光器阈值电流很大,不能在室温下工作。若在宽带隙的 P 型半导体和 N 型半导体(如 GaAlAs)中间,加入一薄层的窄带隙的材料(如 GaAs),则电子和空穴将被限制在这个中间层发光,这种结构称为双异质结。在双异质结构中,一方面 PN 结两端的带隙差形成的势垒对载流子有限制作用,它阻止了有源区的载流子逃离出去;另一方面双异质结构中的折射率差是由带隙差决定的,其本上不受掺杂的影响,有源区可以是轻掺杂或者重掺杂。这些有利的特性大大降低了双异质结构激光器的阈值电流,从而实现了室温下的连续工作。目前光纤通信中使用的 F-P 腔半导体激光器,基本上都是双异质结构。

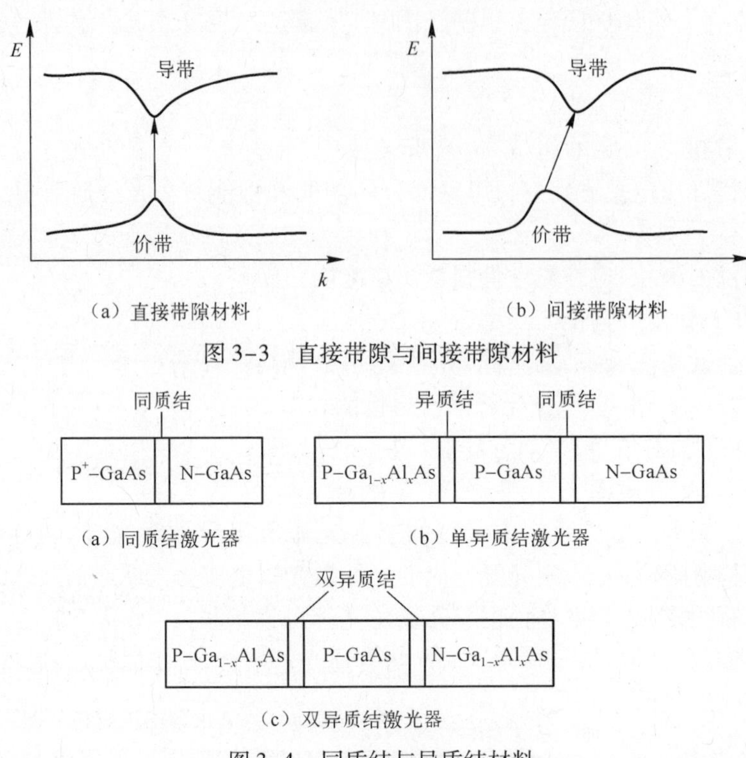

(a) 直接带隙材料　　(b) 间接带隙材料

图 3-3　直接带隙与间接带隙材料

(a) 同质结激光器　　(b) 单异质结激光器

(c) 双异质结激光器

图 3-4　同质结与异质结材料

对于半导体激光器来说,当正向注入电流较低时,增益小于 0,此时半导体激光器只能发射荧光;随着注入电流的增大,注入的非平衡载流子增多,使增益大于 0,但尚未克服损耗,在腔内无法建立起一定模式的振荡,这种情况被称为超辐射;当注入电流增大到某一数值时,增益大于损耗,半导体激光器输出激光,此时的注入电流值定义为阈值电流(I_{th}),如图 3-5 所示。

温度对 LD 光电特性影响很大。随着温度的增加,LD 的阈值逐渐增大,光照度逐渐减小。

激光二极管的发射光谱取决于激光器光腔的特定参数,大多数激光二极管发出的光谱是具有多个峰的光谱,如图 3-6 所示。激光二极管的波长可以定义为它的光谱的统计加权。在规定输出光功率时,光谱内若干发射模式中最大强度的光谱波长被定义为峰值波长 λ_p,对诸如 DFB、DBR 型 LD 来说,它的 λ_p 相当明显。一个激光二极管能够维持的光谱线数目取决于光腔的结构和工作电流。

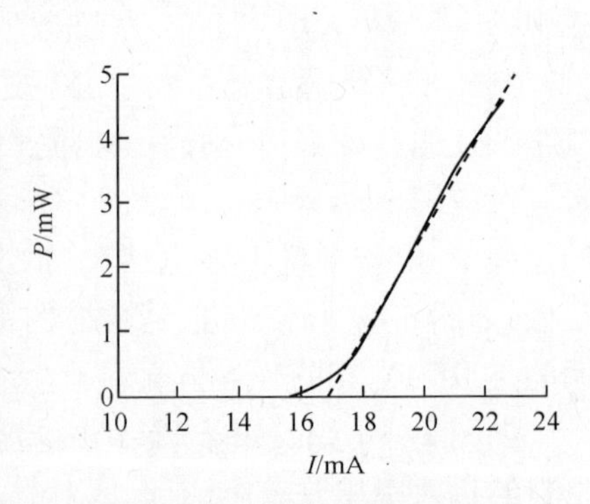

图 3-5　LD 的 P-I 特性曲线

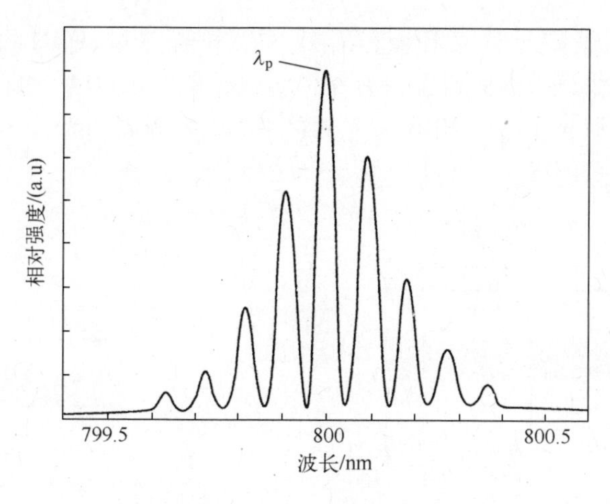

图 3-6　LD 光谱特性曲线

在 LD 的调制过程中，存在以下两种物理机制影响其调制特性：

（1）增益饱和效应。当注入电流增大，因而光子数增大时，增益出现饱和现象，饱和的物理机制源于空间烧孔、谱烧孔和双光子吸收等因素。谱烧孔也称带内增益饱和。这些因素导致光功率增大时光增益减小。

（2）线性调频效应。当注入电流为时变电流对激光器进行调制时，载流子数、光增益和有源区折射率均随之而变，载流子数的变化导致模折射率和传播常数的变化，因此产生了相位调制，它导致了与单纵模相关的光（频）谱加宽，又称线宽增强因子。

2）常见半导体激光器

（1）条形半导体激光器。条形半导体激光器是双异质结平面条形结构，如图 3-7 所示。它利用晶体的天然解理面构成半导体激光器的谐振腔，其增益谱很宽，在 F-P 腔内一般为多模振荡，除了接近增益峰的主纵模外，通常还有一、两个靠近主纵模的模式也会参与振荡。由于群速度色散，每个模式在光纤内传输的速度均不相同，所以这类激光器的多模输出特性严重限制了光波系统的比特率与传输距离的乘积（BL），例如对于 1.55μm 光波系统，$BL<10$（Gb/s）km。为了提高比特率-传输距离乘积，就必须减小激光器的输出模式，因而人们研制出了 DFB 和 DBR 激光器。它们的共同特点是在纵向引入了布拉格（Bragg）光栅。通过 Bragg 光栅的选频作用，可以实现 DFB 激光器的单纵模输出。

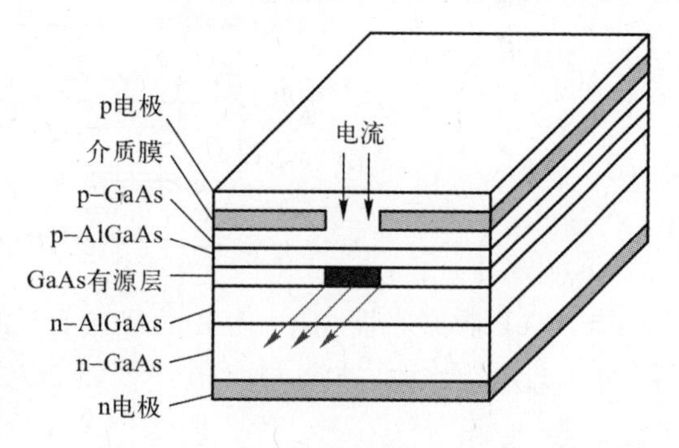

图 3-7　条形半导体激光器基本结构

（2）DBR 半导体激光器。图 3-8 表示 DBR 半导体激光器的结构及其工作原理。如图所示，DBR 激光器除有源区外，还在其两侧用 Bragg 光栅代替一个或两个解理面构成谐振腔。Bragg 光栅相当于频率选择电介质镜，或反射衍射光栅。DBR 激光器的输出是 Bragg 光栅产生的不同反射光的相长干涉的结果。只有当布拉格波长 λ_B 等于光栅间距（衍射周期）Λ 的 2 倍时，它们才会发生相长干涉，即：

$$\frac{\lambda_B}{n}\cdot m=2\Lambda \qquad (3\text{-}2)$$

式中:n 为介质折射率,整数 m 代表 Bragg 衍射阶数。一般来说,DBR 激光器在 λ_B 处具有高反射率,离开 λ_B 则反射就减小,因而通常只有一阶 Bragg 衍射($m=1$)的相长干涉最强。例如当 $n=3.3$,$\lambda_B=1.55\mu m$,取 $m=1$,则 DBR 激光器的 Bragg 光栅周期为 $\Lambda=235nm$。这样细小的光栅可以采用全息技术来制作。

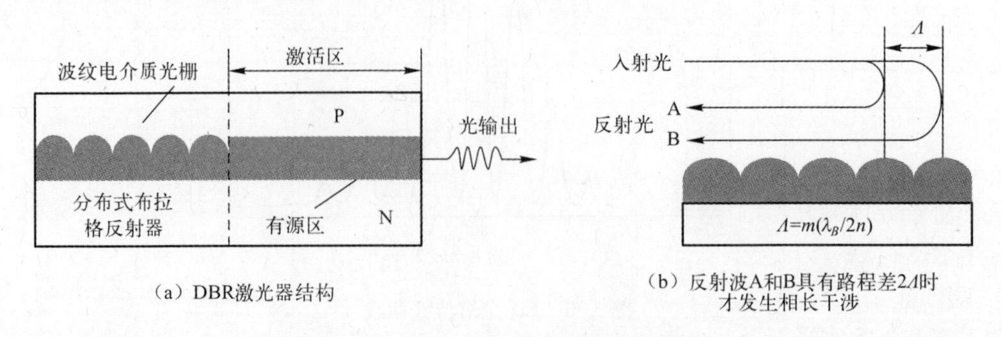

图 3-8　DBR 半导体激光器基本结构

(3) 分布式反馈半导体激光器。图 3-9 表示分布式反馈半导体激光器(DFB)用靠近有源层沿长度方向制作的周期性结构(波纹状)的衍射光栅实现光反射。在 DFB 激光器中,除了有源区外,还在其上面紧靠其添加了一层波纹状的电介质光栅结构的导波区。它能够对从有源区辐射进入该区的光波产生部分反射。DFB 激光器的选频原理与 DBR 激光器完全不同,因为从有源区辐射进入导波区是在整个腔体长度上,因此必须考虑波纹介质产生的增益以及带来的可能的相位变化。假设一左行波在导波层遭到了周期性地部分反射,这些反射光被波纹介质放大形成右行波。只有当左右行波的频率和波纹介质的周期具有一定关系时,它们才能相干耦合,建立光的输出模式。假定这些相对传输的波具有相同的幅度,当它们来回一次的相位差是 2π 时,就会建立起驻波。

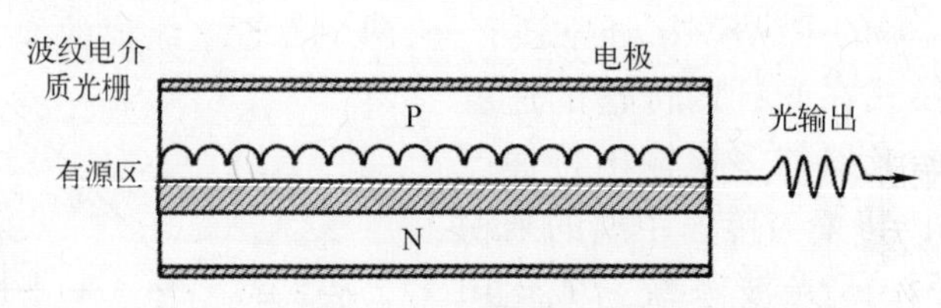

图 3-9　DFB 半导体激光器基本结构

与 F-P 腔激光器相比,DFB 的优点有:①易设计成单纵模激光器;②谱线窄,波长稳定性好;③动态谱线好,高速调制时也能保持单模特性;④P-I 特性线性好,广泛用于有线电视传输。

(4) 量子阱半导体激光器。量子阱(QW,Quantum Well)半导体激光器是一种窄带隙有源区夹在宽带隙半导体材料中间或交替重迭生长的半导体激光器,很有发展前途。

量子阱激光器与一般的双异质结激光器结构相似,只是有源区的厚度很薄。双异质结激光器的有源层厚度一般为 0.1~0.2μm,而量子阱激光器的有源区厚度仅为 5~10nm。理论分析表明:当有源区厚度极小时,有源区与相邻层的能带将出现不连续现象,即在有源区的异质结上出现了导带和价带的突变,窄带隙的有源区为导带中的电子和价带中的空穴创造了一个势能阱,从而带来了一系列的优越性质。量子阱激光器可以分为单量子阱(SQW,Single Quantum Well)、多量子阱(Multiple Quantum Well,MQW)、量子线(Quantum Wires,QWi)以及量子点(Quantum Dots,QD)激光器。如图 3-10 所示。

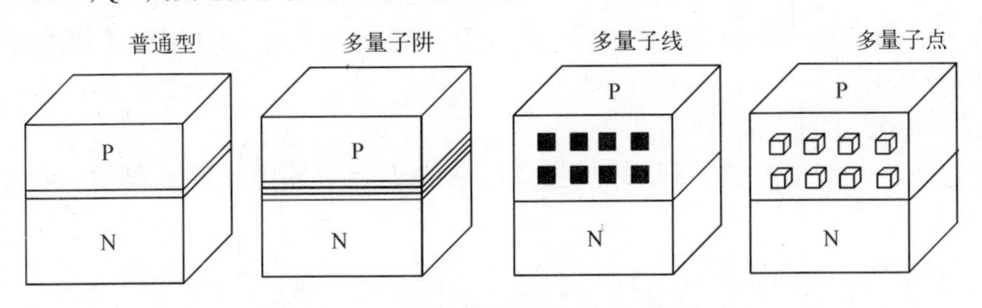

图 3-10　QW 半导体激光器基本结构

量子阱半导体激光器的结构具有块体材料无法具备的特点,量子阱中的载流子受到限制,能带发生分裂,态密度也被量子化了。因此,量子阱激光器具有以下的主要特点:

① 阈值电流低、功耗低、温度特性好。目前 MQW LD 的阈值电流密度已降至双异质结激光器的 1/3 和 1/5 水平。

② 线宽变窄。与双异质结激光器相比,可缩小近一倍。

③ 频率啁啾小,动态单纵模特性好,横模控制能力强。

(5) 垂直腔表面发射激光器。图 3-11 表示垂直腔表面发射激光器(Vertical Cavity Surface Emitting Laser,VCSEL)的示意图,顾名思义,它的光发射方向与腔体垂直。而不是像普通半导体激光器那样,与腔体平行。这种激光器的光腔轴线与注入电流方向相同。有源区的长度 L 与边发射器件比较非常短,光发射是从腔体表面,而不是腔体边沿。

该电介质镜就对波长为 λ 的光波产生很强的选择性,经过几层这样电介质镜的反射后,透射光强度将很小,而反射系数可达到 1。因为这样的介质镜就像一个折射率周期变化的光栅,所以该电介质镜本质上是一个分布布拉格反射器。如果在有源层的上下两面都有一个分布布拉格反射器,就可以形成非常有效的谐振腔。

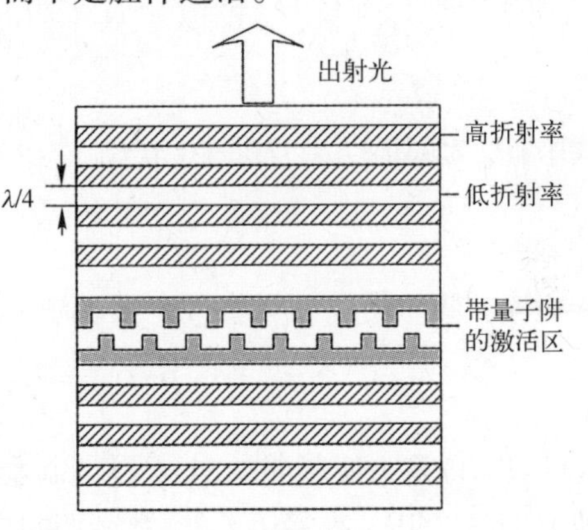

图 3-11　VCSEL 基本结构

VCSEL 的优点是:发光效率很高;工作阈值极低;能动态单一波长工作;既可单纵模方式工作,也可多纵模方式工作;温度稳定性高;弛豫振荡频率高;速度快,大于 3Gb/s;寿命长,可达 1.4×10^{6} 小时;与大规模集成电路的匹配性好、与不同芯径的光纤匹配好、价格低、产量高。

(6) 波长可调谐半导体激光器。波长可调谐半导体激光器是 WDM 系统、相干光通信系统和光交换网络的关键器件。它的主要性能指标是调谐速度和波长调谐范围。近几年制成的单频激光器都用 MQW 或 DFB 结构,能在 10nm 或 1THz 范围内调谐。通过电流调谐,一个激光器可以调谐 24 个不同频率,频率间隔 40GHz,甚至可以小到 10GHz,使不同光载频数达 500 个。常见的可调谐半导体激光器从实现技术上有:电流控制技术、温度控制技术和机械控制技术等类型。其中电控技术是通过改变注入电流实现波长的调谐,具有 ns 级调谐速度,较宽的调谐带宽,但输出功率较小,基于电控技术的主要有采样光栅 DBR 和辅助光栅定向耦合背向取样反射激光器。温控技术是通过改变激光器有源区折射率,从而改变激光器输出波长的。该技术简单,但速度慢,可调带宽窄,只有几个 nm。基于温控技术的主要有 DFB 和 DBR 激光器。机械控制主要是基于微机电系统(MEMS)技术完成波长的选择,具有较大的可调带宽、较高的输出功率。基于机械控制技术的主要有 DFB、ECL(外腔激光器)和 VCSEL(垂直腔表面发射激光器)等结构。

3) 半导体激光器的主要特性

(1) 发射波长和光谱特性。LD 的发射波长取决于导带的电子跃迁到价带时所释放的能量,近似等于 E_g(eV)。

$$\lambda = \frac{1.24}{E_g} \tag{3-3}$$

不同半导体材料有不同的 E_g,因而有不同的发射波长。

激光器的光谱谱线有明显的模式结构。当工作电流小于阈值前,LD 处于自发辐射的状态,发射光谱较宽,光谱中包含多个纵模。随着驱动电流增大,纵模模数减少,谱线宽度变窄;驱动电流足够大时,多纵模变单纵模。

(2) 激光束的空间分布。激光束的分布用近场和远场来描述。近场是指激光器输出反射镜面上的光强分布,远场指距反射镜面一定距离处(衍射场)的光强分布。

由于 LD 谐振腔(有源区)端面厚度相当薄,衍射作用很强,因此它的出射光束辐射图通常为一椭圆形光锥,垂直 30°~50°,水平 10°~30°。

(3) 转换效率和输出光功率特性。在实际测量激光器的 P-I 特性时,通常利用工作电流大于阈值电流之后的功率同电流的线性关系来描述器件的转换效率,这种表示称之为激光器的外微分量子效率 η_d

$$\eta_d = \frac{(P - P_{\mathrm{th}})/hv}{(I - I_{\mathrm{th}})/e} \tag{3-4}$$

式中:P_{th}为阈值功率;I 是驱动电流;e 是电子电荷。激光器的输出功率 P 可以表示为

$$P = P_{\mathrm{th}} + \frac{\eta_d hv}{e}(I - I_{\mathrm{th}}) \tag{3-5}$$

(4) 频率特性。在直接光强调制下,激光器输出光功率 P 和调制频率 f 的关系为

$$P(f) = \frac{P(0)}{\sqrt{[1-(f/f_1)^2]^2 + 4C^2\ (f/f_1)^2}} \tag{3-6}$$

式中:$P(0)$是未调制光功率;C 是调制参数;f_1 是弛豫频率,它是调制频率的上限,一般激光器为 1GHz~2GHz,在接近 f_1 处,数字调制要产生弛豫振荡,模拟调制要产生非线性失真。

(5) 温度特性。半导体激光器对温度是敏感的。当温度升高时,阈值电流增大,外微分量子效率减小,输出功率明显下降。阈值电流随温度的变化通常呈指数变化,可表示为

$$I_{\mathrm{th}} = I_0 \exp(T/T_0) \tag{3-7}$$

式中:I_0是偏置电流;T 是结区的热力学温度;T_0是激光材料的特征温度,随材料不同而不同。

2. 半导体发光二极管

半导体发光二极管(LED)也是光纤通信系统中的常用光源。在低速率的数字通信和较低带宽的模拟通信系统中,LED 是可以选用的最佳光源之一。与半导体激光器相比,LED 输出功率较小,谱线宽度较宽,调制频率较低。但 LED 性能稳定,驱动电路较为简单,寿命长,输出功率的线性范围宽,且工艺简单,价格低。LED 与半导体激光器在结构和工作原理上的主要区别是:LED 没有光学谐振腔,不能形成激光,它的发光是利用注入有源区的载流子的复合而自发辐射的光,是荧光,一种非相干光,其谱线较宽(30~60nm),辐射角也较大。

LED 的结构和 LD 相似,大多采用双异质结芯片,把有源层夹在 P 型和 N 型限制层中间。从基本结构来分类,LED 可分为两大类:面发光 LED 和边发光 LED,分别表示从平行于结平面的表面和从结区的边缘发光。图 3-12 展示了这两种 LED 的结构示意图。两种 LED 都既能用 PN 同质结制造,也能用有源区被 P 型和 N 型限制层覆盖的异质结制造,但后者能控制发射面积,且消除了内吸收,因而具有更优良的性能。为了获得高辐射度,发光二极管常采用双异质结构。

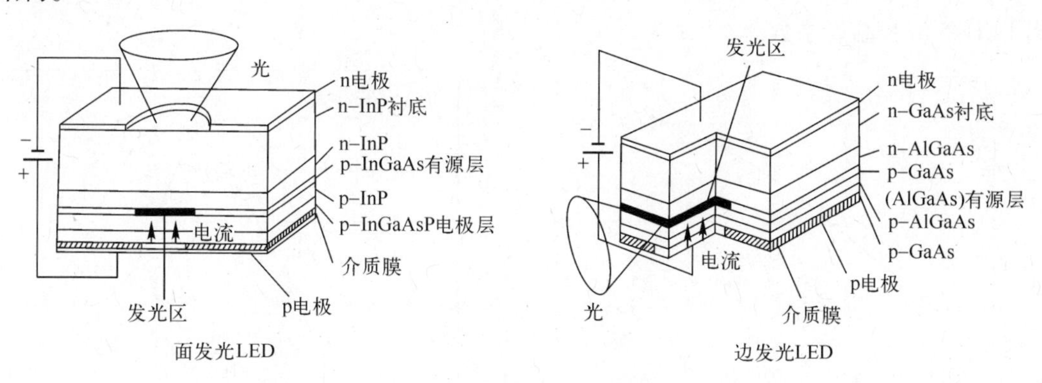

图 3-12　LED 结构示意图

发光二极管主要是由Ⅲ-Ⅳ族化合物,如 GaAs(砷化镓)、GaP(磷化镓)、GaAsP(磷砷化镓)等半导体制成,其核心是 PN 结。一方面,它具有一般 PN 结所具备的特性,如正向导通,反向截止、击穿特性等。另一方面,在一定条件下,它还具有发光特性。在正向电压下,电子由 N 区注入 P 区,空穴由 P 区注入 N 区。进入对方区域的少数载流子一部分与多数载流子复合而发光,如图 3-13 所示。由于复合是在少数载流子扩散区内发光的,所以,光仅在靠近 PN 结面数 μm 以内产生。

LED 所发出的光并非单一波长,如图 3-14 所示。可见,该 LED 所发光中某一波长的光强最大,该波长称为峰值波长。理论和实践证明,光的峰值波长 λ 与发光区域的半导体材料禁带宽度有关。若能产生可见光,半导体材料的禁带宽度应在 3.26eV ~ 1.63eV 之间。

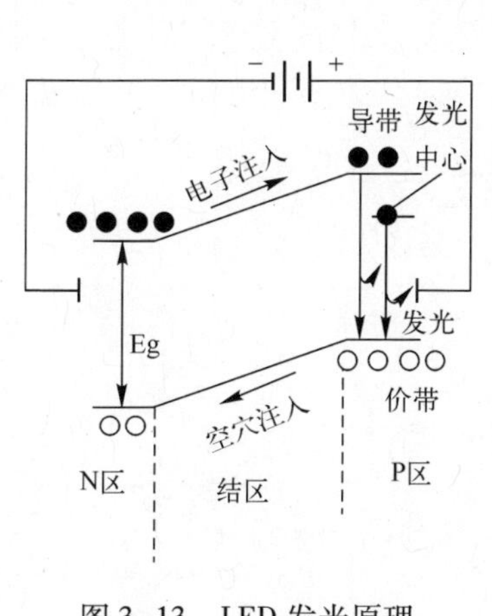

图 3-13　LED 发光原理

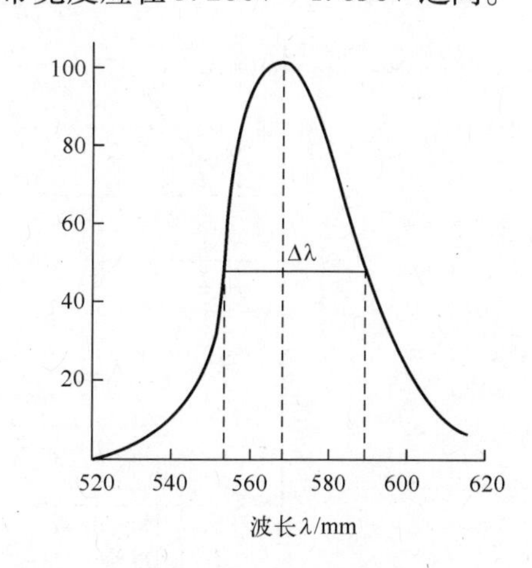

图 3-14　LED 光谱图

在结构上,由于 LED 与 LD 相比没有光学谐振腔。因此,LD 和 LED 的发射功率与注入电流的 P-I 关系特性曲线有很大的差别,如图 3-15 所示。LED 的 P-I 曲线基本上是一条近似的线性直线，只有当电流过大时，由于 PN 结发热产生饱和现象，使 P－I 曲线的斜率减小。

LED 没有光学谐振腔选择波长，它的光谱是以自发辐射为主的光谱，图 3-16 为 LED 的典型光谱曲线。发光光谱曲线上发光强度最大处所对应的波长为发光峰值波长 λ_p，光谱曲线上两个半光强点所对应的波长差 $\Delta\lambda$ 为 LED 谱线宽度（简称谱宽），其典型值在 30nm～40nm 之间。由图 3-16 可以看到，当器件工作温度升高时，光谱曲线随之向右移动，从 λ_p 的变化可以求出 LED 的波长温度系数。

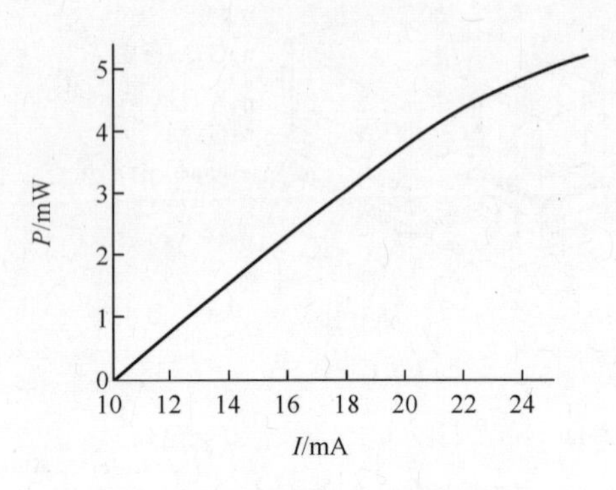

图 3-15　LED 的 P－I 特性曲线

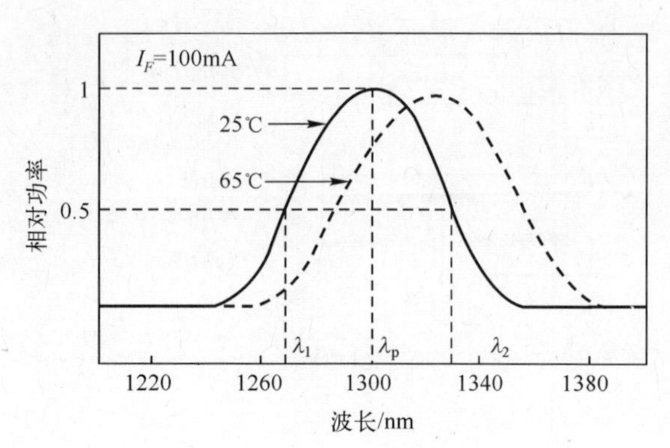

图 3-16　LED 光谱特性曲线

当在规定的直流正向工作电流下，对 LED 进行数字脉冲或模拟信号电流调制，便可实现对输出光功率的调制。LED 有两种调制方式，即数字调制和模拟调制，图 3-17 示出这两种调制方式。调制频率或调制带宽是光通信用 LED 的重要参数之一，它关系到 LED 在光通信中的传输速度大小，LED 因受到有源区内少数载流子寿命的限制，其调制的最高频率通常只有几十兆赫兹，从而限制了 LED 在高比特速率系统中的应用，但是，通过合理设计和优化的驱动电路，LED 也有可能用于高速光纤通信系统。调制带宽是衡量 LED 的调制能力，其定义是在保证调制度不变的情况下，当 LED 输出的交流光功率下降到某一低频参考频率值的一半时（－3dB）的频率就是 LED 的调制带宽。

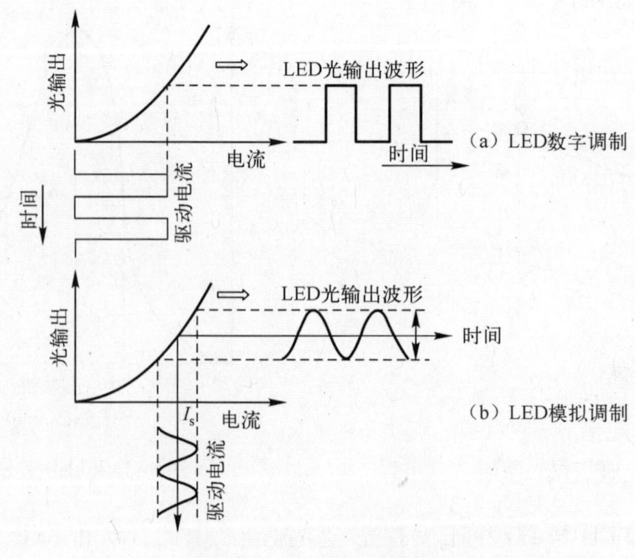

图 3-17　LED 调制特性

发光二极管的工作特性如下：

（1）P－I 特性：工作电流为 50～100mA，输出功率为几毫瓦，入纤功率只有几百微瓦。图 3－18是表面出光、端面出光、超辐射三种结构的 LED 的 P－I 特性曲线。驱动电流较小时，基本成线性关系，但当电流增大时，表面出光 LED 功率会趋于饱和。

（2）光谱特性：由于 LED 的发光机理是自发辐射发光，所以它所发出的光是非相干光，其谱线较宽，一般在 10～50nm 范围。这样宽的谱线受光纤色散作用后，会产生很大的脉冲展宽，故 LED 难以用于大容量光纤通信中。图 3－19 给出了表面出光和端面出光的 InGaAsP LED 的发射光谱曲线。可以看出，前者的光谱宽度为 125nm，比较宽；后者光谱宽度为 75nm，比较窄。

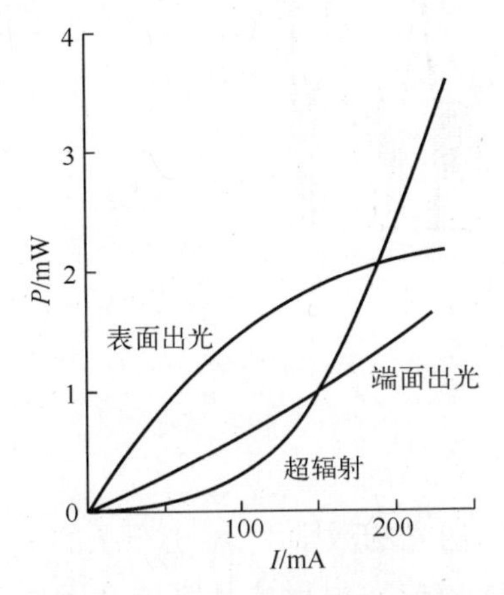

图 3－18　LED 的 P－I 特性曲线

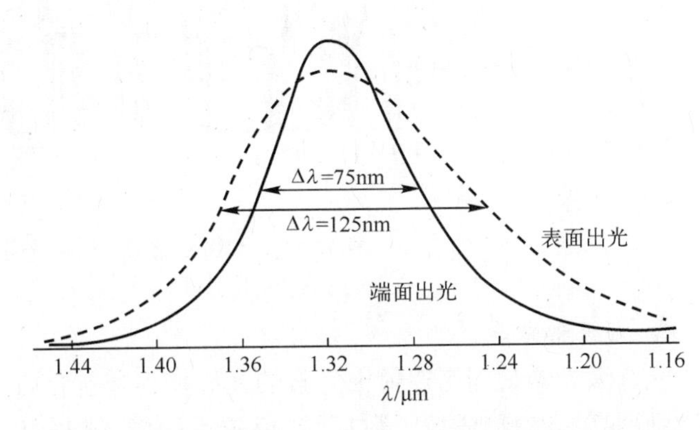

图 3－19　表面出光和端面出光的 InGaAsP LED 的发射光谱

LED 输出光束的发散角也大，在平行于 PN 结的方向，发光二极管发散角约为 120°；而在垂直于 PN 结的方向，边发射型 LED 的发散角约为 30°，面发射型 LED 的发散角约为 120°。这样大的面发散角使 LED 和光纤的耦合效率很低（$<10\%$），这些因素对光纤通信是不利的。

（3）频率响应：

LED 的频率响应函数为

$$|H(f)| = \frac{1}{\sqrt{1+(2\pi f\tau_e)^2}} \tag{3-8}$$

式中：τ_e为少数载流子（电子）的寿命；定义f_c为发光二极管的截止频率，最高调制频率应低于f_c。当$f=f_c=1/(2\pi\tau_e)$时，$|H(f_c)|=1/\sqrt{2}$。一般正面 LED 的f_c为 20～30MHz，侧面 LED 为 100～150MHz。

小结：

从 LED 光源的特性可以看出，作为在光纤通信中使用的半导体光源，它具有如下一些优点：线性度好，光谱较宽，适用于对线性度并没有过高的要求的模拟通信；温度特性好，在使用时不需加额外的温控措施；使用简单、价格低、寿命长。LED 是一种非阈值器件，所以使用时不需要进行预偏置，使用非常简单。此外，与 LD 相比它价格低廉，工作寿命长。

3. 多模 LD 激光器输出光谱

图 3－20 为一种 1550nm 多模 LD 激光器输出光谱。从图上可以看出，在 1547～1557nm 波

长范围内存在 9 个起振模式,模式之间距离约 1.1nm,1550.87nm 波长主模功率约 -9dBm,其他边模平均功率为 -70dBm。

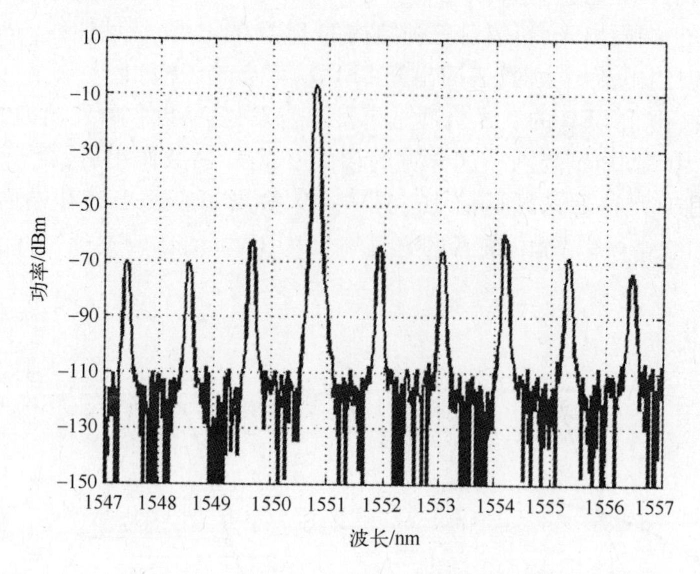

图 3-20　1550nm 多模 LD 激光器输出光谱

4. 光纤激光器

光纤激光器是利用掺稀土元素的光纤作为增益介质,在泵浦光的激励下,稀土原子的电子被激励到高能态,形成粒子数反转,反转后的粒子以辐射形式或非辐射形式从高能态跃回基态,产生受激光发射或自发发射。将掺稀土元素光纤的两个端面作为反射面,构成 F-P 谐振腔,受激光在谐振腔中振荡,产生激光输出。该激光的波长取决于光纤谐振腔的长度,故可以用改变掺杂光纤的长度来控制激光波长,获得所需波长的激光。

光纤激光器的优点:直接由光产生激光,波长可控制,波长调谐范围宽(可达 50nm);输出激光的稳定性及光谱纯度比 LD 好;谱线宽度极窄(小于 2.5kHz);具有较高的光功率输出(10mW 以上);相对的强度噪声低。常见的光纤激光器有掺铒光纤激光器与光纤光栅分布反馈(DFB)激光器。这种激光器易于构成性能优良的可调谐激光器,实验表明,当调制频率从 440.5MHz 变化到 444.5MHz 时,波长从 1523.5nm 变化到 1509.0nm,调谐范围达 14.5nm。

3.1.4　光发射机技术性能

一般地讲,光发射机的技术性能主要包括以下几个方面。

1. 光源性能

光源采用发光二极管、激光二极管或激光器组件。光源性能包括工作波长、光谱特性、工作电流、门限电流、光源特性曲线、寿命等。

ITU-T 提出以下 3 种评估光源光谱特性参数。

1) 最大均方根宽度 σ

对于像多纵模激光器和发光二极管这样的光能量比较分散的光源,采用 σ 来表征其光谱宽度,用以衡量光脉冲能量在频域的集中程度,其定义为

$$\sigma^2 = \frac{\int_{\lambda_1}^{\lambda_2} (\lambda - \lambda_0)^2 \cdot P(\lambda)\mathrm{d}\lambda}{\int_{\lambda_1}^{\lambda_2} P(\lambda)\mathrm{d}\lambda} \tag{3-9}$$

式中:$P(\lambda)$为实测的光源光谱;λ_1和λ_2是相对峰值功率跌落规定分贝数的波长;λ_0是中心波长;σ^2的具体值与规定跌落的分贝数有关,ITU－T 建议以跌落 20dB 计算。

2) 最大 20dB 跌落宽度

对于单纵模激光器的光谱特性,能量主要集中在主模中,因而其光谱宽度是按主模中心波长的最大峰值功率跌落 20dB 时的最大全宽来定义的,对于高斯型主模光谱,其－20dB 的全宽相当于 6.07σ,2.58 倍 3dB 全宽,3dB 全宽又称半高全宽(FWHM)。

3) 最小边模抑制比

单纵模激光器在动态调制时会出现多个纵膜(边模),只是边模的功率比主模小得多,为控制边模的模分配噪声,必须保证对边模有足够大的抑制比(SMSR)。SMSR 定义为最坏反射条件时,全调制条件下,主纵模(M_1)的平均光功率与最显著的边模(M_2)的平均光功率之比的最低值

$$\mathrm{SMSR} = 10\lg(P_{M_1}/P_{M_2}) \tag{3-10}$$

ITU－T 规定单纵模激光器的最小边模抑制的值为 30dB,即主纵模功率至少要比边模大 1000 倍以上。

2. 光源的调制方法

目前实用设备广泛采用模拟强度调制与脉冲编码—光强数字调制两种。

3. 传输速率

传输速率是指对光源工作电流的直接调制(或外调制器的间接调制)速率。通常,输入电信号在经过线路码型变换以及辅助信号的插入等速率变换后,速率有提高。例如,四次群光发射机输入电信号的速率是 139.264Mb/s,经过 5B6B 线路码型变换后速率增加 1/5,变为 139.264Mb/s×6/5=167.1168Mb/s,然后将辅助信号插入后,速率又增加 1/126,最后对光源的工作电流调制速率为 167.1168Mb/s×127/126=168.443Mb/s。光发射机应适应传输速率的响应速度,这就要求光脉冲的上升时间、下降时间及导通延迟时间尽可能小。

光发射机的比特率通常受电子速率的限制,而不是受半导体激光器本身的限制,正确设计的光发射机的比特率能高达 10~15Gb/s。

4. 输出光功率

光发射机的输出光功率一般是指入纤平均光功率,其范围可以从 0.01mW 到 10mW。它决定了容许的光纤损耗和通信距离,通常以 1mW 为参考电平,以 dBm 为单位。发光二极管的发射功率相当低,小于－10dBm。发光二极管除发射功率低外,其调制能力也受到限制,所以,大多数高性能光纤通信系统用半导体激光器作光源。

5. 输出光功率的稳定性

输出光功率应保持稳定,环境温度变化和光源老化对光源的影响应当在允许范围之内,一般要求稳定度为 5%－10% 左右。

6. 消光比

对于数字脉冲发射机,消光比这个指标很重要,它定义为全“0”时平均光功率 P_0和全“1”

时的平均光功率 P_1 之比，用 EXT 表示，定义为

$$\mathrm{EXT}=\frac{P_0}{P_1} \tag{3-11}$$

一般有 EXT < 0.1。

7. 无张弛振荡

不允许输出光脉冲存在张弛振荡，一般地都采用阻尼元件消除振荡，确保发射机正常工作。

3.1.5 光源驱动电路

1. LED 驱动电路

图 3-21 为数字传输 LED 驱动电路。用反馈控制保持 LED 平均光功率恒定的光发射机驱动电路，如图 3-22 所示。

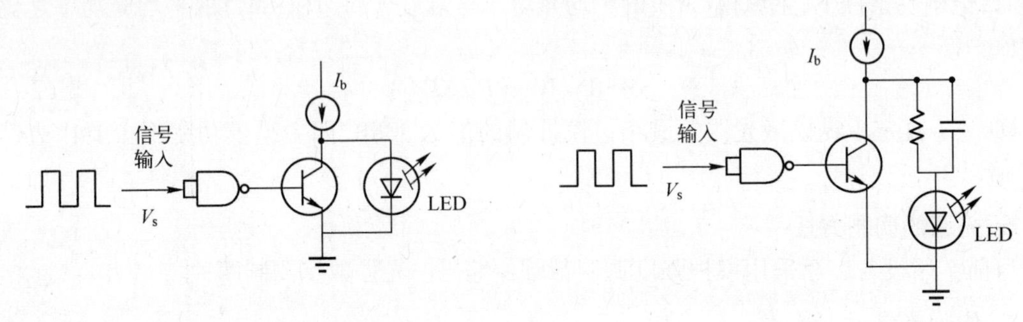

（a）基本数字信号驱动电路

（b）高速数字信号驱动电路

图 3-21 数字传输 LED 驱动电路

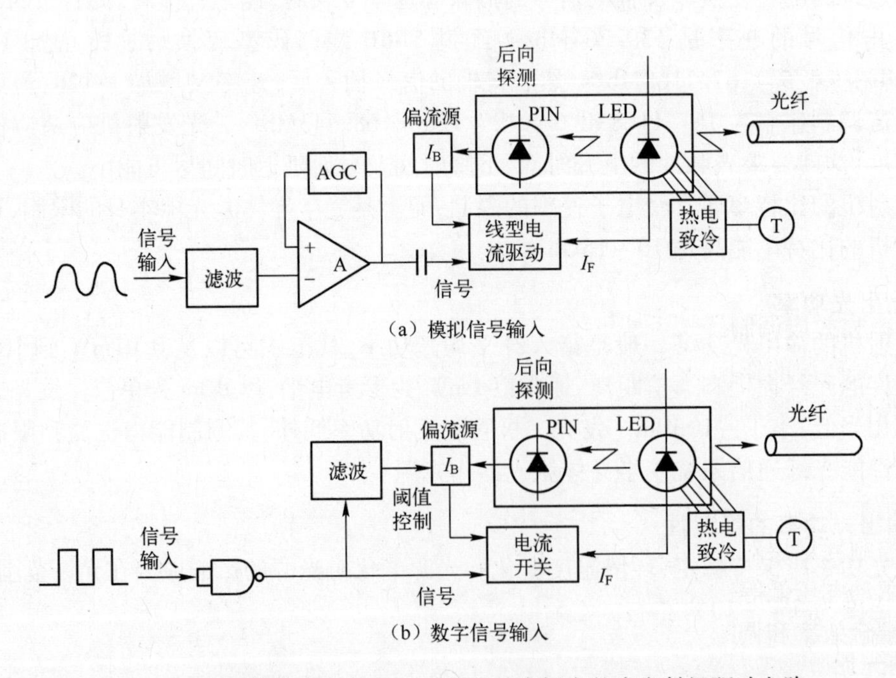

（a）模拟信号输入

（b）数字信号输入

图 3-22 用反馈控制保持 LED 平均光功率恒定的光发射机驱动电路

2. LD 驱动电路

LD 驱动电路比 LED 光发射机电路复杂得多,其偏置在接近阈值点,要求供给恒定的偏流及已调制的电信号,需要 APC 及 ATC 电路,本书不作介绍,从事硬件工作的读者可参看有关手册。

3.1.6 调制电路

利用光纤通信系统或光网络传输信息,必须将承载信息的电信号调制到光载波上,光信号的调制方法分为直接调制和外调制两大类。

直接调制是使承载信息的电信号作为驱动电流直接施加在激光器上,激光器输出的光信号功率会随驱动电流作相应的变化。对模拟调制有 AM、FM 和 PM,对数字调制有 ASK、FSK 和 PSK 等方式。

外调制是通过光调制器将携带信息的电信号与输入进光调制器的连续光载波相作用,实现光信号的调制。由于"电子瓶颈",当数据速率高达 Gb/s 量级以上时,只能采用外调制方式。

光调制器可利用不同的物理机理来实现。采用的有效办法是利用材料的电光效应、声光效应、电吸收波导调制器、磁光效应、热光效应和光吸收效应等。

1. 电光效应调制器

具有电光效应的材料在外电场作用下,材料的折射率随之发生变化,使通过该材料的光波参量也发生改变,从而获得光信号的调制。

具有电光效应的电光晶体有铌酸锂($LiNbO_3$)晶体、砷化镓(GaAs)晶体、钽酸锂($LiTaO_3$)晶体及半导体硅等。

常见的调制器为马赫-泽德结构调制器,其结构如图 3-23 所示。

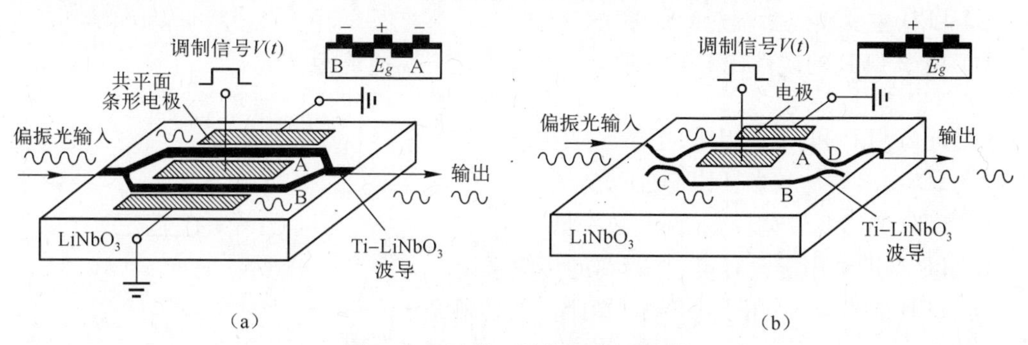

图 3-23 马赫-泽德幅度调制器

2. 声光效应调制器

晶体受声波的作用,产生光弹性,其材料的折射率发生变化,形成衍射光栅。图 3-24 为铌酸锂晶体声光调制器原理图。

3. 电吸收波导调制器

利用半导体材料的电子耗尽吸收特性(吸收区耗尽层的宽度随外加电压而变化),可改变电压来控制耗尽层对光的吸收,实现光调制。这种调制器具有调制速率高、带宽大、啁啾低、尺寸小和驱动电压低等优点,且价格低廉。它可以与 DFB LD 单片集成,在调制器和激光器间获得高的耦合效率和调制光的高输出功率,从而减小系统尺寸,降低成本。

此外,光发射机还有自动功率控制(APC)电路与自动温度控制电路等。同学们参看课外相关材料。

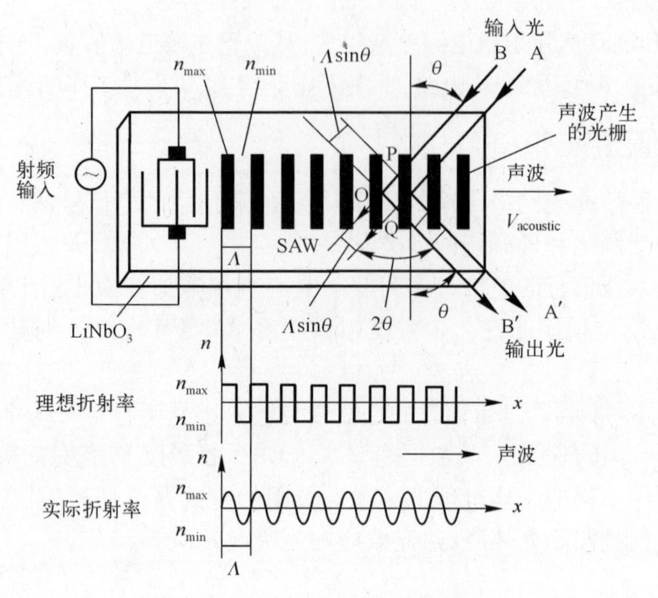

图 3-24　铌酸锂晶体声光调制器

例题 3-1　以下说法正确的是________。

(A) 一般 LD 与光纤的耦合效率比 LED 高

(B) LED 属于阈值器件

(C) LED 主要靠受激辐射效应发光

(D) 由于 LED 的线性比 LD 好,因此,LED 更适合高速传输系统

例题 3-2　LD 和 LED 相比,主要区别在于________。

(A) LD 发出的是激光,LED 是荧光

(B) LED 的谱线带宽较宽,调制效率低

(C) LD 一般适用于大容量、长距离的传输系统

(D) LED 成本低,适用于小容量、短距离的传输系统

自测练习

3-1　光发送机由________、________________和________________组成。

3-2　在光纤通信系统中,对光源的调制可分________和________两类。

3-3　常用光源 LD 是以______为基础发________光,LED 以________为基础发________光。

3-4　光与物质作用时有________、________和________三个物理过程。

3-5　半导体激光器主要特性有________、________、________、________和________。

3-6　光发送机指标主要有________和________。

3-7　常用的外调制器有________。

(A) 电光调制器　　(B) 内调制器　　(C) 声光调制器　　(D) 波导调制器

3.2 光接收机

光接收机的功能是把从光纤线路输出、产生畸变和衰减的微弱光信号转换为电信号,并经放大和处理后恢复成发射前的电信号。光接收机由光检测器、放大器和相关电路组成。光检测器是光接收机的核心,对光检测器的要求是响应度高、噪声低和响应速度快。目前广泛使用的光检测器有两种类型:在半导体PN结中加入本征层的PIN光电二极管和雪崩光电二极管(APD)。

光接收机把光信号转换为电信号的过程(常简称为光/电或O/E转换),是通过光检测器的检测实现的。检测方式有直接检测和外差检测两种。直接检测是用检测器直接把光信号转换为电信号。这种检测方式设备简单、经济实用,是当前光纤通信系统普遍采用的方式。外差检测要设置一个本地振荡器和一个光混频器,使本地振荡光和光纤输出的信号光在混频器中产生差拍而输出中频光信号,再由光检测器把中频光信号转换为电信号。外差检测方式的难点是需要频率非常稳定,相位和偏振方向可控制,谱线宽度很窄的单模激光源,优点是有很高的接收灵敏度。

目前,实用光纤通信系统普遍采用直接调制—直接检测方式。外调制—外差检测方式虽然技术复杂,但是传输速率和接收灵敏度很高,是很有发展前途的通信方式。

光接收机最重要的特性参数是灵敏度。灵敏度是衡量光接收机质量的综合指标,它反映接收机调整到最佳状态时,接收微弱光信号的能力。灵敏度主要取决于组成光接收机的光电二极管和放大器的噪声,并受传输速率、光发射机的参数和光纤线路的色散的影响,还与系统要求的误码率或信噪比有密切关系。所以灵敏度也是反映光纤通信系统质量的重要指标。

3.2.1 光接收机基本组成

直接强度调制、直接检测方式的数字光接收机方框图,如图3-25所示,主要包括光检测器、前置放大器、主放大器、均衡器、时钟提取电路、取样判决器以及自动增益控制(AGC)电路等。

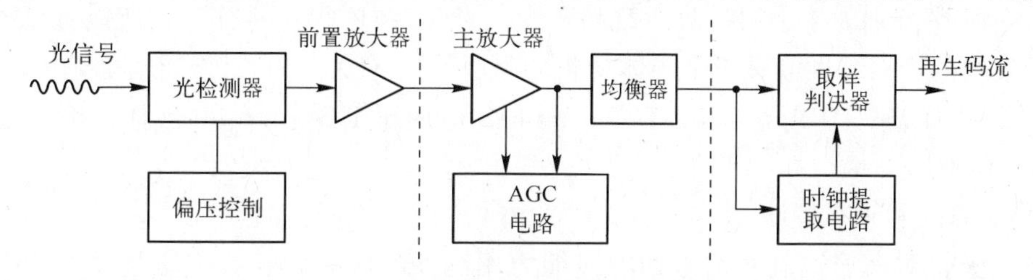

图3-25 数字光接收机方框图

光检测器是光接收机实现光/电转换的关键器件,其性能特别是响应度和噪声直接影响光接收机的灵敏度。目前,适合于光纤通信系统应用的光检测器有PIN光电二极管和雪崩光电二极管。放大器包括前置放大器和主放大器两种,前置放大器是一种低噪声放大器,主放大器一般是多级放大器,它的作用是提供足够的增益,并通过它实现自动增益控制,以使输入光信号在一定范围内变化时,输出电信号保持恒定。主放大器和AGC决定着光接收机的动态范围。均衡的目的是对经光纤传输、光/电转换和放大后已产生畸变(失真)的电信号进行补偿,使输出信号的波形适合于判决,以消除码间干扰,减小误码率。再生电路包括判决电路和时钟提取电路,它的功能是从放大器输出的信号与噪声混合的波形中提取码元时钟,并逐个地对码元波形进行取样判决,以得到原发送的码流。

3.2.2 光电检测器

光电二极管(PD)是一种把光信号转换为电信号的功能器件,是由半导体 PN 结的光电效应实现的。

1. PIN 光电二极管

由于 PN 结耗尽层只有几微米,大部分入射光被中性区吸收,因而光电转换效率低,响应速度慢。为改善器件的特性,在 PN 结中间设置一层掺杂浓度很低的本征半导体(称为 I),两侧是掺杂浓度很高的 P 型和 N 型半导体,这种结构便是常用的 PIN 光电二极管。I 层很厚,吸收系数很小,入射光很容易进入材料内部被充分吸收而产生大量电子—空穴对,因而大幅度提高了光电转换效率。两侧 P+层和 N+层很薄,吸收入射光的比例很小,I 层几乎占据整个耗尽层,因而光生电流中漂移分量占支配地位,从而大大提高了响应速度。另外,可通过控制耗尽层的宽度 w 来改变器件的响应速度。

PIN 光电二极管具有如下主要特性。

1) 量子效率和光谱特性

光电转换效率用量子效率 η 或响应度 R 表示。量子效率 η 的定义为一次光生电子—空穴对和入射光子数的比值。响应度的定义为一次光生电流 I_P 和入射光功率 P_0 的比值。

$$R=\frac{I_p}{P_0}=\eta\frac{e}{hv}\quad(\mathrm{A/W})\tag{3-12}$$

式中:hv 为光子能量;e 为电子电荷。

量子效率和响应度取决于材料的特性和器件的结构。假设器件表面反射率为零,P 层和 N 层对量子效率的贡献可以忽略,在工作电压下,I 层全部耗尽,那么 PIN 光电二极管的量子效率可以近似表示为

$$\eta=1-\exp[-\alpha(\lambda)W]\tag{3-13}$$

式中:$\alpha(\lambda)$和 W 分别为 I 层的吸收系数和宽度。当 $\alpha(\lambda)W$ 很大时,$\eta\to1$,所以 W 要足够大。

量子效率的光谱特性取决于半导体材料的吸收光谱 $\alpha(\lambda)$,对长波长的限制由 $\lambda c=hc/E_g$ 确定。Si 适用于 0.8~0.9μm 波段,Ge 和 InGaAs 适用于 1.3~1.6μm 波段。响应度一般为 0.5~0.6(A/W)。

2) 响应时间和频率特性

光电二极管对高速调制光信号的响应能力用脉冲响应时间 τ 或截止频率 f_c(带宽 B)表示。当光电二极管具有单一时间常数 τ_0 时,其脉冲前沿和脉冲后沿相同,且接近指数函数 $\exp(t/\tau_0)$ 和 $\exp(-t/\tau_0)$,有

$$f_c=\frac{1}{2\pi\tau_0}\tag{3-14}$$

3) 噪声

噪声直接影响光接收机的灵敏度,光电二极管的噪声包括散粒噪声和热噪声。

均方散粒噪声电流(1Ω 负载上消耗的噪声功率)

$$\langle i_{sh}^2\rangle=2e(I_p+I_d)B\tag{3-15}$$

式中:I_p 和 I_d 分别是光电流和暗电流;e 为电子电荷。

均方热噪声电流

$$\langle i_T^2 \rangle = \frac{4kTB}{R_0} \tag{3-16}$$

式中：k 为玻耳兹曼常数；T 为光电管工作温度；R_0为光电管的等效电阻。

光电管的总均方噪声电流

$$\langle i^2 \rangle = 2e(I_p + I_d)B + \frac{4kTB}{R_0} \tag{3-17}$$

InGaAs - PIN 用于长波长系统，性能非常稳定，通常将它和场效应管（FET）前置放大器集成在同一基片上，构成 PIN - FET 接收组件，已得到广泛应用。

光接收机噪声的主要来源是光检测器的噪声和前置放大器的噪声。因为前置放大器输入的是微弱信号，其噪声对输出信噪比影响很大，而主放大器输入的是经前置放大器放大的信号，只要前置级增益足够大，主放大器引入的噪声就可以忽略。

2. 雪崩光电二极管

除具有上述光电管的特性外，雪崩光电二极管特性新引入的参数有倍增因子和过剩噪声因子。

1）倍增因子

$$g = \frac{I_0}{I_p} \tag{3-18}$$

雪崩光电二极管的倍增因子已达几十甚至上百，且随反向偏压、波长和温度而变化。

2）过剩噪声因子

雪崩光电二极管不仅对信号电流有放大作用，对噪声电流也有放大作用，雪崩效应引入的新噪声成分称为过剩噪声因子，它与器件所用材料和制造工艺有关。

雪崩光电二极管具有增益，用于光接收机要求灵敏度高的场合，但雪崩光电二极管要求偏置电压高，温度补偿复杂。

3.2.3 误码率

由于噪声的存在，放大器输出的是一个随机过程，其取样值是随机变量，因此在判决时可能发生误判，把发射的“0”码误判为“1”码，或把“1”码误判为“0”码。光接收机对码元误判的概率称为误码率（在二元制的情况下，等于误比特率，BER），用较长时间间隔内，在传输的码流中，误判的码元数和接收的总码元数的比值来表示。

码元被误判的概率，可以用噪声电流（压）的概率密度函数来计算。如图 3-26 所示，I_1是“1”码的电流，I_0是“0”码的电流。I_m是“1”码的平均电流，而“0”码的平均电流为 0。D 为判决门限值，一般取 $D = I_m/2$。

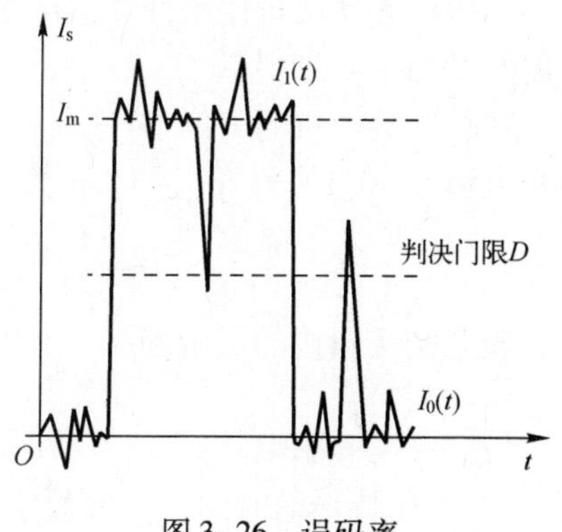

图 3-26　误码率

在“1”码时，如果在取样时刻带有噪声的电流 $I_1 < D$，则可能被误判为“0”码；在“0”码时，如果在取样时刻带有噪声的电流 $I_0 > D$，则可能被误判为“1”码。要确定误码率，不仅要知道噪声功率的大小，而且要知道噪声的概率分布。

光接收机输出噪声的概率分布十分复杂，一般假设噪声电流（或电压）的瞬时值服从高斯分布，其概率密度函数为

$$f(x)=\frac{1}{\sqrt{2\pi\sigma}}\exp\left[-\frac{x^2}{2\sigma^2}\right] \tag{3-19}$$

式中：x 代表噪声这一高斯随机变量的取值，其均值为零，方差为 σ^2。

"0"码和"1"码的误码率（$P_{e,01}$，$P_{e,10}$）一般是不相等的，但对于"0"码和"1"码等概率的码流而言，一般认为 $P_{e,01}=P_{e,10}$ 时，可以使误码率达到最小。因此，总误码率可以表示为

$$P_e=\frac{1}{\sqrt{2\pi}}\int_Q^{\infty}\exp\left[-\frac{x^2}{2}\right]\mathrm{d}x \tag{3-20}$$

式中：Q 称为超扰比，含有信噪比的概念，它还表示在对"0"码进行取样判决时，判决门限值 D 超过放大器平均噪声电流的倍数。

由此可见，只要知道 Q 值，就可求出误码率，结果示于图 3-27。例如：$Q=6$，$\mathrm{BER}\approx10^{-9}$，$Q\approx7$，$\mathrm{BER}=10^{-12}$。

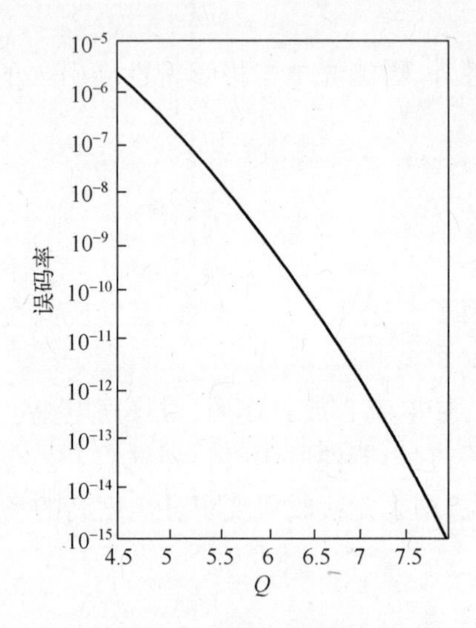

图 3-27　Q 值与误码率

3.2.4　灵敏度

1. 理想光接收机的灵敏度

误码率表达式可用来计算最小接收光功率（即误码率低于指定值时，使接收机可靠工作所需要的功率），即灵敏度。

理想光接收机的 $P(1/0)=0$，产生误码的唯一可能是当一个光脉冲（码元）输入时，不产生光电流，$P(0/1)=\exp(-n)$，n 为一个码元的平均光子数。当 0，1 等概出现时，误码率为

$$P=\frac{1}{2}P(1/0)+\frac{1}{2}P(0/1)=\frac{1}{2}\exp(-n) \tag{3-21}$$

理想光接收机的灵敏度

$$\langle P\rangle_{\min}=\frac{nhf}{2T_b} \tag{3-22}$$

式中：T_b 为比特传输时间。一般数字光纤通信系统要求 $P<10^{-9}$，由式（3-21）得到 $n\geqslant21$，说明至少要有 21 个光子产生光电流，才能保证 BER。

实际灵敏度的计算十分复杂，与许多因素有关，如：发射 0 码时，接收光功率 P_0 实际上不

为 0,激光器的光发射功率有波动,定时脉冲的抖动使抽样判决不是最大值,色散和频率啁啾等均有影响。因此,实际灵敏度的计算十分复杂,工程上可参考 ITU - T 建议。

2. 动态范围

接收机的主放大器是一个普通的宽带高增益放大器,噪声不用考虑。它是多级放大器,提供足够的增益 A,以满足判决所需的电平。主放大器通过自动功率控制(APC)保证接收机的动态范围(DR)。动态范围的定义是:在限定的误码率条件下,光接收机所能承受的最大平均接收光功率$\langle P\rangle$max 和所需最小平均接收光功率$\langle P\rangle$min 的比值,用 dB 表示。

$$DR = 10\lg \frac{\langle P\rangle_{max}}{\langle P\rangle_{min}} \quad (dB) \tag{3-23}$$

数字光接收机的 DR 一般应大于 15dB。

3.2.5 自动增益控制

由于使用条件不同,输入光接收机的光信号大小要发生变化,为实现宽动态范围,采用自动增益控制(AGC)是十分有必要的。AGC 一般采用直流运算放大器构成的反馈控制电路来实现。对于 APD 光接收机,AGC 控制光检测器的偏压和放大器的输出;对于 PIN 光接收机,AGC 只控制放大器的输出。

自测练习

3-8 半导体材料________可用作 1.3μm 和 1.55μm 波长的光电检测器。

(A) Si (B) Ge (C) InGaAsP (D) GaAs

3-9 半导体材料________可用作 0.85μm 波长的光电检测器。

(A) Si (B) Ge (C) InGaAsP (D) GaAs

3-10 光检测器常用的两个参数是__________和__________。它们的定义分别是________和________________。

3-11 目前光纤通信系统中广泛使用的调制—检测方式是________。

(A) 相位调制—相干检测 (B) 强度调制—相干检测

(C) 频率调制—直接检测 (D) 强度调制—直接检测

3-12 APD 中的电场分为两部分,其中________发生在高电场区。

(A) 光电效应 (B) 粒子束反转 (C) 雪崩倍增效应 (D) 光生载流子加速

3-13 光电检测器在光纤通信系统中的主要任务是________。

(A) 将光信号转换为电信号 (B) 将电信号直接放大

(C) 将光信号直接放大 (D) 将电信号转换为光信号

3-14 为增大光接收机的接收动态范围,应采用________电路。

(A) ATC (B) AGC (C) APC (D) ADC

3-15 半导体光检测器主要有________和__________两种,基本原理是通过______过程实现________。

3-16 在光接收机中自动增益控制电路的输入信号取自________的输出信号。

(A) 判决器 (B) 时钟恢复电路 (C) 主放大器 (D) 均衡器

3.3 线路编码与解码

线路编码又称信道编码，其作用是消除或减少数字电信号中的直流和低频分量，以便于在光纤中传输、接收及监测。可分为扰码、字变换码与插入码三类。

根据ITU-T的建议，电通信(PCM)系统中，接口速率与码型，如表3-2所列。其中HDB_3(AMI编码的改进型)为三阶高密度双极性，具有+1、-1、0三种电平。CMI码为信号反转码(Code Mark Inversion)，是一种二电平不归零码，是PCM四次群的线路传输码型，也就是四次群数字光纤通信设备与四次群PCM设备之间的接口码型。它既为我国数字通信标准制式所规定的两种接口码型之一，又是数字光纤通信系统中所采用的线路码型，它属于mBnB码(1B2B码)。

表3-2 PCM通信系统接口速率与码型

接口速率与码型	一次群	二次群	三次群	四次群
接口速率/(Mb/s)	2.048	8.448	34.368	139.264
接口码型	HDB_3	HDB_3	HDB_3	CMI

在光纤通信系统中，从电端机输出的是适合于电缆传输的双极性码。光源不可能发射负光脉冲，因此必须进行码型变换，以适合于数字光纤通信系统传输的要求。数字光纤通信系统普遍采用二进制二电平码，即“有光脉冲”表示“1”码，“无光脉冲”表示“0”码。但是简单的二电平码会带来如下问题：

(1) 在码流中，出现“1”码和“0”码的个数是随机变化的，因而直流分量也会发生随机波动(基线漂移)，给光接收机的判决带来困难。

(2) 在随机码流中，容易出现长串连“1”码或长串连“0”码，这样可能造成位同步信息丢失，给定时提取造成困难或产生较大的定时误差。

(3) 不能实现在线(不中断业务)误码检测，不利于长途通信系统的维护。数字光纤通信系统对线路码型的主要要求是保证传输的透明性，具体要求有：

① 能限制信号带宽，减小功率谱中的高低频分量。这样就可以减小基线漂移、提高输出功率的稳定性和减小码间干扰，有利于提高光接收机的灵敏度。

② 能给光接收机提供足够的定时信息。因而应尽可能减少连“1”码和连“0”码的数目，使“1”码和“0”码的分布均匀，保证定时信息丰富。

③ 能提供一定的冗余码，用于平衡码流、误码监测和公务通信。但对高速光纤通信系统，应适当减少冗余码，以免占用过大的带宽。

例题3-1 分别计算PCM通信系统一次群(基群)、二次群传输速率。

解：我国电通信采用的是PCM 30/32基群传输结构，即32个时隙中只有30个时隙用于传输语音数字码。一帧数据有32×8=256bit，每路电话语音抽样频率为8000Hz，故，一次群传输速率为8000(帧/秒)×32(时隙/帧)×8(bit/时隙)=2.048Mb/s。

从一次群到二次群的复用过程中，需加入一些附加码，如帧同步码、警告码、插入码、插入标识码等码元，这时，每个基群的速率变为2.112 Mb/s，二次群传输速为

$$4\times 2.112\ \text{Mb/s}=8.448\ \text{Mb/s}$$

例题 3-2 在 PCM 编码中,采样速率是 8000 次/秒,采用时分复用(TDM)传输方式,线路若要传输 24 路信号共 193bit,则线路的传输速率是多少?

解:$193 \times 8000 = 1.544$ Mb/s。

1. 扰码

为了保证传输的透明性,在系统光发射机的调制器前,需要附加一个扰码器,将原始的二进制码序列加以变换,使其接近于随机序列。相应地,在光接收机的判决器之后,附加一个解扰器,以恢复原始序列。扰码与解扰可由反馈移位寄存器和对应的前馈移位寄存器实现。

扰码改变了"1"码与"0"码的分布,从而改善了码流的一些特性。例如:

扰码前:1 1 0 0 0 0 0 0 1 1 0 0 0 …

扰码后:1 1 0 1 1 1 0 1 1 0 0 1 1 …

但是,扰码仍具有下列缺点:

① 不能完全控制长串连"1"和长串连"0"序列的出现;

② 没有引入冗余,不能进行在线误码监测;

③ 信号频谱中接近于直流的分量较大,不能解决基线漂移。

因为扰码不能完全满足光纤通信对线路码型的要求,所以许多光纤通信设备除采用扰码外还采用其他类型的线路编码。

2. *m*B*n*B 码

*m*B*n*B 码是把输入的二进制原始码流进行分组,每组有 m 个二进制码,记为 *m*B,称为一个码字,然后把一个码字变换为 n 个二进制码,记为 nB,并在同一个时隙内输出。这种码型是把 *m*B 变换为 *n*B,所以称为 *m*B*n*B 码,其中 m 和 n 都是正整数,$n > m$,一般选取 $n = m + 1$。*m*B*n*B 码有 1B2B、3B4B、5B6B、8B9B、17B18B 等。

1) *m*B*n*B 码编码原理

最简单的 *m*B*n*B 码是 1B2B 码,即曼彻斯特码,这就是把原码的"0"变换为"01",把"1"变换为"10"。

因此最大的连"0"和连"1"的数目不会超过两个,例如 1001 和 0110。但是在相同时隙内,传输 1 比特变为传输 2 比特,码速提高了 1 倍。

以 3B4B 码为例,输入的原始码流 3B 码,共有(2^3)8 个码字,变换为 4B 码时,共有(2^4)16 个码字。为保证信息的完整传输,必须从 4B 码的 16 个码字中挑选 8 个码字来代替 3B 码。设计者应根据最佳线路码特性的原则来选择码表。例如:在 3B 码中有 2 个"0",变为 4B 码时补 1 个"1";在 3B 码中有 2 个"1",变为 4B 码时补 1 个"0"。而 000 用 0001 和 1110 交替使用;111 用 0111 和 1000 交替使用。同时,规定一些禁止使用的码字,称为禁字,例如 0000 和 1111。

作为普遍规则,引入"码字数字和"(WDS)来描述码字的均匀性,并以 WDS 的最佳选择来保证线路码的传输特性。所谓"码字数字和",是在 *n*B 码的码字中,用"-1"代表"0"码,用"+1"代表"1"码,整个码字的代数和即为 WDS。如果整个码字"1"码的数目多于"0"码,则 WDS 为正;如果"0"码的数目多于"1"码,则 WDS 为负;如果"0"码和"1"码的数目相等,则 WDS 为 0。例如:对于 0111,WDS = +2;对于 0001,WDS = -2;对于 0011,WDS = 0。

*n*B 码的选择原则是:尽可能选择 |WDS| 最小的码字,禁止使用 |WDS| 最大的码字。以

3B4B 为例,应选择 WDS=0 和 WDS= ±2 的码字,禁止使用 WDS= ±4 的码字。

我国 3 次群和 4 次群光纤通信系统最常用的线路码型是 5B6B 码,在这种编码中,输入数字信号被分为每 5 比特为一个字码,其编码成 6 比特字码。5B 码共有(2^5)32 个码字,变换 6B 码时共有(2^6)64 个码字,其中 WDS=0 有 20 个,WDS= +2 有 15 个,WDS= -2 有 15 个,共有 50 个|WDS|最小的码字可供选择。由于变换为 6B 码时只需 32 个码字,为减少连"1"和连"0"的数目,删去 000011、110000、001111 和 111100。当然禁用 WDS= ±4 和 ±6 的码字。表 3-3为其中一种 5B6B 编码表。

表 3-3　5B6B 编码表

5B	6B		5B	6B	
	模式 1	模式 1		模式 1	模式 1
00000	110010	110010	10000	110001	110001
00001	110011	100001	10001	111001	010001
00010	110110	100010	10010	111010	010010
00011	100011	100011	10011	010011	010011
00100	110101	100100	10100	110100	110100
00101	100101	100101	10101	010101	010101
00110	100110	100110	10110	010110	010110
00111	100111	000111	10111	010111	010100
01000	101011	101000	11000	111000	011000
01001	101001	101001	11001	011001	011001
01010	101010	101010	11010	011010	011010
01011	001011	001011	11011	011011	001010
01100	101100	101100	11100	011100	011100
01101	101101	000101	11101	011101	001001
01110	101110	000110	11110	011110	001100
01111	001110	001110	11111	001101	001101

mBnB 码是一种分组码,设计者可以根据传输特性的要求确定某种码表。mBnB 码的特点是:

(1) 码流中"0"和"1"码的概率相等,连"0"和连"1"的数目较少,定时信息丰富。

(2) 高低频分量较小,信号频谱特性较好,基线漂移小。

(3) 在码流中引入一定的冗余码,便于在线误码检测。

mBnB 码的缺点是传输辅助信号比较困难。因此,在要求传输辅助信号或有一定数量的区间通信的设备中,不宜用这种码型。

2) 编译码器

有两种编译码电路:一种是组合逻辑电路,就是把整个编译码器都集成在一小块芯片上,组成一个大规模专用集成块,国外设备大多采用这种方法;另一种是把设计好的码表全部存储到一块只读存储器(PROM)内而构成,国内设备一般采用这种方法。

以 3B4B 码为例，码表存储编码器的工作原理示于图 3-28。首先把设计好的码表存入 PROM 内，待变换的信号码流通过串—并变换电路变为 3 比特一组的码 b_1、b_2、b_3，并行输出作为 PROM 的地址码，在地址码作用下，PROM 根据存储的码表，输出与地址对应的并行 4B 码，再经过并—串变换电路，读出已变换的 4B 码流。

图中 A、B、C 三条线为组别控制控制线，当 WDS = ±2 时，从 A、B 分别送出控制信号，通过 C 线决定组别。

译码器与编码器基本相同，只是除去组别控制部分。译码时，把送来的已变换的 4B 信号码流，每 4 bit 并联为一组，作为 PROM 的地址，然后读出 3B 码，再经过并—串变换还原为原来的信号码流。

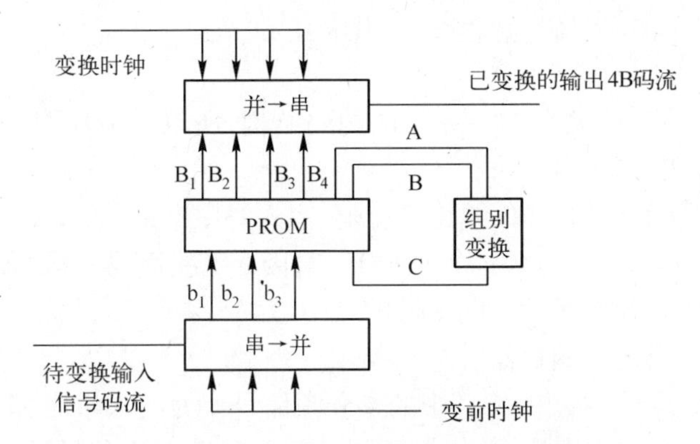

图 3-28　3B4B 码存储编码器的工作原理

其他的 mBnB 码编译码电路原理相同，只是电路复杂程度有所区别而已。

3. 插入码

插入码是把输入二进制原始码流分成每 m 比特（mB）一组，然后在每组 mB 码末尾按一定规律插入一个码，组成 $m+1$ 个码为一组的线路码流。根据插入码的规律，可以分为 mB1C 码、mB1H 码和 mB1P 码。

1）插入码的编码原理

mB1C 码的编码原理是，把原始码流分成每 m 比特（mB）一组，然后在每组 mB 码的末尾插入 1 比特补码，这个补码称为 C 码，所以称为 mB1C 码。补码插在 mB 码的末尾，连“0”码和连“1”码的数目最少。

mB1C 码的结构如图 3-29 所示，例如：

mB 码为：100110001101…

mB1C 码为：1001110100101010…

C	mB	C	mB	C	mB	C	

图 3-29　mB1C 码的结构示意图

C 码的作用是引入冗余码，可以进行在线误码率监测；同时改善了“0”码和“1”码的分布，有利于定时提取。

mB1H 码是 mB1C 码演变而成的，即在 mB1C 码中，扣除部分 C 码，并在相应的码位上插入一个混合码（H 码），所以称为 mB1H 码。所插入的 H 码可以根据不同用途分为三类：第一类是 C 码，它是第 m 位码的补码，用于在线误码率监测；第二类是 L 码，用于区间通信；第三类是 G 码，用于帧同步、公务、数据、监测等信息的传输。

常用的插入码是 mB1H 码，有 1B1H 码、4B1H 码和 8B1H 码。以 4B1H 码为例，它的优点是码速提高不大，误码增值小。可以实现在线误码检测、区间通信和辅助信息传输。缺点是码

流的频谱特性不如 mBnB 码。但在扰码后再进行 4B1H 变换,可以满足通信系统的要求。在 mB1P 码中,P 码称为奇偶校验码,其作用和 C 码相似,但 P 码有以下两种情况:

(1) P 码为奇校验码时,其插入规律是使 $m+1$ 个码内"1"码的个数为奇数,例如:

mB 码为:100000001110……

mB1P 码为: 1000000100101101……

当检测得 $m+1$ 个码内"1"码为奇数时,则认为无误码。

(2) P 码为偶校验码时,其插入规律是使 $m+1$ 个码内"1"码的个数为偶数,例如:

mB 码为:100000001110……

mB1P 码为:1001000000111100……

当检测得 $m+1$ 个码内"1"码为偶数时, 则认为无误码。

2) 编译码器

和 mBnB 码不同,mB1H 码没有一一对应的码结构,所以 mB1H 码的变换不能采用码表法,一般都采用缓存插入法来实现。

图 3-30 示出 4B1H 编码器原理,它由缓存器、写入时序电路、插入逻辑和读出时序电路四部分组成。4B1H 码是每 4 个信号码插入 1 个 H 码,因此变换后码速增加 1/4。设信号码的码速为 34368kb/s,经 4B1H 变换后,线路码的码速为 (5/4) × 34368kb/s = 42960kb/s。将 34368kb/s 的 NRZ 信号码送入缓存器。

缓存器是 4D 触发器,它利用锁相环中的 4 分频信号作为写入时序脉冲,随机但有顺序地把 34368kb/s 信号码流分为 4 比特一组,与 H 码一起并联送入插入逻辑。插入逻辑电路实际上是一个 5 选 1 的电路,它利用锁相环中 5 分频电路输出读出时序脉冲。由插入逻辑输出码速为 42960kb/s 的 4B1H 码。

图 3-31 示出 4B1H 译码器原理,它由 B 码还原、H 码分离、帧同步和相应的时钟频率变换电路组成。把 42960kb/s 的 4B1H 码加到缓存器,因 4B1H 码是 5 比特为一组,所以缓存器应有 5 级,并用不同的时钟写入。

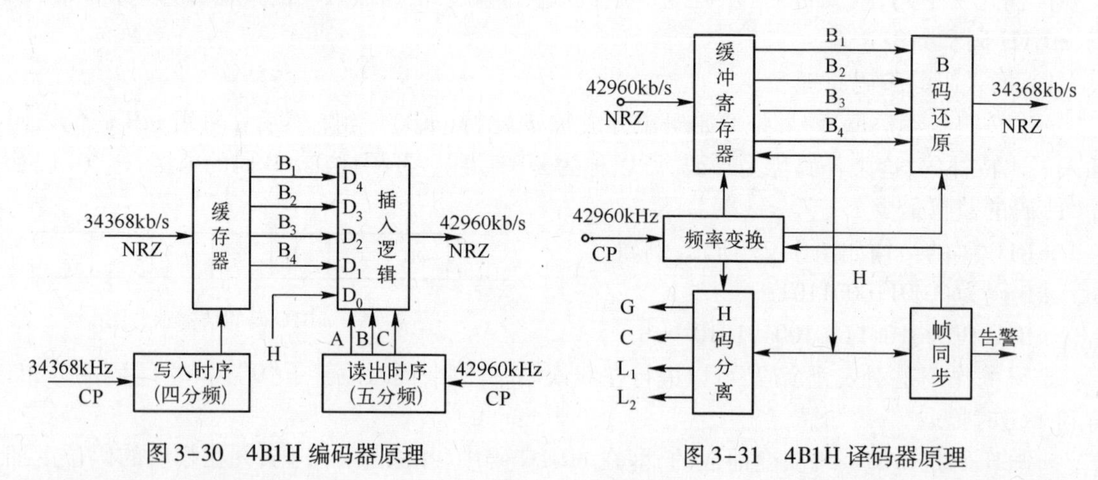

图 3-30 4B1H 编码器原理

图 3-31 4B1H 译码器原理

频率变换电路要保证向各个部分提供所需的准确时钟信号。通过缓存器,实际上已把 B 码和 H 码分开,只要用 34368kHz 的时钟把 B 码按顺序读出,B 码就还原了。B 码的还原电路实际上就是并串变换电路,由 4 选 1 电路来实现。

自 测 练 习

3-17 光缆常用码型有________、________。电缆常用码型有________和________。

(A) AMI (B) CMI (C) $mBnB$ (D) $mB1H$ (E) HDB3

3-18 在 PCM 传输线上传输的码型是______________________________码。

3-19 作为普遍规则,引入“码字数字和”(WDS)来描述码字的均匀性,并以 WDS 的最佳选择来保证线路码的传输特性。对于 0111,WDS = __________。

3-20 在交换设备内采用的码型是________________码。

3-21 作为普遍规则,引入“码字数字和”(WDS)来描述码字的均匀性,并以 WDS 的最佳选择来保证线路码的传输特性。对于 0011,WDS = ____________。

3-22 ______的目的是将双极性码变为单极性码。

(A) 均衡 (B) 扰码 (C) 码型变换 (D) 复用

3-23 在 PCM 传输线上传输的码型是________码,在交换设备内采用的码型是 NRZ 码。

(A) AMI (B) CMI (C) $mBnB$ (D) HDB3

本章思考题

3-1 光源的谱宽是怎样定义的?

3-2 什么是半导体激光器的温度特性?温度升高阈值电流如何变化?若此时注入电流不变,输出光功率将如何变化?

3-3 半导体发光管和半导体激光器在工作原理上有什么不同?

3-4 光纤通信系统中选择码型应考虑哪些因素?

3-5 “扰码”有什么作用?

3-6 编写 5B6B 码表。

练 习 3

3-1 半导体激光器发射光子的能量近似等于材料的禁带宽度,已知 GaAs 材料的 Eg = 1.43eV,InGaAsP 材料的 Eg = 0.96eV,求各自的发射光子波长。

3-2 已知光学谐振腔长 400μm,折射率 $n = 1.5$,受激辐射在腔中已建立振荡,设此时 $m = 10^3$,求:

1) 输出纵模波长和频率各为多少?

2) 光波的纵模间隔为多少?

3-3 已知 PIN 光电二极管的量子效率 $\eta = 70\%$,接收光波长 λ 为 1.55μm,求 PIN 的响应度 R。如果入射光功率为 100μw,求输出电流是多少?

3-4 某 APD 管用于波长 1.55μm,其平均雪崩增益为 20,响应度为 0.6A/W,当每秒钟有 1000 个光子入射时,计算其量子效率和输出光电流。

3-5 一个光电二极管,当 $\lambda = 1.3$μm 时,响应度为 0.6A/W,计算它的量子效率。

3-6 对于一个工作在 1.55μm 波长的 100Mb/s 光波系统,接收机采用 PIN 作为光电探测器,目前 PIN 探测器在 5000 光子/比特的平均入射功率下可以达到 $BER \leqslant 10^{-9}$ 的要求。试求这种接收机的灵敏度。

3-7 某光源发出全"1"码时的功率是 800μW,全"0"码时的功率是 50μW,若信号为伪随机码序列(NRZ 码),问光源输出平均功率和消光比各为多少?

3-8 (1) 在满足一定误码率条件下,光接收机最大接收光功率为 0.1mW,最小接收光功率为 1000nW,求接收机灵敏度和接收机动态范围。

(2) 已知某个接收机的灵敏度为 -40dBm($BER = 10^{-10}$),动态范围为 20dB,若接收到的光功率为 2μW,问系统能否正常工作?

3-9 四次群系统采用 4B1H 码码型,试求:

(1) 其光接口速率为多少?

(2) 其传输容量为多少个话路?

(3) 其监控信息的传输速率为多少?

3-10 一段 30km 长的光纤线路,其损耗为 0.5dB/km,如果在接收端保持 0.3μW 的接收光功率,则发送端的功率至少为多少?

3-11 在 125μs 内传输 256 个二进制码元,计算信息传输的速率是多少?若该信息在 4s 内有 5 个码元产生误码,试问误码率是多少?

第 4 章 光纤通信系统设计

【本章知识结构图】

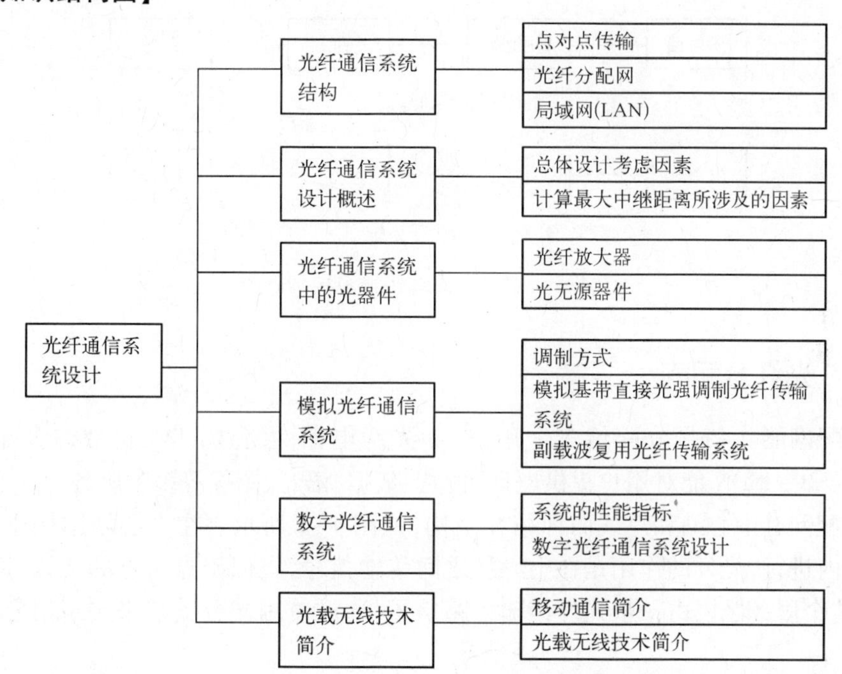

从结构分,光纤通信系统分为点对点传输、光纤分配网和局域网三种;从传输信号特性来分,光纤通信系统分为模拟光纤通信系统与数字光纤通信系统两类。其中模拟光纤通信系统主要用于光纤有线电视网,数字光纤通信系统则构成目前的计算机通信网。中继距离是光纤通信系统设计的重要参数。本章介绍光纤通信系统结构、模拟光纤通信系统与数字光纤通信系统、光载无限通信技术等内容。

4.1 光纤通信系统结构

光纤通信系统分为点对点传输、光纤分配网和局域网三种。

4.1.1 点对点传输

光纤通信系统中,利用光纤对信息进行点对点的传输是一种最简单的结构形式,其传输距离可以短到一幢大楼内或两楼之间的计算机数据传输,长到几千米甚至上万千米的越洋传输。在短距离传输中,利用的是光纤抗电磁干扰的特点,而在长距离传输中则利用的是光纤的低损耗与宽带宽的特点。目前,长途干线系统采用的是光纤放大器 + 波分复用(EDFA + WDM)的传输方式,利用光纤放大器直接对信号进行放大以补偿光纤损耗,但级联的放大器数目也不能无限增加,一方面放大器存在噪声累积,另一方面,色散导致的脉冲展宽效应限制了系统的传输距离。光电中继器不受这种色散效应的限制，它可以同时补偿损耗与色散。

点对点的光纤传输有光电中继器与放大器两种方式，如图 4-1 所示。光电中继器是早期的补偿方式，它先将经过光纤传输而衰减了的光信号转变成电信号，经放大、整形后经电光转换继续传输。光放大器传输方式是指利用光放大器直接对光信号进行放大而补偿光纤损耗。中继距离 L 是系统的一个重要参数，它决定系统的成本，并与系统码率 B 有关。在点对点的传输中，码率与中继距离乘积 BL 是描述系统性能的一个重要指标。对第一代光纤通信系统，BL 的典型值为 1Gb/s · km 左右，第三代光纤通信系统的 BL 值可超过 1000Gb/s · km。

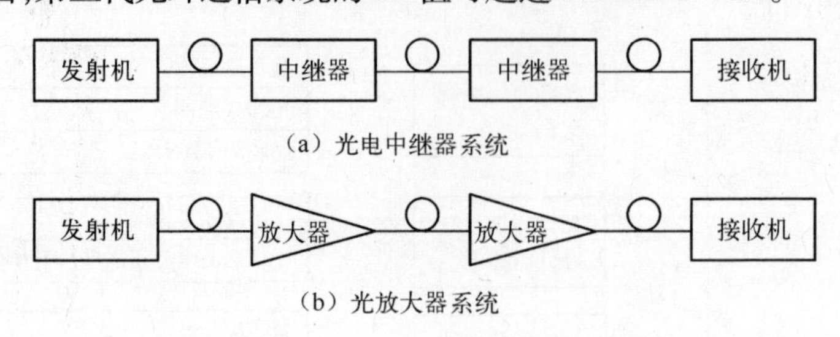

图 4-1　点对点光纤传输系统示意图

4.1.2　光纤分配网

光纤分配网能将信号分配给多个用户，如光纤电话网络、CATV、宽带综合业务数字网（B-ISDN）。B-ISDN 能对用户提供电话、传真、数据、语音、图像等多种服务。

光纤分配网有中心站和总线两种拓扑结构，如图 4-2 所示。在中心站结构中，信号的分配在中心站内进行，光纤的作用是在中心站之间传输信号，类似于点对点的传输；而在总线型结构中，在整个服务区内由一根光纤传输多路信号，通过使用光分支器来实现信号的分配，光

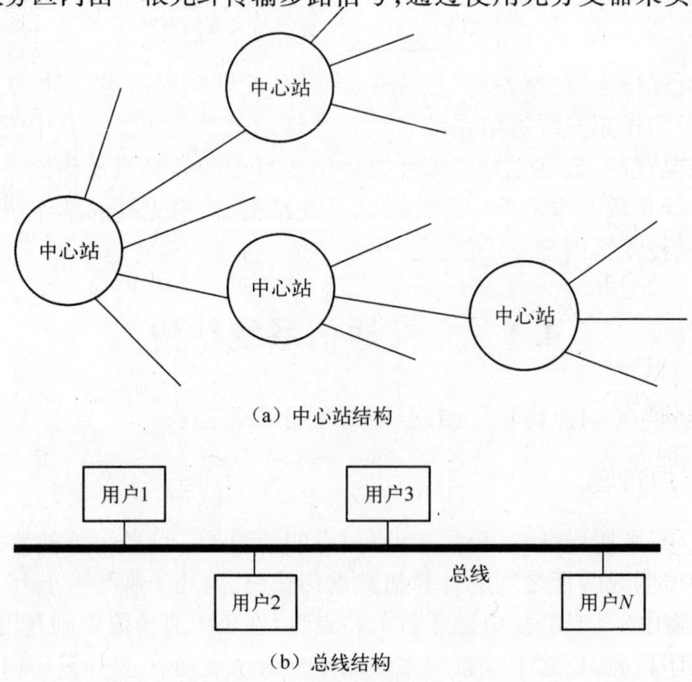

图 4-2　光纤分配网结构示意图

纤电视(CATV)就是采用的这种结构。

总线型结构中,光纤中的信号随分支器的增多而成指数衰减,限制了用户数量,如果忽略光纤本身的损耗,在第 n 个分支点所获得的光功率为

$$P_n = P_0 C[(1-\delta)(1-C)]^{n-1} \tag{4-1}$$

式中:P_0为发射功率;C 为分支器的分配比;δ 为分支器的插入损耗。

实际的光纤分配网要综合考虑地域分布、成本、传输质量等多种因素,常采用光缆与电缆网混合的形式。

例题 4-1 某一城市 CATV 发射机的发射功率为 1mW,系统采用总线型拓扑结构,分支器的插入损耗与分配比均为 0.05,电视接收机的灵敏度为 0.1μW。试问该系统可满足的最大用户数为多少?

解:由式(4-1),可得 $n \approx 620$。可以通过插入放大器来增加用户数量。

4.1.3 局域网

校园网是光纤局域网(LAN)的一个典型例子。光纤局域网与光纤分配网的不同之处在于 LAN 要求对每一用户提供随机的收/发数据的功能,存在一个协议问题。LAN 常采用总线型、环形和星型三种拓扑结构。总线型结构的 LAN 与图 4-2(b)类似,最典型的例子就是以太网,以太网常用于连接多台计算机和终端设备,这种网络的工作速率为 10Mb/s,采用 CSMA/CD 协议。CSMA/CD(Carrier Sense Multiple Access with Collision Detection)即带冲突检测的载波监听多路访问技术采用 IEEE 802.3 标准,其应用在 OSI 的第二层数据链路层。它的工作原理是:发送数据前先侦听信道是否空闲,若空闲,则立即发送数据;若信道忙碌,则等待一段时间至信道中的信息传输结束后再发送数据。若在上一段信息发送结束后,同时有两个或两个以上的节点都提出发送请求,则判定为冲突。若侦听到冲突,则立即停止发送数据,等待一段随机时间,再重新尝试。即先听后发,边发边听,冲突停发,随机延迟后重发。它的主要目的是提供寻址和媒体存取的控制方式,使得不同设备或网络上的节点可以在多点的网络上通信而不相互冲突。

环形与星型光纤 LAN 的拓扑结构,如图 4-3 所示。在环形结构中,用户设备通过节点挂在光纤环上,节点也相当于一个光电中继器,在光纤环上不断地有一个“令牌”通过,每个节点都对接收信号的地址进行解析,一但数据的地址与本身的地址相符,节点就将该数据信息接收下来,而对其他地址的数据,节点像中继器一样使信号继续往下传输。当某一用户需要发送数据时,他首先要申请租用空闲的令牌,然后将数据填充到令牌上,发送到光纤环上。环形拓扑结构的光纤 LAN 采用标准的光纤分布数据接口(Fiber Distributed Data Interface,FDDI),FDDI 的工作速率为 100Mb/s,采用 1.3μm 的多模光纤和 LED 发射机。

FDDI 是目前成熟的 LAN 技术中传输速率最高的一种,它采用的编码方式为 NRZ-I(非归零反相编码)和 4B/5B。FDDI 用得最多的是用作校园环境的主干网,这种环境的特点是站点分布在多个建筑物中。FDDI 也常常被划分在城域网 MAN 的范围。由光纤构成的 FDDI,其基本结构为逆向双环。一个环为主环,另一个环为备用环。一个顺时针传送信息,另一个逆时针传送信息。当主环上的设备失效或光缆发生故障时,通过从主环向备用环的切换可继续维持 FDDI 的正常工作。这种故障容错能力是其他网络所没有的。

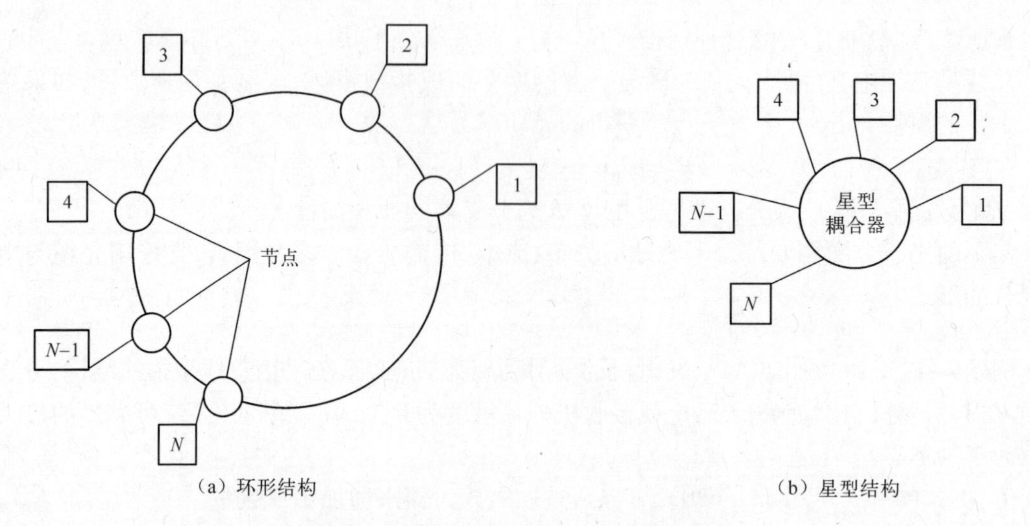

图 4-3　环形与星型光纤 LAN 结构示意图

FDDI 使用了比令牌环更复杂的方法访问网络。和令牌环一样,也需在环内传递一个令牌,而且允许令牌的持有者发送 FDDI 帧。和令牌环不同,FDDI 网络可在环内传送几个帧。这可能是由于令牌持有者同时发出了多个帧,而非在等到第一个帧完成环内的一圈循环后再发出第二个帧。令牌接受了传送数据帧的任务以后,FDDI 令牌持有者可以立即释放令牌,把它传给环内的下一个站点,无需等待数据帧完成在环内的全部循环。这意味着,第一个站点发出的数据帧仍在环内循环的时候,下一个站点可以立即开始发送自己的数据。

在星型光纤 LAN 的拓扑结构中,利用点对点的光纤传输将所有节点与一个中心节点相连,根据中心节点是有源或无源器件,又可分为有源星型网络与无源星型网络。在有源星型网络中,节点相当于一个光电中继器;而在无源星型网络中,来自某一节点的光信号在中心节点上利用无源光器件(如星型耦合器)进行光信号分配,然后传向所有其他各节点,由于是进行无源分配,传向节点的光功率取决于总节点数的数目,对于一个理想的 $N \times N$ 星型耦合器,如果忽略所有的传输损耗,在发射功率为 P_0 的情形下,其他节点的接收功率为

$$P_r = \frac{P_0}{N} \tag{4-2}$$

如果取 $P_0 = 1\text{mW}$,$P_r = 0.1\mu\text{W}$,则 $N = 10^4$。

无源星型网络可以支持很多节点,分配损耗并不成为无源星型网络的主要问题,其在 LAN 中有很大的吸引力。

自 测 练 习

4-1　光纤通信系统分为________、________和________三种。

4-2　在点对点的传输中,______与______乘积是描述系统性能的一个重要指标。对第三代光纤通信系统的 BL 值可超过________。

4-3　宽带综合业务数字网能对用户提供电话、传真、数据、语音、图像等多种服务,其英文缩写是________。

4-4　某一城市 CATV 发射机的发射功率为 0.1mW,系统采用总线型拓扑结构,分支器的插入

损耗与分配比均为0.02,电视接收机的灵敏度为0.1μW。该系统可满足的最大用户数为______。

4-5 环形拓扑结构的光纤LAN采用标准的________________,其工作速率为________。

4-6 光纤分布数据接口(FDDI)的英文名称为________________________,FDDI的工作速率为______Mb/s。

4-7 FDDI是目前成熟的LAN技术中传输速率最高的一种,它采用的编码方式为NRZ-I(非归零反相编码)和4B/5B。4B/5B码可使效率提高到______。

4.2 光纤通信系统设计概述

光纤通信系统设计要遵照ITU-T的各项相关建议和我国的相关标准,从实际出发,根据业务容量需求(要有前瞻性)、用户地理位置、用户对QoS的要求等,确定系统的容量、拓扑结构、设备线路选择、路由和最大中继距离计算等。对一个光纤通信系统的基本要求有传输距离、传输带宽或码速、系统的保真性(BER、SNR及失真等)、可靠性和经济性等。

4.2.1 总体设计考虑因素

1. 系统/网络容量确定

系统/网络容量一般根据未来几年内所需容量来确定,并具有一定的灵活性,有利于将来扩容需要。目前城域网中系统的单波长速率为2.5~10Gb/s、骨干网单波长速率为10~40Gb/s,根据实际需要可采用波分复用(WDM)进行几波到几十波的波分复用。

2. 网络拓扑结构与路由选择

根据系统/网络在通信网中的位置、功能与作用、承载业务的生存性要求等选择合适的网络拓扑结构。如对网络生存性要求较高的、位于骨干网中的网络适合采用网格拓扑;对网络生存性要求较高的、位于城域网中的网络适合采用环形拓扑;对网络生存性要求不高的、位于接入网中的网络适合采用星型拓扑与无源树型拓扑结构等。

节点之间的光缆线路路由选择要服从通信网络发展的整体规划,且便于施工与维护。

3. 光纤/光缆选择

有关G.652、G.653、G.654与G.655光纤基本特性参看1.1.2节。光纤/光缆是传输网络的基础。光缆网的设计规划必须考虑在未来15~20年的寿命期内仍能满足传输容量和速率的发展需要。我国新干线采用10Gb/s及以上速率为基础的波分复用系统,光缆线路采用G.655B和G.655C(或部分G.655B和G.655C)光纤是合适的。

4. 设备选择

ITU-T已对各种速率等级的PDH和SDH设备(发射机S点和接收机R点,发射机与光通道之间定义S参考点,光通道与接收机之间定义R参考点)的S-R点通道(S参考点与R参考点之间为光通道)特性进行了规范。系统设计工程师应熟悉所设计系统的各项指标、ITU-T建议及我国相关通信行业标准,选择性能好、可靠性高、兼容性好的设备。

5. 光传输设计

第2章我们学习了超短脉冲光波在光纤传输中的演化特性。实际上,各种拓扑结构的光波网络都是建立在点到点基础上的。S－R之间的光传输距离确定是光纤传输系统/网络设计的基础。S－R点之间的光传输距离也就是分层光传输网的再生段或复用段（无需再生时）的传输距离，即S－R之间的距离。

光传输设计方法分为最坏值设计法、联合设计法与统计设计法（包括半统计设计法）三种。最坏值设计法是指在设计再生段距离时，将所有器件的参数值都按最坏值选取，而不管其具体分布如何，是一种光缆线路系统传输设计的基本方法。该方法能满足系统光接口的横向兼容性，具有简单可靠的特点。其缺点是各项最坏值条件同时出现的概率极小，导致资源的浪费和建设成本的相对增加。

联合设计法与统计设计法不能保证系统光接口的横向兼容性。统计设计法虽然存在很小的系统先期失效概率，但它能充分利用系统资源，降低工程成本。

4.2.2 计算最大中继距离所涉及的因素

1. 损耗限制的系统

假设发射机光源的最大平均输出功率为 P_{out}，接收机探测器的最小平均接收光功率为 P_{in}，光信号沿光纤传输的最大距离 L 为

$$L = -\frac{10}{\alpha}\lg_{10}\left[\frac{P_{out}}{P_{in}} - \alpha_c\right] \tag{4-3}$$

式中：α 为光纤的损耗（单位 dB/km）；α_c 表示光纤线路上的其他损耗（dB）。在设计时还要考虑光缆富余度。

P_{out} 与码率 B 的关系为

$$P_{out} = \bar{N}h\nu B \tag{4-4}$$

式中：$\bar{N}$ 为每比特数据的平均光子数；$h\nu$ 为光子的能量。

传输距离与码率有关，在给定工作波长下，传输距离随 B 的增加而按对数关系减小。在 1.55μm 波长处，系统的中继距离可以超过 200km。

2. 色散限制的系统

光纤的色散导致光脉冲展宽从而构成对系统 BL 乘积的限制。当色散限制的传输距离小于损耗限制的传输距离时，我们说系统是色散限制系统。

阶跃折射率多模光纤的色散较大，在光纤通信系统的设计中，除了短距离的低速数据传输外，基本上都不采用阶跃折射率多模光纤。渐变折射率多模光纤的 BL 值较大，在这种情况下，即使是速率高达 100Mb/s 的系统，也为损耗限制系统，损耗限制使这种系统的 BL 值在 2（Gb/s）·km左右。

对于 1.3μm 波长的单模光纤通信系统，BL 值受色散限制的表达式为

$$BL \leqslant \frac{1}{4|D|\sigma_\lambda} \tag{4-5}$$

式中：D 为光纤的色散参数；σ_λ 为光源的均方根谱宽。D 的值与工作波长接近零色散波长的程度有关，典型值为 1～2ps/（km·nm）。如果取 $|D|\sigma_\lambda$ = 2ps/km，则 BL 的受限值为 125（Gb/s）·km。

对于 1.55μm 波长的单模光纤通信系统，由于在 1.55μm 波长处光纤的损耗最小，而色散参数 D 较大（典型值为 15ps/（km·nm））。1.55μm 波长的单模光纤通信系统主要受限于光纤的色散，该问题可用单纵模窄线宽半导体激光器来解决。在这种窄光谱光源下，系统受色散

限制的表达式为

$$B^2L \leqslant \frac{1}{16\beta_2} \tag{4-6}$$

对于理想的1.55μm波长的单模光纤通信系统，B^2L可达4000(Gb/s)^2·km。只有当码率超过5Gb/s时才成为色散限制系统。实际上，光源在受调制产生光脉冲的过程中不可避免地产生频率啁啾，导致光谱展宽，系统的BL在150(Gb/s)·km左右，因此，对码率为2Gb/s的光波系统，光源频率啁啾使得传输距离只能达到75km左右。如采用色散位移光纤，系统的BL可达1600(Gb/s)·km左右，因此，对码率为20Gb/s的光波系统，中继距离可达80km。

3. 功率预算

功率预算要求保证接收机具有足够的接收光功率以满足一定误码率(BER≤10^{-9})的要求，满足关系

$$P_{\text{out}} = P_{\text{in}} + P_L + P_s \tag{4-7}$$

式中：P_L为通道的所有损耗；P_s为系统的功率余量。P_{out}、P_{in}的单位是dBm，P_L、P_s的单位是dB。P_s一般为6～8dB。

例题4-2　对于一个工作在0.85μm波长的50Mb/s光波系统，接收机采用PIN作为光电探测器，目前PIN探测器在5000光子/比特的平均入射功率下可以达到BER≤10^{-9}的要求。试求这种接收机的灵敏度。

解：利用式(4-4)，可得该接收机的灵敏度为-42.3dBm。

---

4. 系统的带宽

系统的带宽Δf应满足传输一定码率的要求，即使系统各个部件的带宽都大于所传输的码率，但由这些部件构成的系统的总带宽却有可能不满足传输该码率信号的要求。对于线性系统而言，常用上升时间(T_r)来表示各组成部件的带宽特性，上升时间定义为系统在阶跃脉冲作用下，响应从最大值的10%上升到90%所需要的时间。一个RC电路的系统的上升时间与带宽的关系为

$$T_r \cdot \Delta f = 0.35 \tag{4-8}$$

对于任何线性系统，上升时间和带宽成反比，只是$T_r \cdot \Delta f$的值可能不等于0.35。在光纤通信系统中，常用式(4-8)作为系统设计的标准。码率对带宽的要求依码型的不同而不同，对于归零码，$\Delta f = B$，$T_r \cdot B = 0.35$，而对于非归零码，则$T_r \cdot B = 0.7$。

光纤通信系统的三个组成部分(发射机、光纤、接收机)都有各自的上升时间，系统的总上升时间可表示为

$$T_r = \sqrt{T_1^2 + T_2^2 + T_3^2} \tag{4-9}$$

式中：T_1、T_2、T_3分别为发射机、光纤和接收机的上升时间。发射机的上升时间主要由驱动电路的电子原件和光源的电分布参数决定，一般来说，LED发射机的上升时间为几纳秒，而LD发射机的上升时间可短到0.1ns。接收机的上升时间主要由接收前端的3dB电带宽决定，在该带宽已知的情况下，可利用(4-8)式计算其上升时间。

例题4-3　设计一个$B = 1$Gb/s，$L = 50$km，采用SMF的1.3μm系统，已知$T_1 = 0.25$ns，$T_3 =$

0.35ns，光源谱宽 $\Delta\lambda = 3\text{nm}$，1.3μm 处 D 的平均值为 2ps/(nm·km)。

解：光纤的材料上升时间为 $T_{\text{mat}} = |D| L\Delta\lambda = 0.3\text{ns}$

对于单模光纤，$T_{\text{mod}} = 0\text{ps}$，$T_2 = T_{\text{mat}}$，

由式(4-9)可得系统总的上升时间

$$T_r = \sqrt{T_1^2 + T_2^2 + T_3^2} = 0.5244\text{ns}$$

当用 RZ 码时，系统不能工作于 1Gb/s，而用 NRZ 码能正常工作。

小结：

在较低码率下（<100Mb/s），只要上升时间满足传输的要求，大多数系统都是损耗受限系统；但在较高码率下（>500Mb/s），光纤通信系统可能是色散受限系统。

5. 引起接收机灵敏度下降的因素

1）光纤模式噪声

光纤模式噪声是指在多模光纤中，由于沿光纤传播的各个模式之间的干涉作用，在探测器光敏面上形成一个光斑，这一随时间变化的光斑会导致接收光功率的漂移而引起信噪比的下降，这种干涉作用对于接收机来说是一种噪声。

2）色散导致的脉冲展宽

脉冲的展宽可能对系统的接收性能产生两方面的影响，一是脉冲的能量可能溢出到比特时间以外而形成码间干扰，二是由于光脉冲的展宽，导致在比特时间内光脉冲的能量减少，引起判决电路的信噪比降低。为了维持一定的信噪比，就需要增加入射光功率，这就是由于色散导致的光脉冲展宽而引起的接收机灵敏度下降。

3）LD 的模分配噪声

在多模半导体激光器中，由于不同纵模之间的强度相关，会出现模分配噪声，尽管各模式的强度之和可以保持恒定，但每一个模式却可能发生较大的强度漂移，这种噪声称为模分配噪声。这一噪声会使判决电路上的信噪比降低。因此，为了维持一定的信噪比，在模分配噪声存在的情况下，就需要增加入射光功率，即模分配噪声导致接收机灵敏度降低。

4）LD 的频率啁啾

在直接注入电流强度调制半导体激光器中，载流子浓度变化导致的材料折射率变化，从而产生频率啁啾，频率啁啾使得光脉冲的频谱展宽，展宽的频谱通过光纤的群速度色散作用，导致接收端光脉冲的形状发生变化，从而导致系统性能的下降。

5）反射噪声

在光传输路径上任何折射率的不连续（例如光器件与光纤的耦合处、熔接点等）都会引起光反射，即使很小的反射光进入激光器都会产生严重的噪声。因此，在要求较高的场合需要在光源与光纤之间使用隔离器，即使在这种情况下，光纤线路上两个反射点之间的多次反射也会形成附加的强度噪声而影响系统性能。

自 测 练 习

4-8　对一个光纤通信系统的基本要求有__________、__________、__________以及______________等。

4-9 对于一个工作在 1.55μm 波长的 2.5Gb/s 光波系统，接收机采用 PIN 作为光电探测器，目前 PIN 探测器在 5000 光子/比特的平均入射功率下可以达到 $BER \leqslant 10^{-9}$ 的要求。这种接收机的灵敏度为______________。

4-10 平均发送功率是发射机耦合到光纤的伪随机序列的________在 S 参考点上的测量值。
(A) 最低功率　　(B) 平均功率　　(C) 最高功率　　(D) 过载功率

4-11 接收机灵敏度是指在 R 参考点上达到规定的误码率时所接收到的________平均光功率。
(A) 最低　　(B) 最高　　(C) 过载　　(D) 噪声

4-12 接收机过载功率是 R 参考点上，达到规定的误码率时所接收到的________平均光功率。
(A) 最低　　(B) 平均　　(C) 最高　　(D) 噪声

4.3 光纤通信系统中的光器件

光纤通信系统中的光器件有光有源器件与光无源器件两种，光有源器件有激光器、光放大器等，光无源器件主要有连接器、耦合器、滤波器、波分复用/解复用器、隔离器、衰减器、光开关、光环形器和调制器等。任何实用的光纤通信系统和网络中，都需要采用多种功能的光器件。

4.3.1 光纤放大器

光有源器件主要有激光器、光放大器等。在《激光原理与技术》课程中，我们学习了激光器与光放大器的工作原理，而在第 3 章，我们又学习了光发射机中的常见光源，本节主要介绍掺铒光纤放大器(EDFA)的基本特性。

光放大器，即激光放大器，主要用于补偿信号传输的衰减。根据增益介质的不同，目前主要有两类光放大器，一是利用受激辐射机制实现光放大，如半导体光放大器与掺稀土元素(Nd、Sm、Ho、Er、Pr、Tm、Yb 等)光放大器；另一类是基于材料的非线性效应，利用受激散射机制实现光放大，如拉曼放大器与布里渊放大器。

掺铒光纤放大器在 20 世纪 90 年代初期被发明，在光通信史上具有里程碑式的意义。掺铒光纤放大器常用作功率放大器、在线放大器和前置放大器。在发射机的终端，如果光信号经过外部调制或被分割成多个信道，则发射机的输出功率则会衰减。衰减的光功率在进入光纤前会被功率放大器放大。掺铒光纤放大器的最重要应用之一是在中继站中。信号在光纤通信线中的长距离传输需要中继器，不然的话，信号会变得十分低，以至于无法探测。光纤放大器的使用使得中继器的设计得到极大简化，避免了光－电、电－光转换。当光缆被用于海底信号传输时，中继器的简单性和可靠性便显得尤为重要。掺铒光纤放大器的另一种应用是在接收机中作为前置放大器。接收到的信号在直接探测之前被一个光放大器提前放大，以提高接收机的灵敏度。

输入信号光经过掺铒光纤放大器后，输出光信号功率可写成

$$P = GP_0 + (G-1)n_{\text{spon}}m_t h\nu\Delta\nu_t \tag{4-10}$$

式中：P 与 P_0 分别为信号光的输出与输入功率；G 为掺铒光放大器的增益；对光纤来说 $m_t = 2$，式(4-10)中的第一项是放大的信号功率，第二项是放大的自发辐射噪声功率；n_{spon} 为粒子数反

转因子。

掺铒光纤放大器等效电路如图 4-4 所示。掺铒光纤放大器的噪声极限是 3dB。

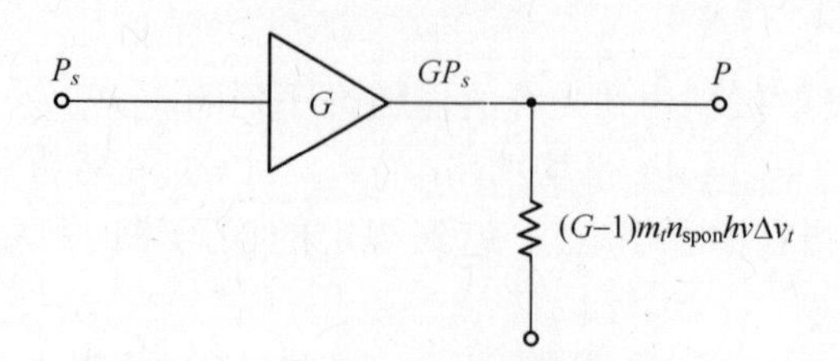

图 4-4 光放大器等效电路

4.3.2 光无源器件

1. 光耦合器

光耦合器是实现光信号分路/合路的功能器件,一般是对同一波长的光功率进行分路或合路。光纤耦合器的耦合机理是基于光纤消逝场耦合的模式理论。多模与单模光纤均可做成耦合器,通常有两种结构,一种是拼接式,另一种是熔融拉锥式。拼接式结构是将光纤埋入玻璃块中的弧形槽中,在光纤侧面进行研磨抛光,然后将经研磨的两根光纤拼接在一起,靠透过纤芯一包层界面的消逝场产生耦合。熔融拉锥式结构是将两根或多根光纤扭绞在一起,用微火炬对耦合部分加热,在熔融过程中拉伸光纤,形成双锥形耦合区。光耦合器参数有:

1) 插入损耗

插入损耗定义为指定输出端口的光功率相对全部输入光功率的减少值。该值通常以分贝(dB)表示,数学表达式为

$$IL_i = -10\lg\frac{P_{\rm oi}}{P_{\rm i}} \tag{4-11}$$

式中:IL_i 是第 i 个输出端口的插入损耗;$P_{\rm oi}$是第 i 个输出端口测到的光功率值;$P_{\rm i}$ 是输入端的光功率值。

2) 附加损耗

附加损耗定义为所有输出端口的光功率总和相对于全部输入光功率的减小值。该值以分贝(dB)表示的数学表达式为

$$EL = -10\lg\frac{\sum P_{\rm o}}{P_{\rm i}} \tag{4-12}$$

对于光纤耦合器,附加损耗是体现器件制造工艺质量的指标,反映的是器件制作过程带来的固有损耗;而插入损耗则表示的是各个输出端口的输出功率状况,不仅有固有损耗的因素,更考虑了分光比的影响。因此不同种类的光纤耦合器之间,插入损耗的差异,并不能反映器件制作质量的优劣,这是与其他无源器件不同的地方。

3) 分光比

分光比是光耦合器所特有的技术术语,它定义为耦合器各输出端口的输出功率的比值,在具体应用中常常用相对输出总功率的百分比来表示:

$$CR = \frac{P_{\rm oi}}{\sum P_{\rm oi}} \times 100\% \tag{4-13}$$

例如,对于标准X形耦合器,1∶1或50∶50代表了同样的分光比,即输出为均分的器件。实际工程应用中,往往需要各种不同分光比的器件,如5∶95、10∶90、20∶80等。

4）方向性

方向性也是光耦合器所特有的一个技术术语,它是衡量器件定向传输特性的参数。以标准X形耦合器为例,方向性定义为在耦合器正常工作时,输入一侧非注入光的一端的输出光功率与全部注入光功率的比较值,以分贝(dB)为单位的数学表达式为

$$DL = -10\lg \frac{P_{i2}}{P_{i1}} \tag{4-14}$$

式中:P_{i1}代表注入光功率;P_{i2}代表输入一侧非注入光的一端的输出光功率。

5）均匀性

对于要求均匀分光的光耦合器(主要是树形和星形器件),实际制作时,因为工艺的局限,往往不可能做到绝对的均分。均匀性就是用来衡量均分器件的“不均匀程度”的参数。它定义为在器件的工作带宽范围内,各输出端口输出光功率的最大变化量。其数学表达式为

$$FL = -10\lg \frac{\mathrm{Min}(P_o)}{\mathrm{Max}(P_o)} \tag{4-15}$$

6）偏振相关损耗

偏振相关损耗是衡量器件性能对于传输光信号偏振态的敏感程度的参量,俗称偏振灵敏度。它是指当传输光信号的偏振态发生360°变化时,器件各输出端口输出光功率的最大变化量

$$PDL_i = -10\lg \frac{\mathrm{Min}(P_{oi})}{\mathrm{Max}(P_{oi})} \tag{4-16}$$

在实际应用中,光信号偏振态的变化是经常发生的,因此,往往要求器件有足够小的偏振相关损耗,否则将直接影响器件的使用效果。

7）隔离度

隔离度是指光纤耦合器件的某一光路对其他光路中的光信号的隔离能力。隔离度高,也就意味着线路之间的“串话”小。对于光纤耦合器来说,隔离度更有意义的是用于反映WDM器件对不同波长信号的分离能力。其数学表达式是

$$I = -10\lg \frac{P_t}{P_i} \tag{4-17}$$

式中:P_t是某一光路输出端测到的其他光路信号的功率值;P_i是被检测光信号的输入功率值。

从上述定义可知,隔离度对于分波耦合器的意义更为重大,要求也就相应地要高些,实际工程中往往需要隔离度达到40dB以上的器件。一般来说,合波耦合器对隔离度的要求并不苛刻,20dB左右将不会给实际应用带来明显不利的影响。

2. 光滤波器

光滤波器与电子滤波器的作用一样,只允许特定波长的光通过,而阻止其他波长的光通过。光滤波器在WDM系统中是一种重要的元器件,与波分复用有密切关系,常用来构成各种各样的波复用/解复用器。根据其实现原理,光滤波器可分为干涉型、衍射型和吸收型三类。每一类根据其实现的原理又可以分为若干种。根据其调谐的能力,光滤波器又可分为固定的和可调谐的两种。固定滤波器允许一个固定的、预先确定的波长通过,而可调谐的滤波器则可动态地选择波长。

3. 波分复用/解复用器

波分复用/解复用器是一种特殊的耦合器,是构成波分复用多信道光波系统的关键器件,其功能是将若干路不同波长的信号复合后送入同一根光纤中传送,或将在同一根光纤中传送的多波长光信号分解后分送给不同的接收机,对利用光纤频带资源,扩展通信系统容量具有重要意义。WDM 器件有多种类型,如熔锥型、光栅型、干涉滤波器型和集成光波导型。

为了保证波分复用系统的性能,对波分复用/解分复用器的基本要求是:插入损耗低、隔离度高、足够的带宽、高的回波损耗和温度稳定性好等。

4. 光隔离器

在光纤与半导体激光器的耦合系统中,某些不连续处的反射将影响激光器工作的稳定性。这在高码速光纤通信系统、相干光纤通信系统、频分复用光纤通信系统、光纤 CATV 传输系统以及精密光学测量系统中将带来有害的影响。为了消除这些影响,需要在激光器与光纤之间加光隔离器。光隔离器是一种只允许光线沿光路正向传输的非互易性元件,其工作原理主要是利用磁光晶体的法拉第效应,它由两个线偏振器中间加一法拉第旋转器而成。

5. 光衰减器

光衰减器是用于对光功率进行衰减的器件,它主要用于光纤系统的指标测量、短距离通信系统的信号衰减以及系统试验等场合。光衰减器要求重量轻、体积小、精度高、稳定性好、使用方便等。它可以分为固定式、分级可变式、连续可调式几种。

可调式光衰减器一般用于光学测量中。在测量光接收机的灵敏度时,通常把它置于光接收机的输入端,用来调整接收光功率的大小。使用光衰减器时,要保持环境清洁干燥,不用时要盖好保护帽。移动时要轻拿轻放,严禁碰撞。

为了实现光的衰减,通常采用在透光性良好的玻璃片上,通过蒸发镀上各种不同的金属薄膜,以吸收光能,其衰减量的大小与膜的厚度成正比。也可以利用光纤位置的变化(如纤芯的距离、横向错位、角度倾斜等)及耦合程度等实现光功率的衰减。

对光衰减器的主要要求有:精度高、衰减量的重复性、可靠性好、衰减时随波长的变化小、体积小、重量轻等。

6. 光开关

光开关是一种具有一个或多个可选择的传输端口,可对光传输线路或集成光路中的光信号进行相互转换或逻辑操作的器件。端口即指连接于光器件中允许光输入或输出的光纤或光纤连接器。光开关可用于光纤通信系统、光纤网络系统、光纤测量系统或仪器以及光纤传感系统,起到开关切换作用。

根据其工作原理,光开关可分为机械式和非机械式两大类。机械式光开关靠光纤或光学元件移动,使光路发生改变。它的优点是:插入损耗较低,一般不大于 2dB;隔离度高,一般大于 45dB;不受偏振和波长的影响。不足之处是:开关时间较长,一般为毫秒数量级,有的还存在回跳抖动和重复性较差的问题。机械式光开关又可细分为移动光纤、移动套管、移动准直器、移动反光镜、移动棱镜、移动耦合器等种类。非机械式光开关则依靠电光效应、磁光效应、声光效应以及热光效应来改变波导折射率,使光路发生改变,它是近年来非常热门的研究课题。这类开关的优点是:开关时间短,达到毫微秒数量级甚至更低;体积小,便于光集成或光电集成。不足之处是插入损耗大,隔离度低,只有 20dB 左右。

光开关在光学性能方面的特性参数主要有插入损耗、回波损耗、隔离度、远端串扰、近端串扰、工作波长、消光比、开关时间等。

插入损耗定义为输入和输出端口之间光功率的减少,以分贝来表示。

$$I_{\mathrm{L}} = -10\lg\frac{P_{1}}{P_{\mathrm{o}}} \tag{4-18}$$

式中:P_{o}为进入输入端的光功率,P_{i}为输出端接收的光功率。插入损耗与开关的状态有关。

回波损耗(也称为反射损耗或反射率)定义为从输入端返回的光功率与输入光功率的比值,以分贝表示。

$$R_{\mathrm{L}} = -10\lg\frac{P_{1}}{P_{\mathrm{o}}} \tag{4-19}$$

式中:P_{o}为进入输入端的光功率;P_{i}为在输入端口接收到的返回光功率。回波损耗也与开关的状态有关。

隔离度定义为两个相隔离输出端口光功率的比值,以分贝来表示。

$$I_{n,m} = -10\lg\frac{P_{\mathrm{in}}}{P_{\mathrm{im}}} \tag{4-20}$$

式中:n、m 为开关的两个隔离端口($n \neq m$);P_{in}是光从 i 端口输入时 n 端口的输出光功率;P_{im}是光从 i 端口输入时在 m 端口测得的光功率。

远端串扰定义为光开关的接通端口的输出光功率与串入另一端口的输出光功率的比值。

$$FC_{12} = -10\lg\frac{P_{1}}{P_{2}} \tag{4-21}$$

式中:P_1 是从端口 1 输出的光功率;P_2 是从端口 2 输出的光功率。

近端串扰定义为当其他端口接终端匹配时,连接的端口与另一个名义上是隔离的端口的光功率之比。

$$NC_{12} = -10\lg\frac{P_{2}}{P_{1}} \tag{4-22}$$

式中:P_1 是输入到端口 1 的光功率;P_2 是端口 2 接收到的光功率。

消光比定义为两个端口处于导通和非导通状态的插入损耗之差。

$$ER_{\mathrm{nm}} = IL_{\mathrm{nm}} - IL_{\mathrm{nm}}^{0} \tag{4-23}$$

式中:IL_{nm}为 n,m 端口导通时的插入损耗,IL_{nm}^{0}为非导通状态的插入损耗。

开关时间指开关端口从某一初始态转为通或断所需的时间,开关时间从在开关上施加或撤去转换能量的时刻起测量。

7. 光环形器

光环形器和光隔离器的工作原理类似,光隔离器为双端口器件,即一个输入端口和一个输出端口;而光环形器为多端口器件,常用的有三端口和四端口环形器,如图 4-5 所示。在光环形器中,信号只能从一个端口导向定向指定端口。对于三端口环形器,端口 1 输入的光信号在端口 2 输出,端口 2 输入的光信号在端口 3 输出,端口 3 与端口 1 之间断开,常见的应用是端口 2 接布拉格光纤光栅。由光隔离器和光环形器的工作原理可知,光隔离器和光环形器都是非互易器件。即当输入和输出端口对换时,其工作特性不同。这

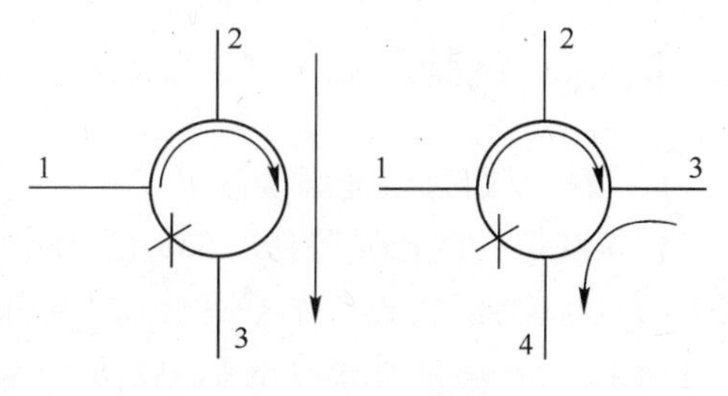

图 4-5 光环形器

与耦合器及其他大多数光无源器件的输入和输出端可以互换是不一样的。在光纤通信系统中,光环形器主要用于光分插复用器中。

8. 光调制器

光调制器也称电光调制器,是高速、长距离光通信的关键器件,也是最重要的集成光学器件之一。它是通过电压或电场的变化最终调控输出光的折射率、吸收率、振幅或相位的器件。它所依据的基本理论是各种不同形式的电光效应、声光效应、磁光效应、Franz - Keldysh 效应、量子阱 Stark 效应、载流子色散效应等。在整个光通信的光发射、传输、接收过程中,光调制器被用于控制光的强度,其作用是非常重要的。调制方式可分为内调制(也称为直接调制)和外调制(也称间接调制)两种。内调制是将调制信号直接注入激光器,调制激光输出参数。内调制技术具有简单、经济、容易实现等特点,但对普通的半导体激光器进行直接调制时,激光器的动态谱线增宽,结果使单模光纤的色散增加,从而限制了光纤的传输容量。外调制方式是让激光器连续工作,把外调制器放在激光器输出端之后,调制信号通过调制器对激光的连续输出进行调制,因而不会影响光源的稳定性,可以提高光纤通信系统的质量。外调制器主要考虑的性能指标有:调制带宽、调制功率、插入损耗、消光比、与光源及光纤的大耦合效率、温度灵敏度及几何尺寸等。

自 测 练 习

4-13　光纤通信系统中的光器件有＿＿＿＿＿＿与＿＿＿＿＿＿两种,光有源器件有＿＿＿＿＿＿、＿＿＿＿＿＿等。

4-14　光纤通信系统中常见的光无源器件有＿＿＿＿＿＿＿＿＿＿＿＿。

4-15　掺铒光纤放大器的工作波长为＿＿＿＿＿＿。

4-16　掺铒光纤放大器的噪声极限是＿＿＿＿＿＿。

4-17　存在以下类型的光开关＿＿＿＿。

(A) 微机开关　　(B) 电光开关　　(C) 热光开关　　(D) SOA 开关

4.4　模拟光纤通信系统

模拟光纤通信技术主要用于光纤有线电视网。模拟光纤传输还应用于光纤测量、光纤传感、移动通信网、卫星通信及室内覆盖等系统中。

4.4.1　调制方式

1. 模拟基带直接光强调制

模拟基带直接光强调制(DIM)是用承载信息的模拟基带信号,直接对发射机光源(LED 或 LD)进行光强调制,使光源输出光功率随时间变化的波形和输入模拟基带信号的波形成比例。所谓基带,就是对载波调制之前的视频信号频带。对广播电视节目而言,视频信号带宽(最高频率)是 6MHz,加上调频的伴音信号,这种模拟基带光纤传输系统每路电视信号的带宽为 8MHz。DIM 光纤电视传输系统的特点是设备简单、价格低廉,主要应用于短距离传输系统。

2. 模拟间接光强调制

模拟间接光强调制方式是先用承载信息的模拟基带信号进行电的预调制，然后用这个预调制的电信号对光源进行光强调制(IM)。这种系统又称为预调制直接光强调制光纤传输系统。预调制又有多种方式，主要有以下三种。

1) 频率调制

频率调制(FM)方式是先用承载信息的模拟基带信号对正弦载波进行调频，产生等幅的频率受调的正弦信号，其频率随输入的模拟基带信号的瞬时值而变化。然后用这个正弦调频信号对光源进行光强调制，形成 FM - IM 光纤传输系统。

2) 脉冲频率调制

脉冲频率调制(PFM)方式是先用承载信息的模拟基带信号对脉冲载波进行调频，产生等幅、等宽的频率受调的脉冲信号，其脉冲频率随输入的模拟基带信号的瞬时值而变化。然后用这个脉冲调频信号对光源进行光强调制，形成 PFM - IM 光纤传输系统。

3) 方波频率调制

方波频率调制(SWFM)方式是先用承载信息的模拟基带信号对方波进行调频，产生等幅、不等宽的方波脉冲调频信号，其方波脉冲频率随输入的模拟基带信号的幅度而变化。然后用这个方波脉冲调频信号对光源进行光强调制，形成 SWFM - IM 光纤传输系统。

小结:

采用模拟间接光强调制的目的是提高传输质量和增加传输距离。由于模拟基带直接光强调制光纤电视传输系统的性能受到光源非线性的限制，一般只能使用线性良好的 LED 作光源。LED 入纤功率很小，所以传输距离很短。在采用模拟间接光强调制时，例如采用 PFM - IM 光纤电视传输系统，由于驱动光源的是脉冲信号，它基本上不受光源非线性的影响，所以可以采用线性较差、入纤功率较大的 LD 器件作光源。因而 PFM - IM 系统的传输距离比 DIM 系统的更长。对于多模光纤，若波长为 0.85μm，传输距离可达 10km；若波长为 1.3μm，传输距离可达 30km。对于单模光纤，若波长为 1.3μm，传输距离可达 50km。

SWFM - IM 光纤电视传输系统不仅具有 PFM - IM 系统的传输距离长的优点，还具有 PFM - IM 系统所没有的独特优点。这种独特优点是：在光纤上传输的等幅、不等宽的方波调频脉冲不含基带成分，因而这种模拟光纤传输系统的信号质量与传输距离无关。此外，SWFM - IM系统的信噪比也比 DIM 系统的信噪比高得多。

3. 频分复用光强调制

模拟基带直接光强调制与模拟间接光强调制的缺点是一根光纤只能传输一路电视。这种情况，既满足不了现代社会对电视频道日益增多的要求，也没有充分发挥光纤大带宽的独特优势。因此，开发多路模拟电视光纤传输系统，就成为技术发展的必然。

实现一根光纤传输多路电视有多种方法，目前现实的方法是先对电信号复用，再对光源进行光强调制。对电信号的复用可以是频分复用(FDM)，也可以是时分复用(TDM)。和 TDM 系统相比，FDM 系统具有电路结构简单、制造成本较低以及模拟和数字兼容等优点。而且，FDM 系统的传输容量只受光器件调制带宽的限制，与所用电子器件的关系不大。这些明显的优点，使 FDM 多路电视传输方式受到广泛的重视。

频分复用光强调制方式是用每路模拟电视基带信号，分别对某个指定的射频电信号进行调幅或调频，然后用组合器把多个预调射频信号组合成多路宽带信号，再用这种多路宽带信号对发射机光源进行光强调制。光载波经光纤传输后，由远端接收机进行光/电转换和信号分离。因为传统意义上的载波是光载波，为区别起见，把受模拟基带信号预调制的射频电载波称为副载波，这种复用方式也称为副载波复用（SCM）。

SCM 模拟电视光纤传输系统的优点：

（1）一个光载波可以传输多个副载波，各个副载波可以承载不同类型的业务，有利于数字和模拟混合传输以及不同业务的综合和分离。

（2）SCM 系统灵敏度较高，无需复杂的定时技术，FM/SCM 可以传输 60～120 路模拟电视节目，制造成本较低。

（3）在数字电视传输系统未能广泛应用的今天，线性良好的大功率 LD 已能得到实际应用，因而发展 SCM 模拟电视传输系统是适时的选择。这种系统不仅可以满足目前社会对电视频道日益增多的要求，而且便于在光纤与同轴电缆混合的有线电视系统（HFC）中采用。

副载波复用的实质是利用光纤传输系统很宽的带宽换取有限的信号功率，也就是增加信道带宽，降低对信道载噪比（载波功率/噪声功率）的要求，而又保持输出信噪比不变。

在副载波系统中，预调制是采用调频还是调幅，取决于所要求的信道载噪比和所占用的带宽。

4.4.2 模拟基带直接光强调制光纤传输系统

模拟基带直接光强调制光纤传输系统由光发射机（光源通常为发光二极管）、光纤线路和光接收机（光检测器）组成，这种系统的方框图如图 4-6 所示。

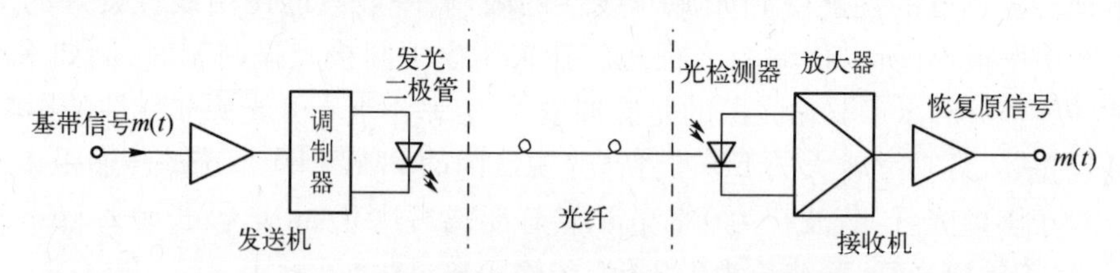

图 4-6　模拟基带直接光强调制光纤传输系统

1. 特性参数

评价模拟信号直接光强调制系统的传输质量的最重要的特性参数是信噪比和信号失真（信号畸变）。信噪比定义为接收信号功率和噪声功率的比值。信号失真是指实现电/光转换的光源，由于在大信号条件下工作，线性较差，导致信号测量值与实际值有偏差。发射机光源的输出功率特性是直接光强调制系统产生非线性失真的主要原因。本书只讨论光源 LED 的非线性失真。

非线性失真一般用幅度失真参数——微分增益（DG）和相位失真参数——微分相位（DP）表示。DG 定义为

$$\mathrm{DG}=\left[\frac{\left.\frac{\mathrm{d}p}{\mathrm{d}I}\right|_{I_2}-\left.\frac{\mathrm{d}p}{\mathrm{d}I}\right|_{I_1}}{\left.\frac{\mathrm{d}p}{\mathrm{d}I}\right|_{I_2}}\right]_{\max}\times 100\% \tag{4-24}$$

DP 是 LED 发射光功率 P 和驱动电流 I 的相位延迟差，其定义为

$$\mathrm{DP}=[\varphi(I_2)-\varphi(I_1)] \tag{4-25}$$

式中，I_1 和 I_2 为 LED 不同数值的驱动电流，一般取 $I_2>I_1$。

虽然 LED 的线性比 LD 好，但仍然不能满足高质量电视传输的要求。例如，短波长 GaAlAs LED 的 DG 可能高达 20%，DP 高达 8°，而高质量电视传输要求 DG 和 DP 分别小于 1% 和 1°。影响 LED 非线性的因素很多，要大幅度改善动态非线性失真非常困难，因而需要从电路方面进行非线性补偿。

模拟信号直接光强调制光纤传输系统的非线性补偿有许多方式，目前一般都采用预失真补偿方式。预失真补偿方式是在系统中加入预先设计的、与 LED 非线性特性相反的非线性失真电路。这种补偿方式不仅能获得对 LED 的补偿，而且能同时对系统其他元件的非线性进行补偿。由于这种方式是对系统的非线性补偿，把预失真补偿电路置于光发射机，给实时精细调整带来一定困难，而把预失真补偿电路置于光接收机，则便于实时精细调整。

2. 系统性能

模拟基带直接光强调制光纤电视传输系统方框图，如图 4-7 所示。在发射端，模拟基带电视信号和调频（FM）伴音信号分别输入 LED 驱动器，在接收端进行分离。改进 DP 和 DG 的预失真电路置于接收端。主要技术参数举例如下。

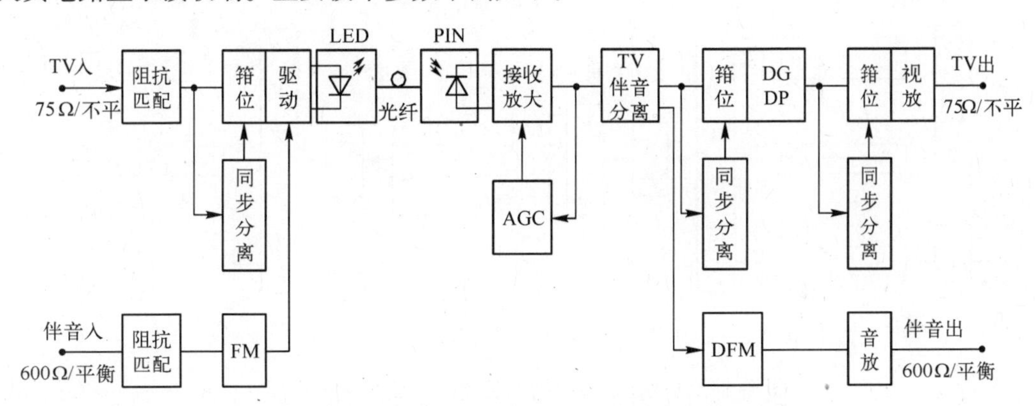

图 4-7　模拟基带直接光强调制光纤电视传输系统方框图

1）系统参数

（1）视频部分：

带宽 0MHz ~ 6MHz　　SNR≥50dB（未加校）

DG4%　　DP 4°

发射光功率≥15dBm（32μW）　　接收灵敏度≤30dBm

（2）伴音部分：

带宽 0. 04kHz ~ 15kHz　　输入输出电平 0dB

SNR55dB（加校）　　畸变 2%

伴音调频副载频 8MHz

2）光纤损耗对传输距离的限制

模拟基带直接光强调制光纤电视传输系统的传输距离大多受光纤损耗的限制。根据发射光功率、接收灵敏度和光纤线路损耗可以计算传输距离 L，其公式为

$$L=\frac{P_{\mathrm{t}}-P_{\mathrm{r}}-M}{a} \tag{4-26}$$

式中：P_t为发射光功率（dBm）；P_r为接收灵敏度（dBm）；M 为系统余量（dB）；a 为光纤线路（包括光纤、连接器和接头）每千米平均损耗系数（dB/km）。

对于波长为0.85μm和1.31μm的多模光纤，损耗系数 α 可以分别取3dB/km和1dB/km，M 取3dB。假设 $P_t = 15\text{dBm}$，$P_r = -30\text{dBm}$，由式（4-26）计算得到中继距离分别为 $L = 14\text{km}$ 和 $L = 42\text{km}$。

3）系统对光纤带宽的要求

如采用原CCITT G.651的标准多模渐变折射率光纤，其单位长度带宽至少是200MHz · km，完全可以满足有线电视传输要求。如果采用多模阶跃折射率光纤，其带宽只有几十MHz · km，这时，短波长光纤材料色散和LED光源谱线宽度的影响是不可忽视的，要认真计算设计。

4.4.3 副载波复用光纤传输系统

图4-8为副载波复用模拟电视光纤传输系统方框图。N 个频道的模拟基带电视信号分别为调制频率 $f_1, f_2, f_3, \cdots, f_N$ 的射频信号，把 N 个带有电视信号的副载波 $f_{1s}, f_{2s}, f_{3s}, \cdots, f_{Ns}$ 组合成多路宽带信号，再用这个宽带信号对光源（一般为LD）进行光强调制，实现电/光转换。光信号经光纤传输后，由光接收机实现光/电转换，经分离和解调，最后输出 N 个频道的电视信号。

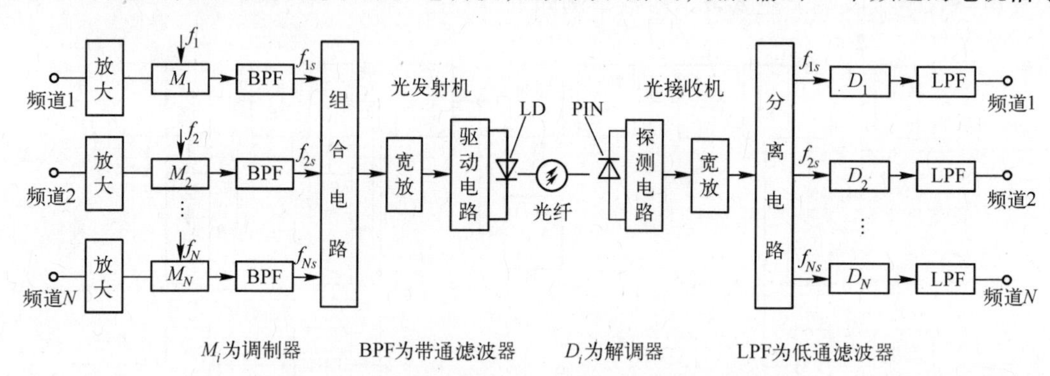

图4-8 副载波复用模拟电视光纤传输系统方框图

模拟基带电视信号对射频的预调制，通常用残留边带调幅（VSB－AM）和调频两种方式，各有不同的适用场合和优缺点。本书主要讨论残留边带调幅副载波复用（VSB－AM/SCM）模拟电视光纤传输系统。

副载波复用模拟电视光纤传输系统由光端机（发射机与接收机）和传输光纤组成，评价其传输质量的特性参数主要是载噪比（CNR）和信号失真。载噪比的定义是，把满负载、无调制的等幅载波置于传输系统，在规定的带宽内特定频道的载波功率和噪声功率的比值，并以dB为单位。

副载波复用模拟电视光纤传输系统对残留边带—调幅发射机的要求是：

（1）输出光功率要足够大，线性要好；

（2）调制频率要足够高，调制特性要平坦；

（3）输出光波长应在光纤低损耗窗口，谱线宽度要窄；

（4）温度稳定性要好。

正确选择光发射机对系统性能和CATV网的造价都有重大意义。目前可供选择的光发射机有：直接调制1310nm分布反馈激光器光发射机、外调制1550nm分布反馈（DFB）激光器光发射机、外调制掺钕钇铝石榴石（Nd：YAG）固体激光器光发射机等。

直接调制 1310nm DFB 光发射机是目前 CATV 光纤传输网特别是分配网使用最广泛的光发射机。原因是这种光发射机发射光功率高达 10mW，传输距离可达 35km，而且性能良好，价格比其他两种光发射机便宜。这种良好性能来自 DFB 激光器这种单模激光器，其谱线宽度非常窄。

外调制 YAG 光发射机主要由 YAG 激光器、电光调制器、预失真线性器和互调控制器构成。预失真线性器作为调制器的驱动电路，互调控制器实际上是一个自动预失真控制器。波长为 1310nm 外调制 YAG 光发射机发射光功率高达 40mW 以上，相对强度噪声低到 165dB/Hz，信号失真性能极好。缺点是设备较大，技术较复杂。这种光发射机主要用于 CATV 干线网，也可以用于分配网。

外调制 1550nm DFB 光发射机结合了直接调制 1310nm DFB 光发射机和外调制 YAG 光发射机的优点。这种光发射机采用 DFB LD 作光源，用电流直接驱动，因而与 1310nm DFB 光发射机同样具有小型、轻便等优点。采用外调制技术，又与外调制 YAG 光发射机同样具有极好的信号失真性能。虽然外调制 1550nm DFB 光发射机的发射光功率只有 2 ~ 4mW，但是这种缺点是可以克服和弥补的。目前 1550nm 掺铒光纤放大器已经投入使用，使用掺铒光纤放大器可以把弱小的光信号放大到 50mW 以上。

另一方面，1550nm 的光纤损耗比 1310nm 的低。外调制 1550nm DFB 光发射机和 EDFA 组合提供了一个具有长距离传输潜力的光发射源，但由于 EDFA 要产生噪声，所以这种组合的载噪比不能和直接调制 1310nm DFB 光发射机或外调制 YAG 光发射机的性能相匹敌。

外调制 1550nm DFB 光发射机和 EDFA 结合，在两个重要场合特别适用。主要应用是取代微波和强化前端所要求的超长传输距离。但这时必须采用复杂的抑制受激布里渊散射(SBS)才能发挥作用。SBS 是一种依赖光功率的非线性效应，这种效应随光纤长度的增长而明显增加，所以必须进行补偿。另一个重要应用是在密集结构的结点上，这种结构需要高功率以分配给多个光分路。在这种场合就不存在 SBS 的限制了。

副载波复用模拟电视光纤传输系统对 VSB - AM 光接收机的基本要求是：

(1) 在一定输入功率条件下，有足够大的 RF 输出和尽可能小的噪声，以获得大 CNR 或 SNR；

(2) 要有足够大的工作带宽和频带平坦度，因而要采用高截止频率的光检测器和宽带放大器。

例题 4-4 现有 1 栋大楼需要引入当地有线电视信号，但电视信号距离引入的大楼比较远，如何解决中间线路的问题，具体需要哪些设备，大概系统造价是多少？

解决方案：点对点光纤单模单纤传输系统，如图 4-9 所示。

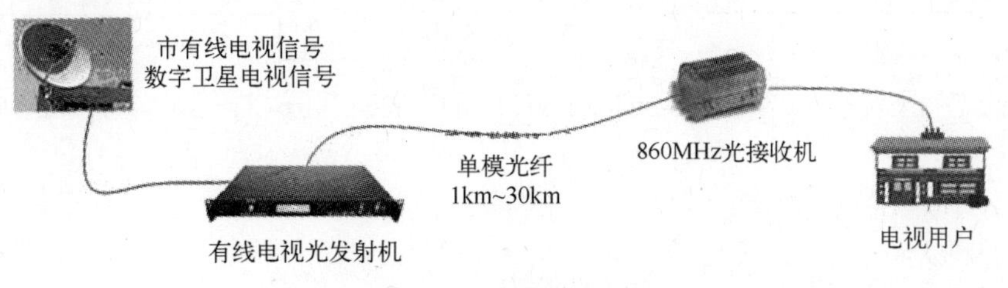

图 4-9　方案示意图

该系统适合距离 100m ~ 1km，1 ~ 5km，5 ~ 10km，10 ~ 30km 等情形。市有线电视信号

或数字卫星电视信号经有线电视光发射机转变成光信号,经过单模光纤到达用户家里,860MHz 光接收机将光信号转变成电视信号供用户观看。具体设备与大概系统造价,如表 4-1 所列。

表 4-1　电视光传输设备与价格

序　号	产品名称	带　宽	数　量	单　位	单价/元
1	有线电视光发射机	860MHz	1	台	6500.00
2	野外形光接收机	860MHz	1	台	2700.00
3	广电专用跳线	860MHz	1	根	60.00
4	光衰减器		1	台	350.00

自测练习

4-18　模拟光纤通信技术主要用于________。还可应用于光纤测量、光纤传感、移动通信网、卫星通信及室内覆盖等系统中。

4-19　普通电视视频信号的带宽为________。

4-20　某模拟光纤电视系统,对于波长为 1.55μm 的单模光纤,损耗系数 α 为 0.5dB/km,系统余量取 2dB。假设发射机的发射光功率为 10dBm,接收灵敏度为 -30dBm,则该系统的中继距离为________。

4.5　数字光纤通信系统

4.5.1　系统的性能指标

1. 参考模型

为进行系统性能研究,ITU-T(原 CCITT)建议中提出了一个数字传输参考模型,称为假设参考连接(HRX),见图 4-10。最长的 HRX 是根据综合业务数字网(ISDN)的性能要求和 64kb/s 信号的全数字连接来考虑的。假设在两个用户之间的通信可能要经过全部线路和各种串联设备组成的数字网,而且任何参数的总性能逐级分配后应符合用户的要求。

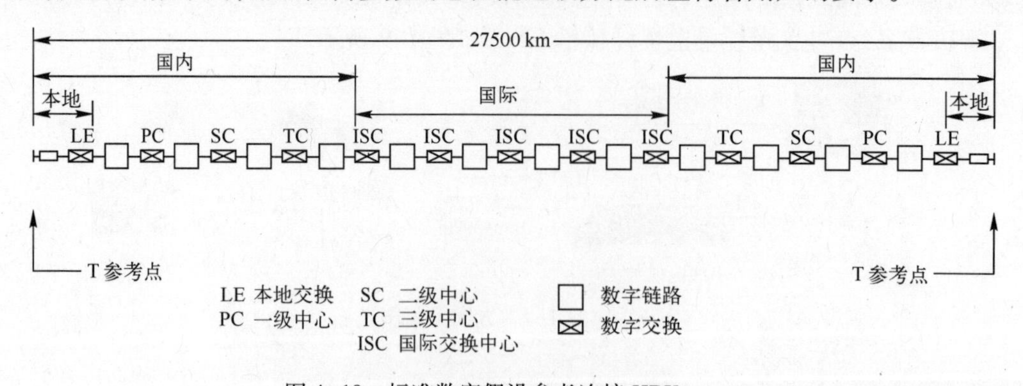

图 4-10　标准数字假设参考连接 HRX

如图 4-10 所示,最长的标准数字 HRX 为 27500km, 它由各级交换中心和许多假设参考数字链路(HRDL)组成。标准数字 HRX 的总性能指标按比例分配给 HRDL,使系统设计大大简化。

建议的 HRDL 长度为 2500km, 但由于各国国土面积不同,采用的 HRDL 长度也不同。例如我国采用 5000km,美国和加拿大采用 6400km,而日本采用 2500km。在建议中用于长途传输的 HRDS 长度为 280km, 用于市话中继的 HRDS 长度为 50km。我国用于长途传输的 HRDS 长度为 420km(一级干线)和 280km(二级干线)两种。假设参考数字段的性能指标从假设参考数字链路的指标分配中得到,并再度分配给线路和设备。

2. 系统的主要性能指标

1) 误码率

误码率是衡量数字光纤通信系统传输质量优劣的非常重要的指标,它反映了在数字传输过程中信息受到损害的程度。误码率是在一个较长时间内的传输码流中出现误码的概率,它对话音影响的程度取决于编码方法。

由于误码率随时间变化,用长时间内的平均误码率来衡量系统性能的优劣,显然不够准确。在实际监测和评定中,应采用误码时间百分数和误码秒百分数的方法。规定一个较长的监测时间,例如几天或一个月,并把这个时间分为"可用时间"和"不可用时间"。

2) 抖动

抖动是数字信号传输过程中产生的一种瞬时不稳定现象。抖动的定义是:数字信号在各有效瞬时对标准时间位置的偏差。偏差时间范围称为抖动幅度,偏差时间间隔对时间的变化率称为抖动频率。这种偏差包括输入脉冲信号在某一平均位置左右变化,和提取时钟信号在中心位置左右变化。

3) 可靠性

衡量通信系统质量的优劣除上述性能指标外,可靠性也是一个重要指标,它直接影响通信系统的使用、维护和经济效益。对光纤通信系统而言,可靠性包括光端机、中继器、光缆线路、辅助设备和备用系统的可靠性。

确定可靠性一般采用故障统计分析法,即根据现场实际调查结果,统计足够长时间内的故障次数,确定每两次故障的时间间隔和每次故障的修复时间。

根据国家标准的规定,具有主备用系统自动倒换功能的数字光缆通信系统,容许 5000km 双向全程每年 4 次全阻故障,对应于 420km 和 280km 数字段双向全程分别约为每 3 年 1 次和每 5 年 1 次全阻故障。市内数字光缆通信系统的假设参考数字链路长为 100km, 容许双向全程每年 4 次全阻故障,对应于 50km 数字段双向全程每半年 1 次全阻故障。此外,要求 LD 光源寿命大于 10×104h, PIN - FET 寿命大于 50×104h, APD 寿命大于 50×104h。

反映光纤传输系统技术水平的指标、速率×距离(BL)乘积大体归纳如下:

0.85μm,SIF 光纤,$BL \sim 0.01 \times 1 = 0.01$(Gb/s)·km

0.85μm, GIF 光纤,$BL \sim 0.1 \times 20 = 2.0$(Gb/s)·km

1.31μm, SMF 光纤,$BL \sim 1 \times 125 = 125$(Gb/s)·km

1.55μm, SMF 光纤,$BL \sim 2 \times 75 = 150$(Gb/s)·km

1.55μm, DSF 光纤,$BL \sim 20 \times 80 = 1600$(Gb/s)·km

4.5.2 数字光纤通信系统设计

对数字光纤通信系统而言,系统设计的主要任务是,根据用户对传输距离和传输容量(话路数或比特率)及其分布的要求,按照国家相关的技术标准和当前设备的技术水平,经过综合考虑和反复计算,选择最佳路由和局站设置、传输体制和传输速率以及光纤光缆和光端机的基本参数和性能指标,以使系统的实施达到最佳的性能价格比。

在技术上,系统设计的主要问题是确定中继距离,尤其对长途光纤通信系统,中继距离设计是否合理,对系统的性能和经济效益影响很大。

中继距离的设计有三种方法:最坏情况法(参数完全已知)、统计法(所有参数都是统计定义)和半统计法(只有某些参数是统计定义)。这里我们采用最坏情况设计法,用这种方法得到的结果,设计的可靠性为100%,但要牺牲可能达到的最大长度。中继距离受光纤线路损耗和色散(带宽)的限制,明显随传输速率的增加而减小。中继距离和传输速率反映着光纤通信系统的技术水平。

1. 中继距离受损耗的限制

图4-11示出了无中继器和中间有一个中继器的数字光纤线路系统的示意图。T′与T分别为光端机和数字复接分接设备的接口,T_x为光发射机或中继器发射端,R_x为光接收机或中继器接收端,C_1与C_2为光纤连接器,S为靠近T_x的连接器C1的接收端,R为靠近R_x的连接器C_2的发射端,SR为光纤线路,包括接头。

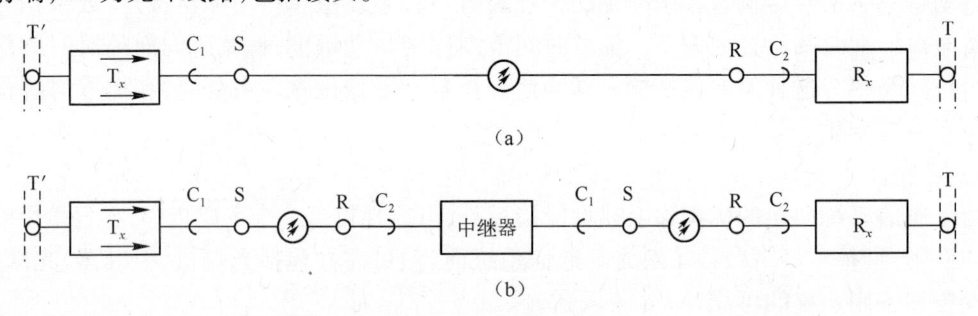

图4-11 数字光纤线路系统

如果系统传输速率较低,光纤损耗系数较大,中继距离主要受光纤线路损耗的限制。在这种情况下,要求S和R两点之间光纤线路总损耗必须不超过系统的总功率衰减,即

$$L \leqslant \frac{P_t - P_r - 2a_c - M_e}{a_f + a_s + a_m} \tag{4-27}$$

式中:P_t为平均发射光功率(dBm);P_r为接收灵敏度(dBm);a_c为连接器损耗(dB/对);M_e为系统余量(dB);a_f为光纤损耗系数(dB/km);a_s为每千米光纤平均接头损耗(dB/km);a_m为每千米光纤线路损耗余量(dB/km);L为中继距离(km)。

式(4-27)的计算是简单的,式中参数的取值应根据产品技术水平和系统设计需要来确定。平均发射光功率P_t取决于所用光源,对单模光纤通信系统,LD的平均发射光功率一般为$-3 \sim -9$dBm,LED平均发射光功率一般为$-20 \sim -25$dBm。光接收机灵敏度P_r取决于光检测器和前置放大器的类型,并受误码率的限制,随传输速率而变化。

连接器损耗一般为0.3~1dB/对。设备余量M_e包括由于时间和环境的变化而引起的发射光功率和接收灵敏度下降,以及设备内光纤连接器性能劣化,M_e一般不小于3dB。

光纤损耗系数 α_f取决于光纤类型和工作波长,例如单模光纤在 1310nm 处, a_f为 0.4dB/km ~ 0.45dB/km; 在 1550nm 处, α_f为 0.22dB/km ~ 0.25dB/km。光纤损耗余量 α_m一般为 0.1dB/km ~ 0.2dB/km, 但一个中继段总余量不超过 5dB。平均接头损耗可取 0.05dB/个,每千米光纤平均接头损耗 α_s可根据光缆生产长度计算得到。

2. 中继距离受色散(带宽)的限制

如果系统的传输速率较高,光纤线路色散较大,中继距离主要受色散(带宽)的限制。为使光接收机灵敏度不受损伤,保证系统正常工作,必须对光纤线路总色散(总带宽)进行规范。我们要讨论的问题是,对于一个传输速率已知的数字光纤线路系统,允许的线路总色散是多少,并据此计算中继距离。

对于数字光纤线路系统而言,色散增大,意味着数字脉冲展宽增加,因而接收端会发生码间干扰,使接收灵敏度降低,或误码率增大。严重时甚至无法通过均衡来补偿,使系统失去设计的性能。

由于光纤制造工艺的偏差,光纤的零色散波长不会全部等于标称波长值,而是分布在一定的波长范围内。同样,光源的峰值波长也是分配在一定波长范围内,并不总是和光纤的零色散波长度相重合。对于 G.652 规范的单模光纤,波长在 1285nm ~ 1330nm 时,色散系数不得超过 ±3.5ps/(nm · km),波长在 1270 ~ 1340nm 范围时, 色散系数不得超过 6ps/(nm · km)。在 140Mb/s 以上的单模光纤通信系统中,色散的限制是不可忽视的。

3. 中继距离和传输速率

从损耗限制和色散限制两个计算结果中,选取较短的距离作为中继距离计算的最终结果。以 140Mb/s 单模光纤通信系统为例计算中继距离。假设系统平均发射功率 $P_t = -3\text{dBm}$, 接收灵敏度 $P_r = -42\text{dBm}$, 设备余量 $M_e = 3\text{dB}$, 连接器损耗 $\alpha_c = 0.3\text{dB}$/对, 光纤损耗系数 $\alpha_f = 0.35\text{dB/km}$, 光纤余量 $\alpha_m = 0.1\text{dB/km}$, 每千米光纤平均接头损耗 $\alpha_s = 0.03\text{dB/km}$。把这些数据代入式(4-27),得到中继距离

$$L = \frac{-3-(-42)-3-2\times0.3}{0.35+0.03+0.1} \approx 74(\text{km})$$

对于波长为 0.85μm 的多模光纤,由于损耗大,中继距离一般在 20km 以内。传输速率很低,SIF 光纤的速率不如同轴线,GIF 光纤的速率在 0.1Gb/s 以上就受到色散限制。单模光纤在长波长工作,损耗大幅度降低,中继距离可达 100km ~ 200km。在 1.31μm 零色散波长附近,当速率超过 1Gb/s 时,中继距离才受色散限制。在 1.55μm 波长上,由于色散大,通常要用单纵模激光器,理想系统速率可达 5Gb/s,但实际系统由于光源调制产生频率啁啾,导致谱线展宽,速率一般限制为 2Gb/s。采用色散移位光纤和外调制技术,可以使速率达到 20Gb/s 以上。

自 测 练 习

4-21 为进行系统性能研究,ITU - T(原 CCITT)建议中提出了一个数字传输参考模型,称为________。

4-22 我国用于长途传输的 HRDS 长度为________(一级干线)和________(二级干线)两种。

4-23 根据国家标准的规定,具有主备用系统自动倒换功能的数字光缆通信系统,容许 5000km 双向全程每年________次全阻故障,对应于 420km 和 280km 数字段双向全程

分别约为每3年________次和每5年1次全阻故障。市内数字光缆通信系统的假设参考数字链路长为100km，容许双向全程每年4次全阻故障,对应于50km数字段双向全程每半年________次全阻故障。

4-24 某155Mb/s单模光纤通信系统,设系统平均发射功率为-3dBm，接收灵敏度为-42dBm,设备余量为3dB,连接器损耗为0.3dB/对,光纤损耗系数为0.20dB/km，光纤余量为0.1dB/km,每千米光纤平均接头损耗为0.03dB/km,该系统的中继距离为________________。

4-25 从损耗限制和色散限制两个计算结果中,选取________的距离作为中继距离计算的最终结果。

4.6 光载无线技术简介

4.6.1 移动通信简介

全球移动通信系统(Global System for Mobile Communication,GSM)是由欧洲电信标准组织制定的一个数字移动通信标准,它的空中接口采用时分多址技术。GSM较之它以前的标准最大的不同是它的信令和语音信道都是数字式的,因此GSM被看作是第二代(2G)移动电话系统。

1991年欧洲开通了第一个GSM系统，GSM也是国内著名移动业务品牌——“全球通”这一名称的本源。1992年欧洲标准化委员会推出统一标准,它采用数字通信技术、统一的网络标准,使通信质量得以保证,并可以开发出更多的新业务供用户使用。GSM移动通信网的传输速度为9.6kb/s。由于GSM相对模拟移动通信技术(第一代,基于频分多址技术,FDMA)是第二代蜂窝移动通信技术,所以简称2G,GSM采用时分复用TDMA技术,我国大陆GSM网主要采用900MHz与1800MHz频段。2G手机除了提供“全球通”语音业务外,还可以提供低速率的数据业务,如收发短信等。GSM手机与“大砖头”模拟手机的区别是多了用户识别卡(SIM卡),没有插入SIM卡的移动台(手机)是不能够接入网络的。GSM网络一旦识别用户的身份,即可提供各种服务。1998年,3G合作项目(3GPP)启动,第三代移动通信技术(3G)采用宽带CDMA技术,3G网的传输速率为2Mb/s。目前,第四代移动通信技术(4G,TD-LTE)采用正交多任务频分技术(OFDM),也可与CDMA技术结合,提供传输速率为10~20Mb/s,甚至可达100Mb/s。

4.6.2 光载无线技术简介

光载无线通信简称ROF(Radio-over-Fiber)技术,是一种光和微波结合的通信技术,是利用光纤的低损耗、高带宽特性,提升无线接入网的带宽,为用户提供“anywhere, anytime, anything”的服务。它的产生与发展都来源于用户对无线接入网的带宽需求。具有低损耗、高带宽、不受无线频率干扰、便于安装和维护、功率消耗小以及操作更灵活等优点。

1. 光载无线通信的背景

当前,基于无源光网络技术的光纤到家业务在一些试点城市进行得如火如荼,同时,WiMAX也异军突起并顺利成为3G标准中一员。在骨干光网络已趋于饱和的情况下,接入网领域的巨大市场份额无疑会成为各大运营商争相投资的动力。光纤接入和无线接入分别有着各自的优势，光纤具有低损耗、高带宽、防电磁干扰等特点，而无线接入则可以给用户带来无处不在的方便快捷服务，且免去了敷设光纤的昂贵费用，于是，人们就想能不能用一种技术将有线与无线接入融合起来。光载无线通信技术就是应这种需求而出现，并且成为越来越多人研究的热点。

2008 年伊始，国内电信业重组成为人们讨论的焦点，就人们已经预测的重组方案来说，未来的运营商都将拥有自己的固定和移动网络，并且兼营两部分业务，为了成本的最低化、网络的最优化，运营公司必定会选择网络的融合。另外，从市场上看，有调研机构调查显示，在调查对象中，有 60.6% 认为在未来 5 年中主要出现的情景将是无线和有线的融合（FMC），大多数用户将拥有 1 部多模电话机，并通过最适合的网络（可以是固定网，也可以是无线网）来进行呼叫。

2008 年年底，随着 3G 牌照的发放，无论从技术、政策还是市场驱动上看，融合必定成为今后电信业的主旋律和必然趋势，技术将趋于融合，网络将趋于融合，业务也将趋于融合，ROF 技术也必将在未来网络融合中发挥巨大的作用。

2. 光载无线通信的概述

光载无线通信是应高速大容量无线通信需求，新兴发展起来的将光纤通信和无线通信相结合起来的无线接入技术。ROF 系统中运用光纤作为基站（BTS）与中心站（CS）之间的传输链路，直接利用光载波来传输射频信号。光纤仅起到传输的作用，交换、控制和信号的再生都集中在中心站，基站仅实现光电转换，这样，可以把复杂昂贵的设备集中到中心站点，让多个远端基站共享这些设备，减少基站的功耗和成本。

光纤传输的射频（或毫米波）信号提高了无线带宽，但天线发射后在大气中的损耗会增大，所以要求蜂窝结构向微微小区转变，而基站结构的简化有利于增加基站数目来减少蜂窝覆盖面积，从而使组网更为灵活，大气中无线信号的多径衰落也会降低；另外，利用光纤作为传输链路，具有低损耗、高带宽和防止电磁干扰的特点。正是这些优点，使得 ROF 技术在未来无线宽带通信、卫星通信以及智能交通系统等领域有着广阔的应用前景。

3. 光载无线通信的系统架构

ROF 系统的基本实现策略，如图 4-12 所示。将数字基带信号先用射频副载波调制，然后用光链路传输。在接收端恢复射频信号，通过天线发射在移动或固定终端接收射频信号解调得到数字信号。同时移动终端也可以通过 ROF 系统向服务提供者提出服务请求，实现双向交互的通信。

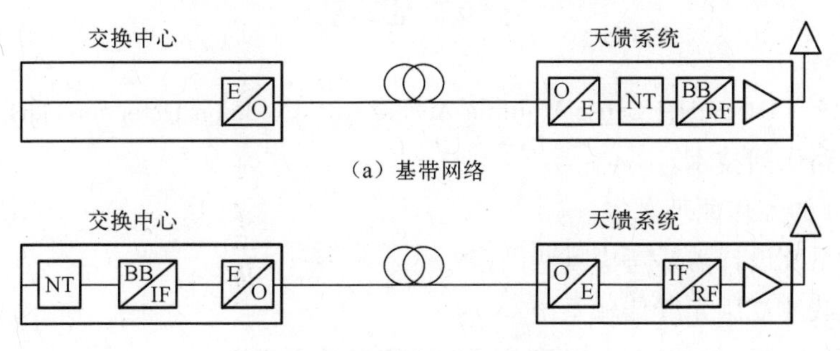

（a）基带网络

（b）经由光纤的中频信号传输

图 4-12　ROF 系统

4. 光载无线通信的现状及展望

光载无线通信技术充分结合光纤和高频无线电波传输的特点,能实现大容量、低成本的射频信号有线传输和超过1Gb/s的超宽带无线接入,并具有覆盖面广、易于动态管理和维护等特点,尽管目前市场不是很大,但随着微波光子技术的发展,光载无线通信系统将会在未来的宽带无线通信领域占有很大的市场份额。光载无线通信系统具有的优点,除了宽带无线接入,还可以应用于室内覆盖、基站客栈、车载无线通信系统以及军事用途中。未来会在超宽带蜂窝网络、室内无线局域网络、卫星通信、视频分布式系统、智能交通通信和控制等领域具有巨大的应用前景。

令人注目的是60GHz附近的毫米波作为无线信号载波的毫米波光载无线通信。在这个波段,由于大气中氧的存在,信号衰减很快(10~15dB/km),这一原本是缺点的性质正好自然实现了不同基站之间的无干扰以及很好的保密性,提高了频谱利用效率。而这一高频率的附近以"GHz"为单位的宽广频带以及不需要频率使用授权,足以实现超大容量超高速通信的需求。同时,在这个波段的射频设备可以实现很小的尺寸,由于微电子技术的迅速发展,使得低成本的射频集成电路和天线单元日趋可能。

自测练习

4-26　全球移动通信系统GSM的英文名称是______________________________。

4-27　第三代移动通信技术(3G)采用宽带________技术,3G网的传输速率为________Mb/s。

4-28　第四代移动通信技术(4G,TD-LTE)采用________________技术,也可与CDMA技术结合,提供传输速率为________Mb/s,甚至可达100Mb/s。

4-29　光载无线通信简称ROF(Radio-over-Fiber)技术,是一种____________和__________结合的通信技术。

4-30　ROF系统中运用光纤作为基站(BTS)与中心站(CS)之间的____________,直接利用光载波来传输射频信号。

本章思考

4-1　简述CSMA/CD(Carrier Sense Multiple Access with Collision Detection)即带冲突检测的载波监听多路访问技术。

4-2　简述FDDI的工作原理。

4-3　光纤通信系统设计需要考虑哪些因素?

4-4　什么是副载波复用光纤传输系统?

4-5　简述ISDN用户-网络接口中"T""S""R"接口的含义。

4-7　简述副载波复用(SCM)技术。

4-8　数字光纤通信系统的设计任务有哪些?

练　习　4

4-1　长途光纤系统各部分参数如下：系数速率为564.992Mb/s，码型为8BIH，光的发射功率2.7dBm，接收灵敏度－34dBm，接收机动态范围24dB，BER＝10^{-10}，设备的富余度3dB，光缆线路富余度为0.08dB/km，光缆配线架连接器的损耗为0.5dB/个，光纤损耗为0.33dB/km，光纤接头损耗为0.04dB/km，光源采用MLM－LD，光源谱宽为1.6nm，光纤色散系数为2.5ps/(nm・km)，光通道功率参数ε取0.115。

试：(1) 对系统进行预算，确定出合适的中继距离范围。

(2) 指出该系统是何种因素的限制系统。

4-2　已知155Mb/s的光纤传输系统，传输波长1.3μm，输出平均光功率为0dBm，光接收机灵敏度为－30dBm，系统余量为3dB，连接损耗为3dB，问系统单模光纤能传输多少千米？(其中光纤损耗为0.35dB/km)

4-3　光时域反射仪常用于测量光纤的断点，其工作原理是利用光纤中传输光的后向散射，通过测量光纤中正、反向传输脉冲的时延差，以判定断点位置。如返回脉冲与发出脉冲之间的时延差为30μs，计算断点位置。(已知光纤纤芯折射率为1.5，光速3×10^{8}m/s)

4-4　假设140Mb/s数字光纤通信系统发射功率为－3dBm，接收机灵敏度为－38dBm，系统余量为4dB，连接损耗为0.5dB/对，平均接头损耗为0.05dB/km，光纤衰减系数为0.4dB/km，光纤损耗余量为0.05dB/km，试计算中继距离。

第5章　同步数字系列

【本章知识结构图】

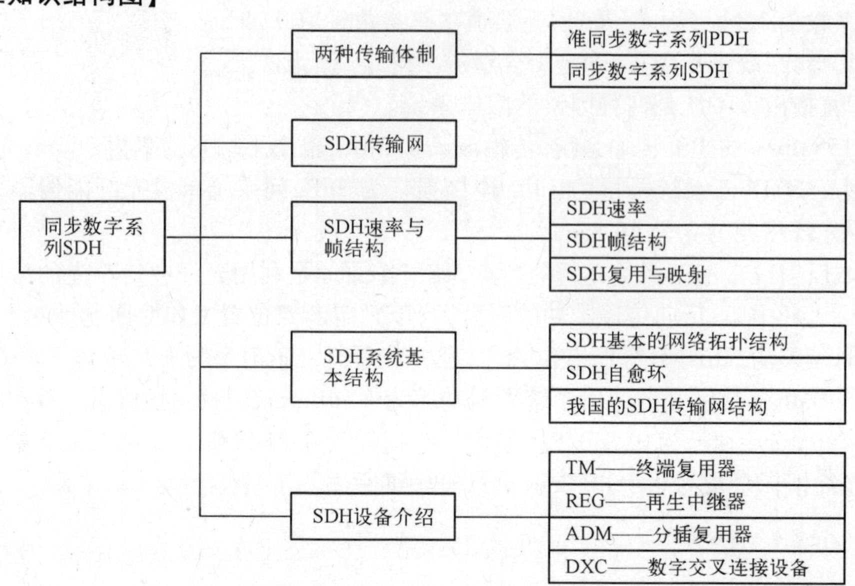

光纤大容量数字传输有两种传输体制：准同步数字系列（Plesiochronous Digital Hierarchy，PDH）和同步数字系列（Synchronous Digital Hierarchy，SDH）。PDH通常采用按位复接方式（比特间插），破坏了一个字节的完整性，不利于以字节为单位的信息处理与交换。SDH采用按字复接方式（字节间插），按字复接方式要求复接电路有较大的存储容量，单按字复接方式保证了一个字节的完整性，便于以字节为单位的信息处理与交换。

5.1　两种传输体制

光纤大容量数字传输有两种传输体制：准同步数字系列（PDH）和同步数字系列（SDH）。PDH早在1976年就实现了标准化，目前还大量使用。1988年，ITU－T（原CCITT）参照同步光纤网（SONET）的概念，提出了被称为同步数字系列的规范建议。SDH解决了PDH存在的问题，是一种比较完善的传输体制，现已得到大量应用。这种传输体制不仅适用于光纤信道，也适用于微波和卫星干线传输。

5.1.1　准同步数字系列

PDH采用按位复接方式（比特间插），破坏了一个字节的完整性，不利于以字节为单位的信息处理与交换。

复接的同步方式是指参与复接的各支路之间的相对关系，可分为同步方式与准同步方式两种，“同步”方式要求参与复接的各支路数字信号准确同步（用的是同一时钟）。SDH就是采用的同步复接方式。“准同步”方式复接是指参与复接的各支路数字信号接近同步(各支路数字信号有一标称码速,并允许有小范围的差别),在复接前先进行码速调整(达到同步),再进行复接。PDH 采用准同步方式。

采用准同步数字系列的系统,是在数字通信网的每个节点上都分别设置高精度的时钟,这些时钟的信号都具有统一的标准速率。尽管每个时钟的精度都很高,但总还是有一些微小的差别。为了保证通信质量,要求这些时钟的差别不能超过规定的范围。因此,这种同步方式严格来说不是真正的同步,所以叫做“准同步”。

由于准同步数字复接是靠外界插入附加比特码使各支路信号(低次群)达到再复接成高次群信号的,因此,准同步数字复接方式很难直接从高次群信号中直接提取低速率信号。在传输网的某个转节点为了上下支路,必须将整个高次群信号一步一步地分接到所需的低速率支路信号等级,才能提取支路信号;然后再将要上载的支路信号一步步地复接成高次群信号。这个过程的系统结构复杂,硬件参数多,上下支路成本高等。随着通信容量的发展,PDH 逐渐走向了网络边缘,核心网让位给 SDH。

准同步数字系列有两种基础速率:一种是以 1.544Mb/s 为第一级(一次群,或称基群)基础速率,采用的国家有北美各国和日本;另一种是以 2.048Mb/s 为第一级(一次群)基础速率,采用的国家有西欧各国和中国。我国 PDH 速率体系包含 140Mb/s、34Mb/s、8Mb/s、2Mb/s 四种速率,如图 5-1 所示。在 PDH 中,为了从 140Mb/s 码流中分出一个 2Mb/s 的支路信号,必须经过 140/34Mb/s, 34/8Mb/s 和 8/2Mb/s 三次分接。

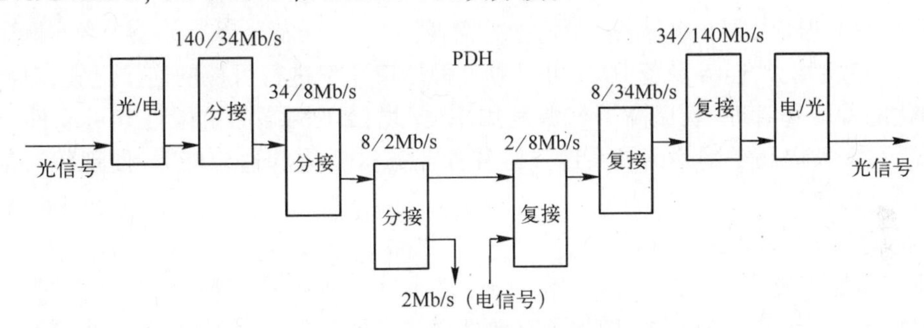

图 5-1 PDH 复接信号流程

PDH 各次群比特率相对于其标准值有一个规定的容差,而且是异源的。1 次群至 4 次群接口比特率早在 1976 年就实现了标准化,并得到各国广泛采用。PDH 主要适用于中、低速率点对点的传输。随着技术的进步和社会对信息的需求,数字系统传输容量不断提高,网络管理和控制的要求日益重要,宽带综合业务数字网和计算机网络迅速发展,迫切需要在世界范围内建立统一的通信网络。在这种形势下,现有 PDH 的许多缺点也逐渐暴露出来,主要有以下几点。

(1) 北美、西欧和亚洲所采用的三种数字系列互不兼容,没有世界统一的标准光接口,使得国际电信网的建立及网络的营运、管理和维护变得十分复杂和困难。

(2) 各种复用系列都有其相应的帧结构,没有足够的开销比特,使网络设计缺乏灵活性,不能适应电信网络不断扩大、技术不断更新的要求。

(3) 由于低速率信号插入到高速率信号,或从高速率信号分出,都必须逐级进行,不能直接分插,因而复接/分接设备结构复杂,上下话路价格昂贵。

5.1.2 同步数字系列

SDH采用按字复接方式(字节间插),按字复接方式要求复接电路有较大的存储容量,单按字复接方式保证了一个字节的完整性,便于以字节为单位的信息处理与交换。与PDH相比,SDH具有下列特点。

(1) SDH采用世界上统一的标准传输速率等级。最低的等级也就是最基本的模块称为STM1,传输速率为155.520Mb/s;4个STM1同步复接组成STM4,传输速率为4×155.52Mb/s=622.080Mb/s;16个STM-1组成STM-16,传输速率为2488.320Mb/s,以此类推。

(2) SDH各网络单元的光接口有严格的标准规范。因此,光接口成为开放型接口,任何网络单元在光纤线路上可以互连,不同厂家的产品可以互通,这有利于建立世界统一的通信网络。另一方面,标准的光接口综合进各种不同的网络单元,简化了硬件,降低了网络成本。有关光接口标准请参看相关文献。

(3) 在SDH帧结构中,丰富的开销比特用于网络的运行、维护和管理,便于实现性能监测、故障检测和定位、故障报告等管理功能。

(4) 采用数字同步复用技术,其最小的复用单位为字节,不必进行码速调整,简化了复接分接的实现设备,由低速信号复接成高速信号,或从高速信号分出低速信号,不必逐级进行,如图5-2所示。SDH采用分插复用器(ADM),可以利用软件一次直接分出和插入2Mb/s支路信号,十分简便。

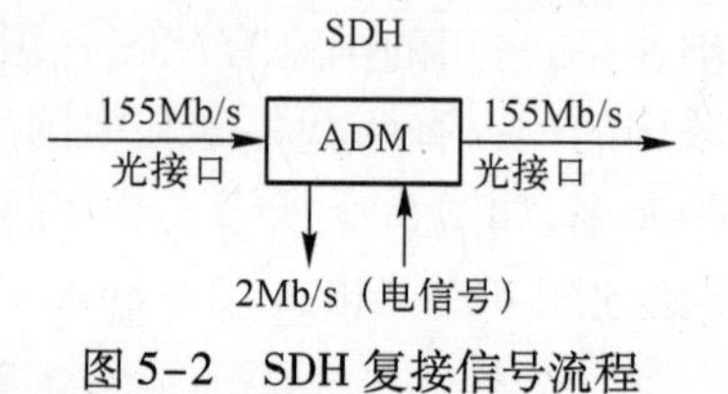

图5-2 SDH复接信号流程

(5) 采用数字交叉连接设备DXC可以对各种端口速率进行可控的连接配置,对网络资源进行自动化的调度和管理,既提高了资源利用率,又增强了网络的抗毁性和可靠性。SDH采用了DXC后,大大提高了网络的灵活性及对各种业务量变化的适应能力,使现代通信网络提高到一个崭新的水平。

SDH传输系统的不足:

1) 所需传输带宽大

有效性和可靠性是一对矛盾,增加了有效性必将降低可靠性,增加可靠性也会相应的使有效性降低。SDH的一个很大的优势是系统的可靠性大大增强了(运行维护的自动化程度高),这是由于在SDH的信号——STM-N帧中加入了大量用于光分插复用功能的开销字节,这样必然会使在传输同样多有效信息的情况下,只有当PDH信号是以140Mb/s的信号复用进STM-1信号的帧时,STM-1信号才能容纳64×2Mb/s的信息量,但此时它的信号速率是155Mb/s,速率要高于PDH同样信息容量的E4信号(140Mb/s),也就是说STM-1所占用的传输频带要大于PDHE4信号的传输频带。

2) 指针调整机理复杂

SDH体制可从高速信号中直接下低速信号,省去了多级复用/解复用过程。而这种功能的实现是通过指针机理来完成的,指针的作用就是时刻指示低速信号的位置,以便在"拆包"时能正确地拆分出所需的低速信号,保证了SDH从高速信号中直接下低速信号的功能的实现。可以说指针是SDH的一大特色。但是指针功能的实现增加了系统的复杂性。最重要的是使系统产生SDH的一种特有抖动——由指针调整引起的结合抖动。这种抖动多发于网络边界处,其频率低,幅度大,会导致低速信号在拆出后性能劣化,这种抖动的滤除会相当困难。

3）软件的大量使用对系统安全性的影响

SDH 的一大特点是光分插复用的自动化程度高，这也意味软件在系统中占有相当大的比重，这就使系统很容易受到计算机病毒的侵害，特别是在计算机病毒无处不在的今天。另外，在网络层上人为的错误操作、软件故障，对系统的影响也是致命的。这样系统的安全性就成了很重要的一个方面。所以设备的维护人员必须熟悉软件，选用可靠性较高的网络拓扑。

自 测 练 习

5-1　以下不属于我国 PDH 速率体系的是________。

（A）140Mb/s　（B）8Mb/s　（C）34Mb/s　（D）45Mb/s

5-2　对于 STM－N 同步传送模块（Synchronous Transport Mode），N 的取值为________。

（A）1，2，3，5　（B）1，2，4，8　（C）1，4，8，16　（D）1，4，16，64

5-3　一个 STM－64 码流最大可以由________个 STM－1 码流复用而成。

（A）1　（B）4　（C）16　（D）64

5-4　以下属于我国 PDH 体制的速率体系是________。

（A）2Mb/s　（B）8Mb/s　（C）34Mb/s　（D）140Mb/s

5.2　SDH 传输网

SDH 不仅适合于点对点传输，而且适合于多点之间的网络传输。图 5-3 示出 SDH 传输网的拓扑结构，它由 SDH 终接设备（或称 SDH 终端复用器 TM）、分插复用设备 ADM、数字交叉连接设备 DXC 等网络单元以及连接它们的（光纤）物理链路构成。SDH 终端的主要功能是复接/分接和提供业务适配，例如将多路 E1 信号复接成 STM1 信号及完成其逆过程，或者实现与非 SDH 网络业务的适配。ADM 是一种特殊的复用器，它利用分接功能将输入信号所承载的信息分成两部分：一部分直接转发，另一部分卸下给本地用户。然后信息又通过复接功能将转发部分和本地上送的部分合成输出。DXC 类似于交换机，它一般有多个输入和多个输出，通过适当配置可提供不同的端到端连接。

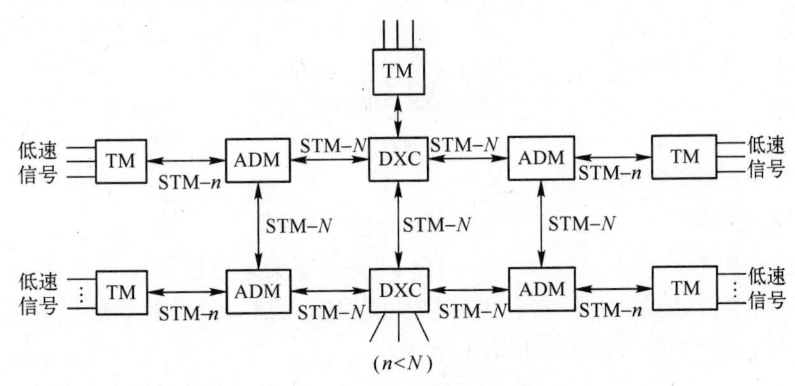

图 5-3　SDH 传输网的典型拓扑结构

上述 TM、ADM 和 DXC 的功能框图分别如图 5-4（a），（b），（c）所示。通过 DXC 的交叉连接作用，在 SDH 传输网内可提供许多条传输通道，每条通道都有相似的结构，其连接模型，如图 5-5 (a)所示,相应的分层结构,如图 5-5(b)所示。每个通道(Path)由一个或多个复接段(Line)构成,而每一复接段又由若干个再生段(Section)串接而成。

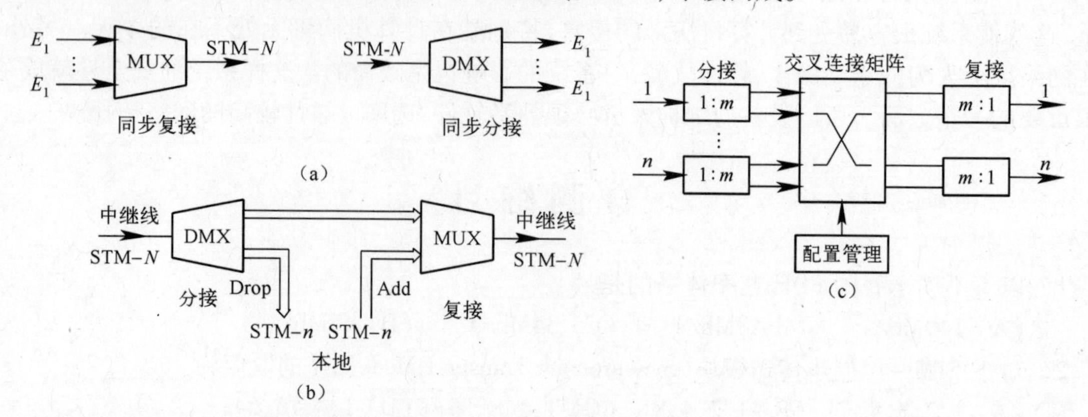

图 5-4　SDH 传输网络单元

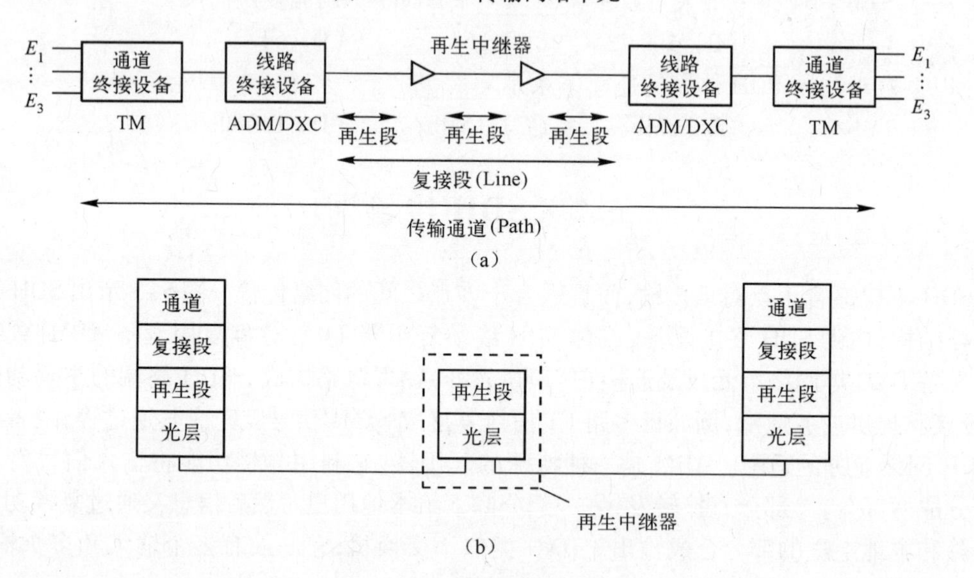

图 5-5　SDH 传输通道的结构

自测练习

5-5　SDH 的基本网络单元有________。

(A) 终端复用器　　(B) 分插复用器

(C) 再生中继器　　(D) 同步数字交叉连接器

5-6　ADM 是一种特殊的复用器,它利用分接功能将输入信号所承载的信息分成两部分:一部分直接________,另一部分卸下给本地用户。

5-7　DXC 类似于________,它一般有多个输入和多个输出,通过适当配置可提供不同的端到端连接。

5-8　SDH 终端的主要功能是__________和提供业务适配,例如将多路 E1 信号复接成 STM1 信号及完成其逆过程,或者实现与非 SDH 网络业务的适配。

5.3 SDH 速率与帧结构

5.3.1 SDH 速率

SDH 设备间的接口,工作于统一规范的速率里,各级信号的速率必须是基本速率的 $4\times N$ 倍。SDH 信号以 STM(同步传送模块)的形式传输,其最基本的同步传送模块是 STM-1,节点接口的速率为 155.520Mb/s。有时为了加速将无线系统引入 SDH 传输网,还会采用其他的接口速率。例如,对于携载负荷低于 STM-1 信号的中小容量 SDH 数字微波系统,可采用 STM-0 的传送模块。它的速率为 51.84Mb/s,3 个 STM-0 等级相当于一个 STM-1 等级速率。它们对应的比特率如表 5-1 所列。

表 5-1 SDH 网络节点接口的标准速率

SDH 等级	标准速率
STM-0(51M)	51.84Mb/s
STM-1(155M)	155.52Mb/s
STM-4(622M)	622.08Mb/s
STM-16(2.5G)	2488.32Mb/s
STM-64(10G)	9953.28Mb/s

5.3.2 SDH 帧结构

SDH 帧结构是实现数字同步时分复用、交叉连接和交换、保证网络可靠有效运行的关键。图 5-6 为 SDH 矩阵块状帧结构示意图,一个 STM-N 帧有 9 行,每行由 $270\times N$ 个字节(列)组成。这样每帧共有 $9\times270\times N$ 个字节,每字节为 8bit,帧长为 $9\times270\times N\times8=19440\times N$bit。帧周期为 125μs,即每秒传输 8000 帧。对于 STM-1 而言,传输速率为 $9\times270\times1\times8\times8000=155.520$Mb/s。STM-$N$ 信号的传输是一个位一个位地进行传输的。它的传输原则是:帧结构中的字节(8bit)从左到右,从上到下一个字节一个字节(一个位一个位)的传输,传完一行再传下一行,传完一帧再传下一帧。

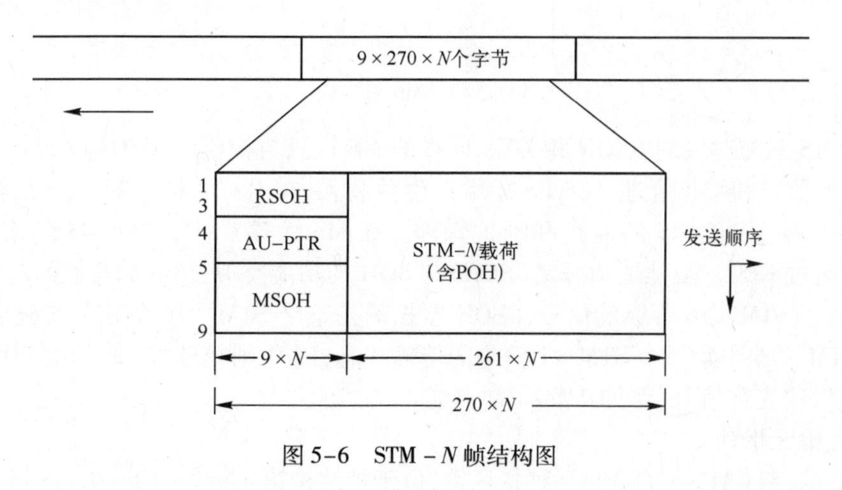

图 5-6 STM-N 帧结构图

每帧都拥有各自独立的段开销(SOH)、管理单元指针(AU-PTR)和信息载荷(净荷)这3个主要区域。

1) 载荷

载荷域是SDH帧内用于承载各种业务信息的部分。对于STM-1而言,载荷有9×261=2349Byte,相应于2349×8×8000=150.336Mb/s的容量。载荷中装载的是经过打包的低速信号。

载荷中还包含少量字节用于通道的运行、维护和管理,这些字节称为通道开销(POH)。POH与信息码块一起装载在STM-N帧上在SDH网中传送。它起到对打包的低速信号进行通道性能监视、管理和控制的作用。以确保在传输过程中,打包的低速信号是否有损坏或丢失。当帧上有低速信号载荷损坏时,通过它来判定具体是哪一个低速信号载荷出现损坏。

2) 段开销

段开销(SOH)是在SDH帧中为保证信息载荷正常传输所必需的附加字节(每字节含64kb/s的容量),主要用于运行、维护和管理,如帧定位、误码检测、公务通信、自动保护倒换以及网管信息传输。它可细分为再生段开销(RSOH)和复用段开销(MSOH)。RSOH位于帧结构1行~3行的第1~9×N列,而MSOH位于帧结构5行~9行的第1~9×N列,如图5-6所示。对于STM-1而言,SOH共使用9×8(第4行除外)=72Byte相应于576bit。由于每秒传输8000帧,所以SOH的容量为576×8000=4.608Mb/s。

在SDH传输网概念中,将TM与DXC或ADM之间的全部物理实体定义为MS(复用段);将TM或ADM与REG之间、REG与REG之间的全部物理实体定义为RS(再生段)。如图5-7所示。

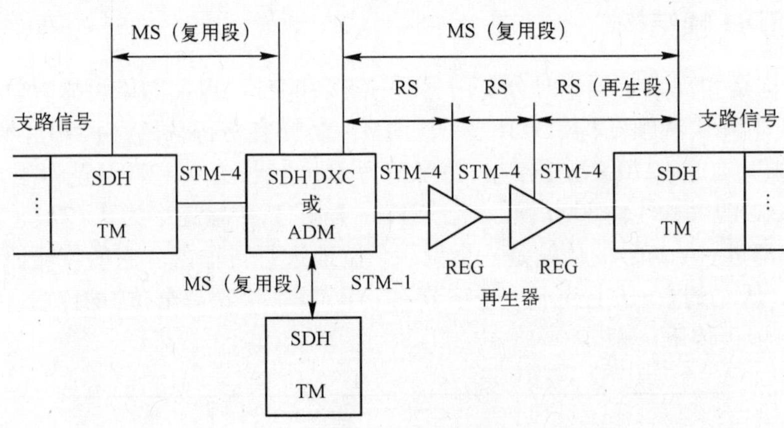

图5-7 MS与RS

相应的RS只与对应的RSOH相关联,同样的MS也只与相应的MSOH关联。RSOH用于帧定位、RS的监控和维护管理。在RS始端产生并装入,在RS的末端终结,即从帧中取出并处理。MSOH用于传送MS的监控和维护管理。在MS始端产生,并在MS的末端终结,即MSOH透明通过REG。虽然通道开销(POH)与SOH的功能类似,但它们监控的对象完全不一样。例如,对于STM-16等级的信号,RSOH监控的是整个STM-16的信号传输状态;MSOH监控的是STM-16中每一个STM-1信号的传输状态;POH则是监控每一个STM-1中每一个打包了的低速支路信号(例如2Mb/s)的传输状态。

3) 管理单元指针

管理单元指针(AU-PTR)是一种指示符,位于帧结构第4行的第1~9×N列,共9×N个字节，介于 SOH 之间，如图 5-6 所示。主要用于指示载荷第 1 个字节在 STM - N 帧内的准确位置（相对于指针位置的偏移量），以便在接收端正确分离出载荷。由于管理单元指针的存在，SDH 能够准确定位 STM - N 帧内载荷的第 1 个字节所在位置，从高速信号中直接分/插出低速支路信号。因此，管理单元指针相当于低速率载荷的标签。此外，管理单元指针还有高、低阶之分。高阶指针是 AU - PTR，低阶指针是 TU - PTR（支路单元指针），TU - PTR 的作用类似于 AU - PTR，只不过所指示的载荷速率更低一些而已。

对于 STM1 而言，AU - PTR 有 9 个字节（第 4 行），相应于 $9 \times 8 \times 8000 = 0.576$Mb/s。

采用指针技术是 SDH 的创新，结合虚容器（VC）的概念，解决了低速信号复接成高速信号时，由于小的频率误差所造成的载荷相对位置漂移的问题。

5.3.3 SDH 复用与映射

将低速支路信号复接为高速信号，通常有两种传统方法：正码速调整法和固定位置映射法。正码速调整法的优点是容许被复接的支路信号有较大的频率误差；缺点是复接与分接相当困难。固定位置映射法是让低速支路信号在高速信号帧中占用固定的位置。这种方法的优点是复接和分接容易实现，但由于低速信号可能是属于 PDH 的或由于 SDH 网络的故障，低速信号与高速信号的相对相位不可能对准，并会随时间而变化。SDH 采用载荷指针技术，结合了上述两种方法的优点，付出的代价是要对指针进行处理。超大规模集成电路的发展，为实现指针技术创造了条件。

SDH 通过指针调整定位技术来取代 125μs 缓存器用以校正支路信号频差和实现相位对准，将各种业务信号复用进 STM - N 帧的过程都要经历复用（相当于字节间插复用）、映射（相当于信号打包）、定位（相当于指针调整）三个步骤。

载荷包络与 STM - 1 帧的一般关系与指针所起的作用如图 5-8 所示。通过指针的值，接收端可以确定载荷的起始位置。

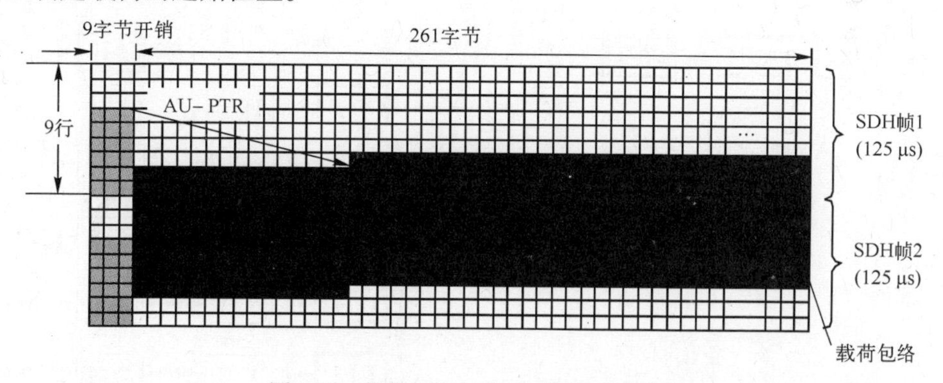

图 5-8　载荷包络与 SDH 帧的一般关系

ITU - T 规定了 SDH 的一般复用映射结构。所谓映射结构，是指把支路信号适配装入虚容器的过程，其实质是使支路信号与传送的载荷同步。

这种结构可以把目前 PDH 的绝大多数标准速率信号装入 SDH 帧。在标准容器的基础上，加入少量通道开销字节，即组成相应的虚容器 VC。VC 的包络与网络同步，但其内部则可装载各种不同容量和不同格式的支路信号。所以引入虚容器的概念，使得不必了解支路信号的内容，便可以对装载不同支路信号的 VC 进行同步复用、交叉连接和交换处理，实现大容量传输。

1. SOH 的复用方式

目前国际上通用的复用方式有两种:一种是同步字节间插复用方式,它将低阶的 SDH 信号复用到高阶的 SDH 中去;另一种是同步复用和灵活的映射,它将低速信号(2Mb/s、34Mb/s、140Mb/s)复用成高阶的 SDH 中去。

第一种复用方式主要通过字节间插复用方式来完成,复用的方法是四合一,即 4×STM-1→STM-4,4×STM-4→STM-16。但在复用过程中,帧频保持不变(8000 帧/s)这就意味着高一级的 STM-*N* 信号速率是低一级的 STM-*N* 信号速率的 4 倍。其复用方式,如图 5-9 所示。

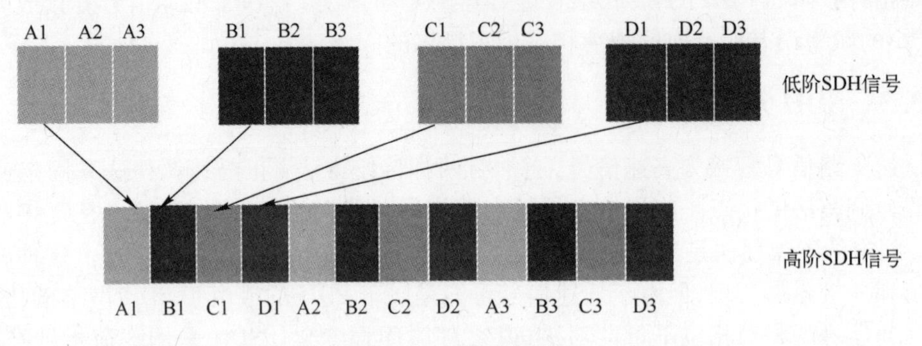

图 5-9 字节间插复用

在这种复用过程中,各帧的载荷和指针字节按原值进行间插复用,而 SOH 则会有些取舍。在复用成的 STM-*N* 帧中,并不是所有低阶 SDH 帧中的 SOH 间插复用而成,而是舍弃了一些低阶帧中的段开销,按照一定的目的重组而成的。

另一种复用方式则相对而言要复杂得多。根据 ITU-T G.707 建议的复用线路图,我们可以将 PDH 的 3 个系列的数字信号以多种复用方式组成 STM-*N* 信号。ITU-T 规定的复用路线如图 5-10 所示。

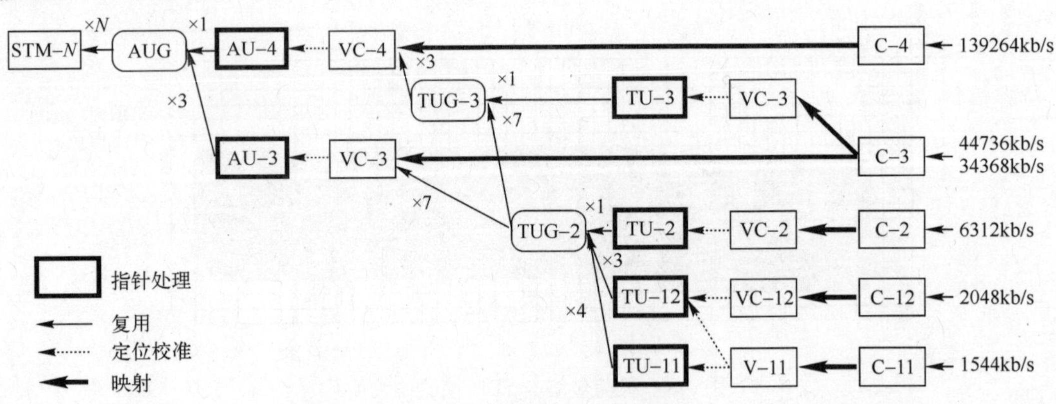

图 5-10 G.709 的复用线路

图中的复用单元分别为 C-容器、VC-虚容器、TU-支路单元、TUG-支路单元组、AU-管理单元、AUG-管理单元组。这些复用单元后面的数字表示该单元的信号级别。显然,信号从 C 复用到 STM-*N* 有几条路线。例如,1.5Mb/s 的信号就有两条可用的复用路线。尽管各低级信号有几条复用路线,但为了降低设备的复杂性,国家或地区会根据网络的应用环境和业务需求,省去某些接口和复用路线,只使用某个特定的路线。我国的 SDH 传输网技术体制规定了以 2Mb/s 信号为基础的 PDH 系列作为 SDH 的有效载荷,并选择 AU-4 的复用线路。其线路如图 5-11 所示。

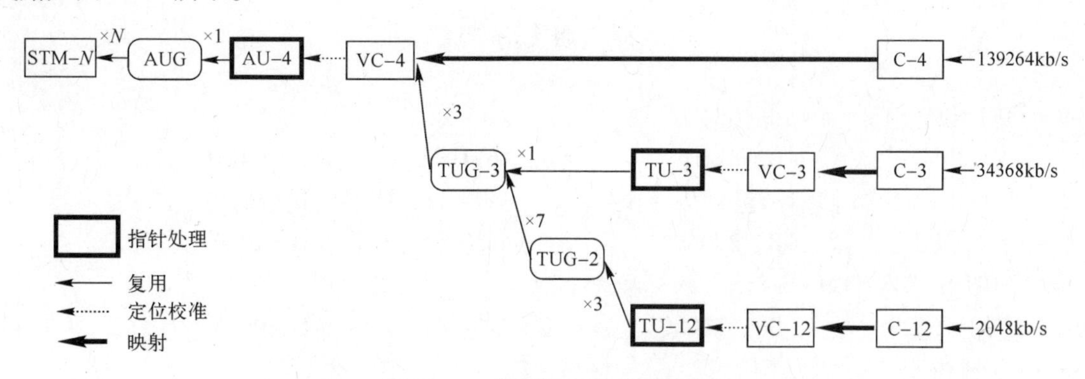

图 5-11 我国的 SDH 复用路线

以 2Mb/s 信号复用进 STM－*N* 信号中为例。首先，通过速率适配器将 2Mb/s 的 PDH 信号装载到对应等级的标准容器 C－12 中。为了便于速率的适配，会将 4 个 C－12 基帧组装成一个复帧。C－12 基帧的帧频是 8000 帧/s，那么 C－12 复帧的帧频就成了 2000 帧/s。其次，为了在 SDH 网的传输中能实时监测任 2Mb/s 通道信号的性能，会向 C－12 中加入相应的 POH（低阶通道开销），使其成为 VC－12 的信息结构。接着，为了使收端能正确定位 VC－12 的帧，向 VC－12 复帧中加入 TU－PTR（支路单元指针），这时信号结构就变成了 TU－12。接着，将 3 个 TU－12 经过字节间插复用合成 TUG－2，再将 7 个 TUG－2 经过字节间插复用合成 TUG－3 的信息结构。接着，将 3 个 TUG－3 的合成结构前面加两列塞入比特，使其成为 C－4 的信息结构，再在 C－4 的块状帧前加上一列 POH 字节（高阶通道开销 VC－4－POH），此时信号成为 VC－4 信息结构。接着，在 VC－4 前附加一个 AU－PTR（管理单元指针），此时信号由 VC－4 变成了管理单元 AU－4 这种信息结构。一个或多个在 STM 帧中占用固定位置的 AU 组成 AUG（管理单元组）。最后，将 AUG 加上相应的 SOH 合成 STM－1 信号，*N* 个 STM－1 信号通过字节间插复用成 STM－*N* 信号。

2. SOH 的映射与定位

映射是指在 SDH 网络边界处（例如前面所讲的，虚容器 VC 与支路信号之间），将各种速率信号先经过码速调整，分别装入到各自相应的标准容器 C 中，再加上相应的低阶或高阶的通道开销，形成各自相对应的虚容器 VC 的过程。其目的是将各速率（140Mb/s、34Mb/s、2Mb/s）信号与相应虚容器 VC 的速率同步。

按映射信号与 SDH 网络同步与否，可以将映射分为同步映射方式和异步映射方式这两种。同步映射要求映射信号具有块状帧结构（例如 PDH 基群帧结构），需要严格与网络同步，但不需要进行任何速率调整，即可将信息字节装入 VC 内指定位置。

异步映射方式对映射信号的结构无任何限制（信号有无帧结构均可），也无需与网络同步（例如 PDH 信号与 SDH 网不完全同步），仅利用载荷的指针调整即可将信号适配装入 SDH 帧结构。当支路时钟与容器 C 或虚容器 VC 的时钟相互独立时，通常采用异步映射。异步映射适用各种支路信号，如 PDH 一次群到四次群信号。

定位是指通过指针调整，使指针的值时刻指向低阶虚容器 VC 帧的起点在支路单元 TU 中或高阶虚容器 VC 帧的起点在管理单元 AU 中的具体位置，使收端能据此正确地分离相应的 VC。

自测练习

5-9 SDH 传送 STM－4 帧的帧频为________。

(A) 2kHz (B) 8kHz (C) 16kHz (D) 64kHz

5-10 SDH STM－16 帧结构包含 9 行和________列字节的矩形块状结构组成。

(A) 180 (B) 270 (C) 4320 (D) 1080

5-11 SDH 传送网 STM－64 信号的标准速率为________kb/s。

(A) 15520 (B) 622080 (C) 2488320 (D) 9953280

5-12 POH 位于 SDH 帧结构的________区域。

(A) 再生段开销 (B) 管理单元指针

(C) 复用段开销 (D) 载荷(净负荷)

5-13 SDH 复用映射结构中的虚容器是 SDH 网中用以支持通道层连接的一种信息结构，它是由容器加上________构成的，可分成低阶 VC 和高阶 VC 两种。

(A) 复用段开销 (B) 通道开销 (C) 同步开销 (D) 校验字节

5-14 C－4 对应的 PDH 速率是________Mb/s。

(A) 2.048 (B) 8.448 (C) 34.368 (D) 139.264

5-15 PDH 的二次群 8Mb/s 信号采用________容器装载。

(A) C12 (B) C2 (C) C3 (D) 无对应容器

5-16 SDH 段开销中 DCC D1～D12 的作用是________。

(A) 标志一帧的起始位置 (B) 通道误码指示

(C) 作为数据通信通道 (D) 用于公务联络

5-17 SDH 段开销中公务联络字节 E2 可以提供速率为________kb/s 的语音通道。

(A) 4 (B) 64 (C) 128 (D) 15520

5-18 SDH 段开销中 S1 字节的作用是________。

(A) 标志同步状态沽息 (B) 通道误码指示

(C) 作为数据通信通道 (D) 用于公务联络

5.4 SDH 系统基本结构

我们常说的 TCP/IP 协议(软件条件)实现的是网络层上的数据传输。网络层与物理层之间的连接通信通过数据链路层完成。数据链路层具有加强物理层传输原始比特流的功能。它将物理层提供的可能出错的物理连接改造成为逻辑上无差错的数据链路，并将该数据链路传送到网络层。通过使用 SDH 的基本设备和光纤，我们可以组装成各式各样的网络结构，满足光通信所需的各类硬件条件，也就是其物理层上的要求。

5.4.1 SDH 基本的网络拓扑结构

SDH 网络拓扑结构是指光传输设备通过光纤相互连接而成的，网络节点和传输线路的几何排列。对于 SDH 网的效能、可靠性和经济性，网络拓扑结构都起到举足轻重的作用。现行的网络拓扑结构是在 5 种基本结构上演变而来的，它们分别是线形、星形、树形、环形和网孔形。如图 5-12 所示。

线形网是将网中的所有节点一一串联起来，而首尾两端开放，如图 5-12(a)所示。这种拓扑的特点是较经济、较简单，在 SDH 网的早期用得较多，主要用于专网(如铁路网)中，当然对于初期光纤敷设投资不是很高时，也可以采用该结构。

星形网是将网络中一网元做为特殊节点与其他各网元节点相连，其他各网元节点互不相连，网元节点的业务都要经过这个特殊节点转接，如图 5-12 中的(b)。这种拓扑的特点是可通过特殊节点来统一管理其他网络节点，利于分配带宽，节约成本。但是，它存在瓶颈问题，这个起连接作用的特殊节点在安全和处理能力上具有潜在的问题。它的作用类似交换网的汇接局，此种拓扑多用于本地网(接入网和用户网)。

树形网可以看成是线性网和星形网的结合，如图 5-12(c)。它存在的问题与星形网的一样，都有同样的瓶颈问题。

环形网可以看成是将线性网首尾连接而成，使网上任何一个网元节点都不对外开放，如图 5-12(d)。由于任意两个网元节点间都由两条线路连接，所以它具有很强的生存性，即自愈功能较强。它是当前使用最多的网络拓扑结构，常用于本地网(接入网和用户网)、局间中继网。

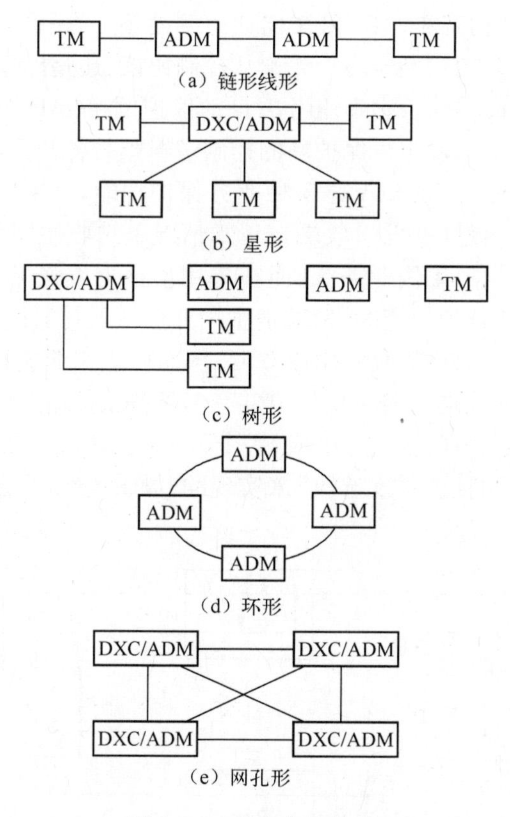

图 5-12　基本拓扑结构

网孔形网是将所有网元节点两两连接，形成的网孔结构，如图 5-12(e)。这种网络结构为两网元节点间提供多个传输线路，使网络的可靠更强，不存在瓶颈问题和失效问题。但是由于系统的冗余度高，使其系统有效性降低、铺设维护成本高。网孔形网主要用于长途网中，以提供网络的高可靠性。

5.4.2 SDH 自愈环

SDH 网中所说的自愈是指在网络出现故障(例如建设施工中将光缆挖断,这很常见)时,无需人为干预,网络自动地在极短的时间内(ITU - T 规定为 50ms 以内),使业务自动从故障中恢复传输,令用户几乎感觉不到网络出了故障。这种自愈方式仅仅只是通过其他的备用信道将失效的业务恢复,绕开出现故障的位置,而不会修复具体的故障部件和线路,所以故障点的修复仍需人工干预才能完成。SDH 自愈环之所以有这个特点,是因为它的各网元节点间有多条备用路线,也就是其备用设备或现有设备的冗余能力。由环形网络构成的自愈环,是目前组建 SDH 网应用较多的一种网络拓扑形式,在中继网、接入网和长途网中都得到了广泛的应用。

SDH 自愈环是一种比较复杂的网络结构,在不同的场合下有不同的分类方法。按照进入环的支路信号方向与由该支路信号目的网元节点返回的信号方向是否一致,可分为单向环和双向环。按环中每一对节点间所用光纤的最小数量来分,可以划分为二纤环和四纤环。按保护倒换的层次来分,可以分为通道倒换环和复用段倒换环。对于通道倒换环,业务量的保护是以通道为基础的,倒换与否依据的是各个通道的信号质量的优劣;对于复用段倒换环,业务量的保护是以复用段为基础的,倒换与否是按每对节点间的复用段信号质量的优劣而定。

目前,自愈环的典型结构有 4 种:二纤单向通道倒换环、二纤单向复用段倒换环、二纤双向复用段倒换环和四纤双向复用段倒换环。无论从控制协议,还是操作上来说,二纤双向通道保护环在各种倒换环中是最简单的。它不用考虑自动保护倒换(APS)的协议处理过程,因而业务倒换时间最短。而二纤双向复用段保护环的控制逻辑则是各种倒换环中最复杂的。

一般自愈环提供 1 +1、1:1 或 1:N 这 3 种业务保护功能。1 +1 保护方式是指发端在主/备用两个信道上发同样的信息(并发),收端在正常情况下选收主用信道上的信息。1:1 保护方式指发端在主用信道上发送主用业务流,而在备用信道上发送额外业务流(可被中断的低优先级业务数据)。当主用信道故障时,发端把主用业务流桥接到备用信道发送,额外业务流将被丢弃。而收端将从备用信道接收主用业务流,从而使主用业务得到恢复。1:N 保护方式类似于 1:1 保护方式,只不过是 N 条主用信道共享 1 条备用信道。

二纤单向通道倒换环是由两根光纤组成,一个为主环(S1),一个为备环(P1),两环业务流向相反,通道的保护功能是通过“并发选收”来实现的,如图 5-13 所示。

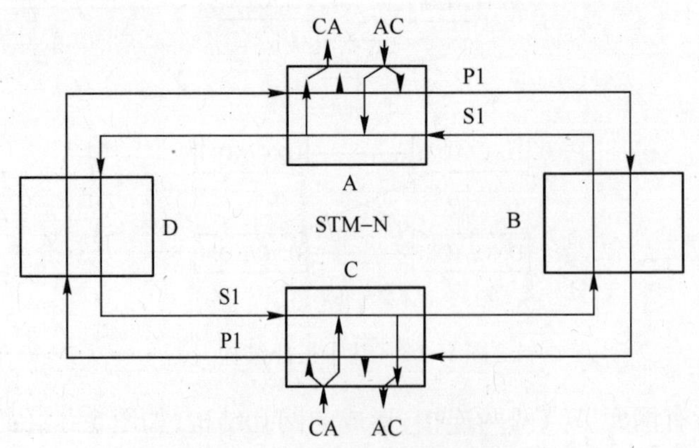

图 5-13 二纤单向通道倒换环

平时网元支路板“选收”主环下支路的业务,主环出现故障时才会“选收”备环支路的业务。也就是 1 +1 的保护方式。它的倒换速度快,配置简单易于维护,就是信道利用率低,只有

50%。二纤单向复用段倒换环大体上与二纤单向通道倒换环类似,只是它的保护方式是针对方式复用段进行业务保护的,如图 5-14 所示。

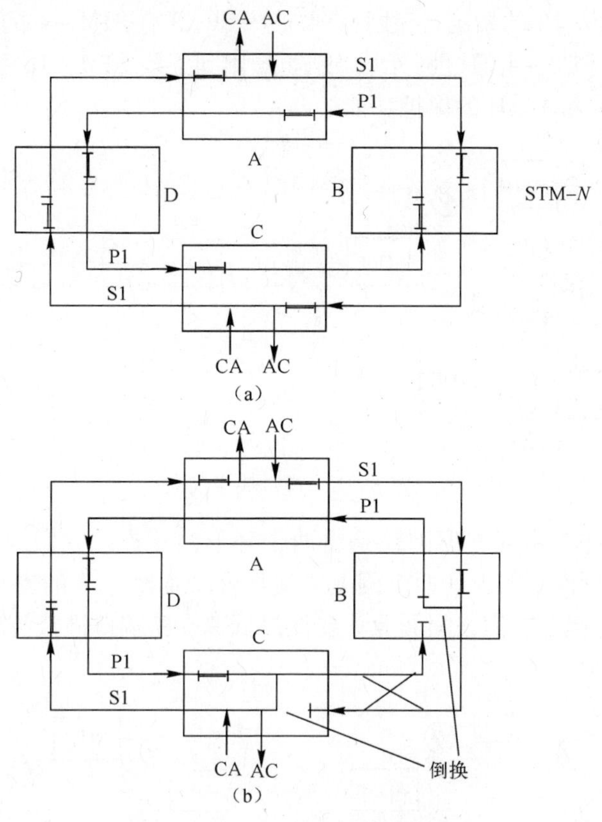

图 5-14 二纤单向复用段倒换环

当某个主环出现故障时,某些网元会自动切换自动保护倒换(APS)的协议,进行倒换,将主环上的业务导到备环上去,并清除额外业务。此时,运行中的网络就可以看出是基本的环形网。复杂网络的拓扑结构

通过前面所提到的 5 种基本网络拓扑结构的组合,可构成一些较复杂的网络拓扑结构。组件网络中常见的拓扑结构有 6 种:T 形、环带线形、单节点互连形、相切形、相交形和枢纽形。如图 5-15 所示,T 形实际上是一种树形网。如果将 T 形网的“一字头”作为干线,载有 STM-16 的系统,将“1 字底”作为支线,载有 STM-4 的系统。T 形网的作用就是将支路的业务 STM-4 通过网元 A 分/插复用到干线 STM-16 系统上去,此时支线接在网元 A 的支路上,支

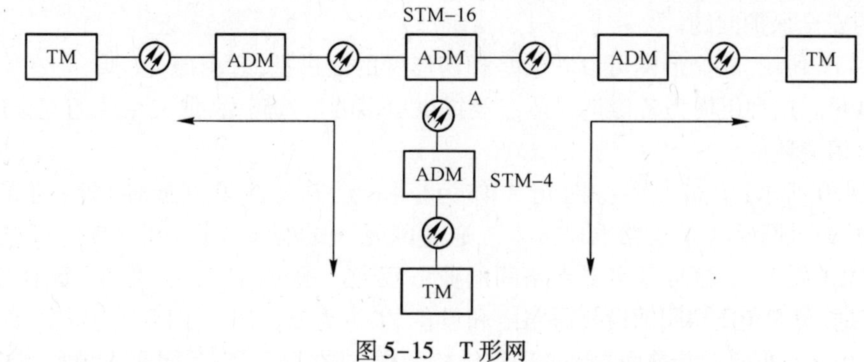

图 5-15 T 形网

线业务作为网元 A 的低速支路信号,通过网元 A 进行分插。

如图 5-16 所示。环带线形网是由环形网和线性网两种基本拓扑形式组成。如果将环形网作为干线,载有 STM-16 的系统,将线性网作为支线,载有 STM-4 的系统。环带线形的作用就是将支路的业务 STM-4 通过网元 A 分/插复用到干线 STM-16 系统上去。STM-4 业务在链上无保护,上环会享受环的保护功能。

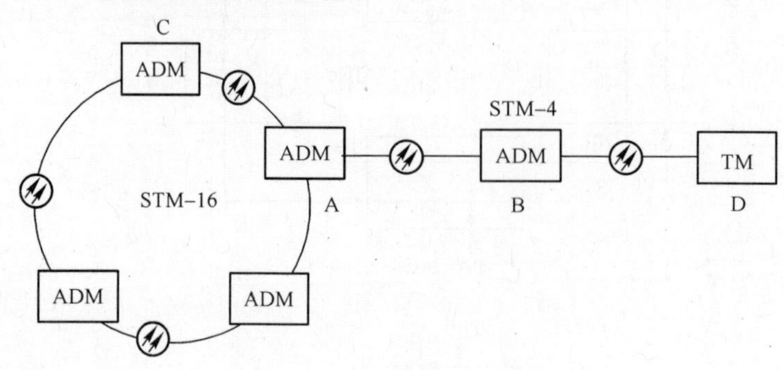

图 5-16 环带线形网

如图 5-17 所示,单节点互连形网就是将两个环形网相连。它们通过各自网元的支路部分连接在一起。两环形网中的任何两个网元之间都可以通过 A、B 的支路互通业务,且可选路由多,系统冗余度高。但是它们之间的业务要经过低速支路端口进行传输,这就存在一个低速支路的安全保障问题。

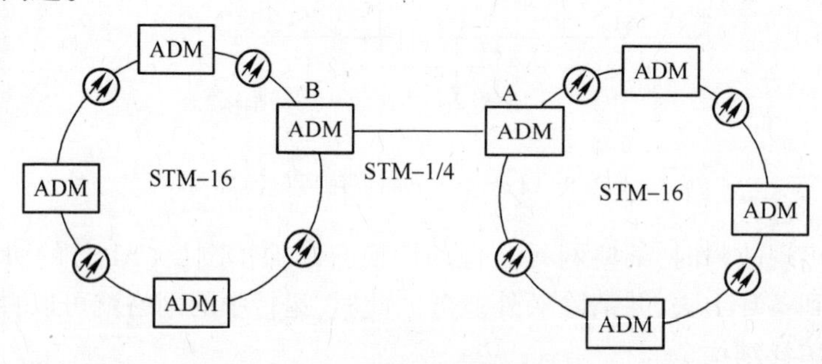

图 5-17 单节点互连形网

如图 5-18 所示,相切形网中,3 个环形网之间相切于公共节点网元,该网元可以是 DXC,也可用 ADM 等效(环Ⅱ、环Ⅲ均为网元 A 的低速支路)。3 个环形网之间都可以通过公共节点网元进行环间的业务互通,且比单节点互连形网具有更大的业务交流能力,业务可选路由更多,系统冗余度更高。不过各环形网之间的业务交流依靠公共节点网元,这就存在重要节点(网元 A)的安全保护问题。

如图 5-19 所示,相交形网可以看成是相切形网的改进型,它由原先的单个公共节点改为两个节点单元。这种组网为备份重要节点及提供更多的可选路由,加大系统的冗余度,可将相切环扩展为相交环。

如图 5-20 所示,枢纽形网将网元 A 作为枢钮点,其他线形网或环形网的 STM-1 或 STM-4 信号通过网元 A 的支路端口接入。通过网元 A 的交叉连接功能,我们可以使支路业务分/插复用进主干线,也可以实现支路间的业务互通。通过网元 A 的分/插复用来实现支路间业务的互通,可避免支路间铺设直通路由和设备,也不需要占用骨干网上的资源,便于加入其他新的网络单元。但是它与前面提到的网络结构一样,存在重要节点(网元 A)的安全保护问题。

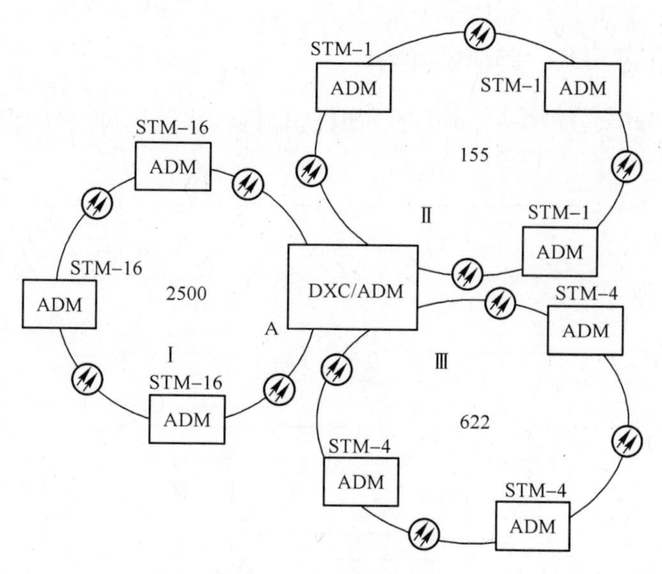

图 5-18　相切形网

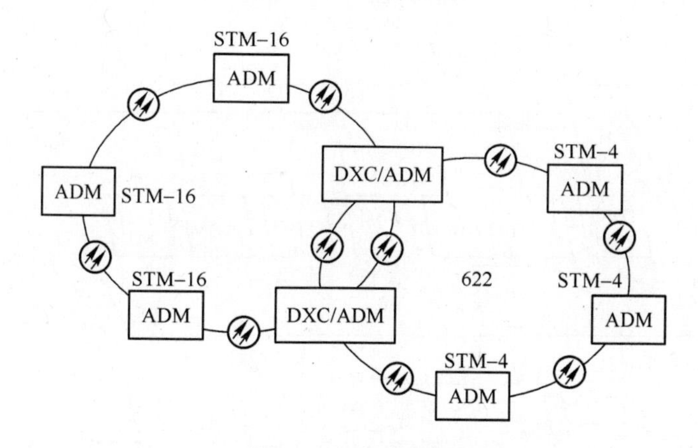

图 5-19　相交形网

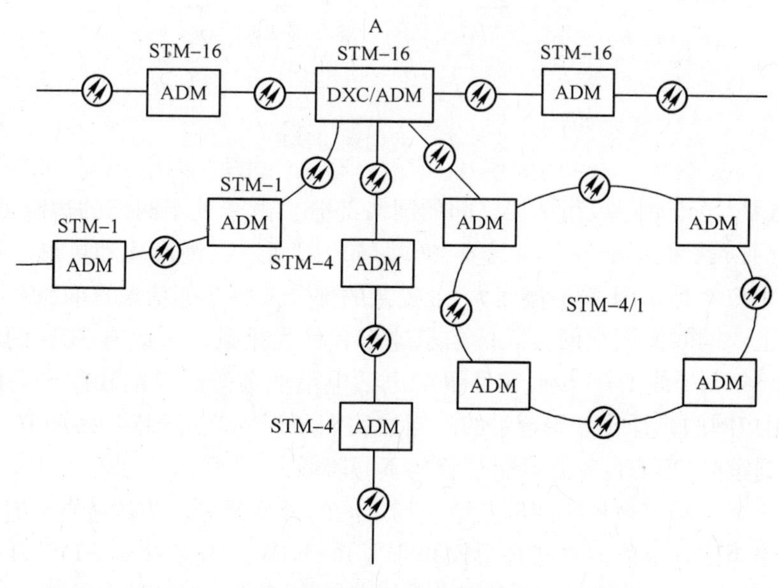

图 5-20　枢纽形网

5.4.3 我国的 SDH 传输网结构

根据传输网的分层、分割模型,我国的 SDH 传输网网络结构可以分为 4 个层次,如图 5-21 所示。

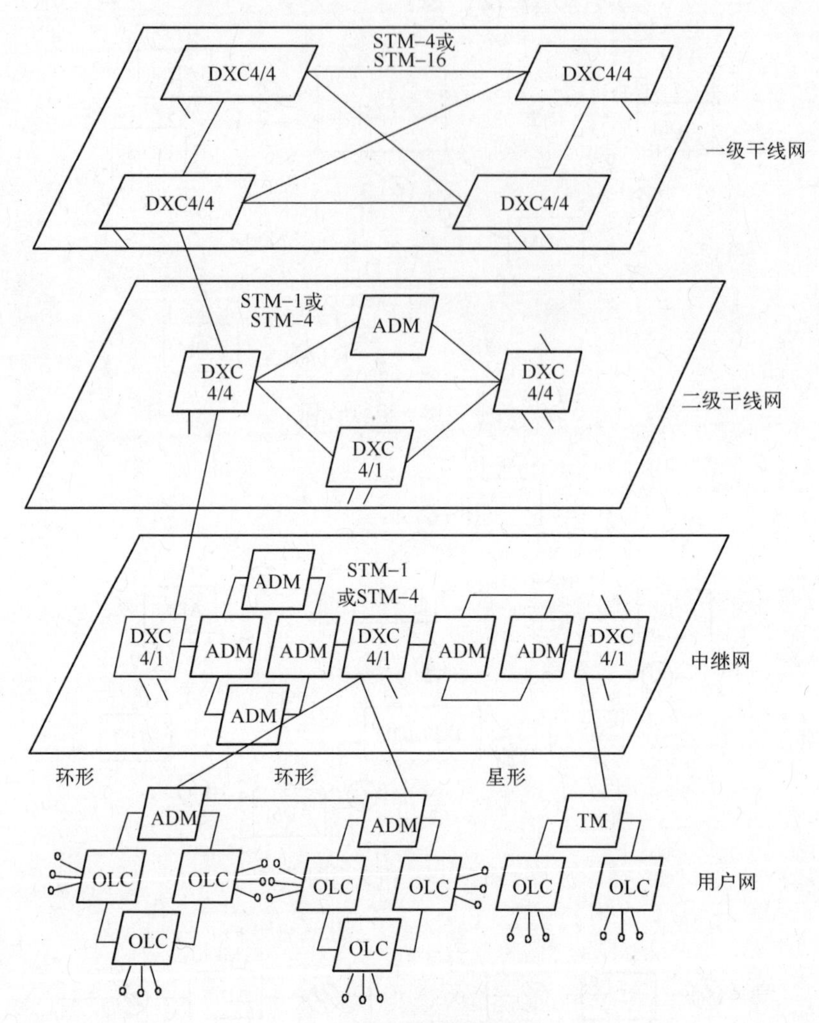

图 5-21　我国网络结构

用户网是用户至市局以及市话局之间的网络部分。由于处于网络的边缘处,业务容量要求低,且大部分业务量汇集于一个网元节点(端局),因而通道倒换环和星形网都十分适合于该应用环境。用户网是 SDH 网中最庞大、最复杂的部分。整个通信投资的50%以上用于该网的建设与维护上。同时由用户网接入的信息速率和种类繁杂。一般有 SDH 的 STM - 1、PDH 体系的 2Mb/s、34Mb/s 或 140Mb/s、普通语音电话电信业务等。目前我国推行的宽带中国计划,主要是从用户网的光纤化开始着手的。当然我们所说的光纤到路边(FTTC)、光纤到大楼(FTTB)、光纤到家庭(FTTH)就是这个过程的不同阶段。

中继网就是长途局与市局之间以及市话局之间的网络部分。按区域划分它可以看成是由若干个环形网络组建而成的。这些环形网可以是由 ADM 组成速率为 STM - 1/STM - 4 的自愈环,也可以是路由备用方式的两节点环。一般对于市话局之间以及市话局至长途局,由于其业务量较大,适合采用双向环形网;特大城市、大城市本地网也可组成网孔形网;市话局至本地市话区内的各个端口局,会按照地理环境组成环形网和线形网。各环形网主要采用复用段倒换环的方式,至于是使用四纤还是二纤取决于业务量和经济比较。环形网之间用 DXC4/1 连接通信,完成业务的疏导和管理的功能。

二级干线网(省内干线网)就是本省内各地市之间以及与省会之间的网络部分。该网络中,业务量一般集中于各地市与省会之间的业务交流,而地市局之间业务量相对较小,适合于二纤环形网。对于边远的城市,考虑到组建环形网的投资过大,会根据实际资金情况前期建设线形网,远期根据业务量发展形成格形网,并在主要节点安装 DXC4/4 或 DXC4/1 设备。由于 DXC4/1 拥有 2Mb/s,34Mb/s 或 140Mb/s 接口三个端口,因而原来 PDH 系统也能纳入统一管理的二级干线网。

一级干线网(省际干线网)就是各省省会城市之间以及地理上枢纽节点城市之间的网络部分。其相互之间的业务量大,采用能承载 STM-4/ STM-16/ STM-64 信号的高速光纤线路,并在节点处设置 DXC4/4 设备,组建成拥有大容量、高可靠性的网孔形国家骨干网,有时还会辅以少量线形网。由于 DXC4/4 拥有 PDH 系统的 140Mb/s 接口,因而原来 PDH 的 140Mb/s 和 565Mb/s 系统也能纳入统一管理的一级干线网。

自测练习

5-19 在 SDH 网络中的自愈保护可以分为________等。

(A) 线路保护倒换 (B) 环形网保护

(C) 网孔型 DXC 网络恢复 (D) 混合保护方式

5-20 通信网的基本结构形式有五种,以下正确的说法是________。

(A) 网型、星型、树型、环型、总线型; (B) 网型、星型、线型、复合型、环型;

(C) 网型、星型、复合型、环型、总线型; (D) 网型、环型、线型、复合型、树型。

5-21 N 个节点完全互联的网型网需要的传输电路数为________。

(A) $N(N-1)$ (B) N

(C) $N-1$ (D) $1/2N(N-1)$

5-22 我国的 SDH 传输网网络结构可以分为________、________、________和________4 个层次。

5.5 SDH 设备介绍

SDH 设备是 SDH 传输网的基本组成部分,也是国际各大生产制造商优先研制开发的设备。它的设备有 TM(终端复用器)、REG(再生中继器)、ADM(分插复用器)和 DXC(数字交叉连接设备)等。通过光纤的连接,各设备可以完成 SDH 网的传送任务:上/下路业务、交叉连接业务、网络故障自愈等。

5.5.1 TM——终端复用器

TM 具有线路端口和支路端口,是一个双端口器件,用在传输网的终端站点上。如图 5-22 所示。

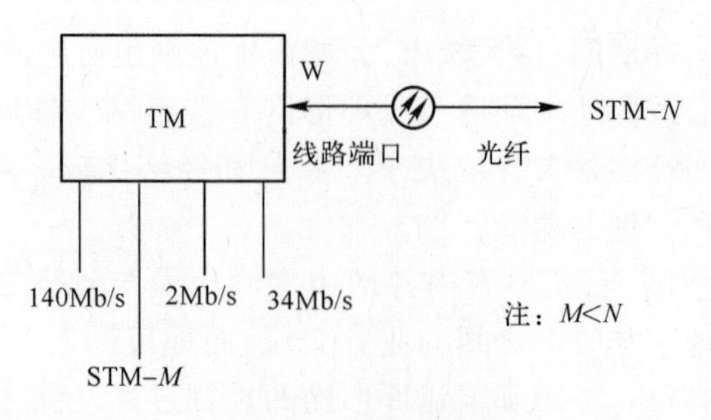

图 5-22　TM 模型

终端复用器不仅可以将支路端口的低速信号复用到线路端口的高速信号 STM－N 中，还能从 STM－N 的信号中分出低速支路信号。但是，它的线路端口只能输入/输出一路 STM－N 信号，而支路端口却可以输出/输入多路低速支路信号。这些低速支路信号不仅可以是 STM－M 的信号，还可以为 2Mb/s、34Mb/s 和 140Mb/s 的三种不速率的低速信号。在将低速信号复用进高速信号 STM－N（将支路端口的信号复用到线路端口）上时，TM 有一个交叉重组的功能。例如，我们需要将支路的一个 STM－1 信号复用进线路上的 STM－4 信号中。如果将支路信号比作小方块，而线路信号为四倍于支路信号的大方块。这种复用就可以解释为，将小方块放到大方块的 1～4 个的某个特定位置上去。当然也可将支路的 2Mb/s 信号可复用到一个线路的 STM－1 信号中的某个位置上去。其信号复用形式与前一例子基本上是一样的。

5.5.2　REG——再生中继器

REG 只有两个线路端口——w、e，是一个双端口器件，如图 5-23 所示。光纤传输网的再生中继器有两种。一种是纯光的再生中继器，主要进行光功率放大以延长光传输距离。例如，掺铒光纤放大器，它直接耦合于光纤中，当信号光通过该放大器时，被直接放大并传送出去。另一种是用于脉冲再生整形的电再生中继器。它以不积累线路噪声，保证线路上传送信号波形的完好性为目的。通过光/电变换、电信号抽样、判决、再生整形、电/光变换，以提高信号质量的目的。此处讲的是后一种再生中继器。它将 w 或 e 侧的信号光经光电转换、抽样、判决、再生整形、电光转换，然后在 e 或 w 侧发出。与 TM 相比，它不需要交叉复用功能（w－e 直通即可），不像 TM 那样需要将低速支路信号复用到 STM－N 中。

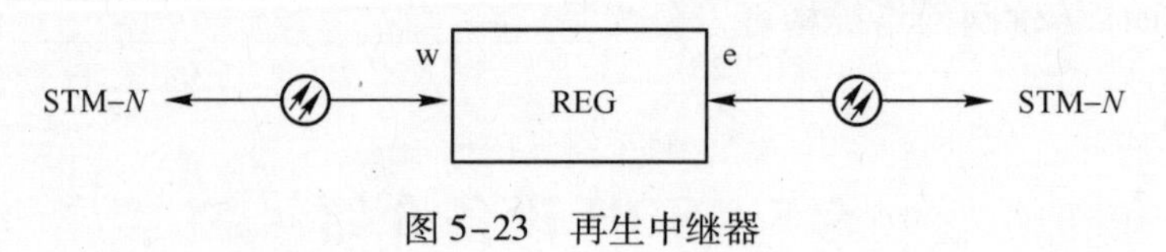

图 5-23　再生中继器

5.5.3　ADM——分插复用器

ADM 有两个线路端口和一个支路端口，其中两个线路端口各接一侧的光纤（每侧收/发共两根光纤）。它是一个三端口器件，用于 SDH 传输网络的转接站点处。例如链的中间结点或环上结点，是 SDH 网上使用最多、最重要的一种设备。如图 5-24 所示。

它与 TM 一样，可以将低速支路信号交叉复用进两个线路端口上的光纤上，或从两个线路端口上的光纤上拆分出低速支路信号。对于 STM－4 等级上的信号，ADM 具有 622Mb/s 的标准光接口，其支路信号可有 155Mb/s 光接口，140Mb/s（155Mb/s）及 2Mb/s 电接口。另外，它

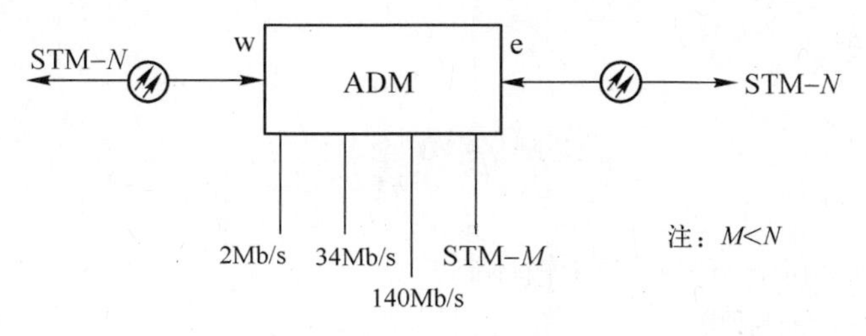

图 5-24　ADM 模型

内部设有交叉矩阵,可以将两个线路端口上的 STM－N 信号进行交叉连接,例如将一个线路端口信号 STM－4 中的某个 STM－1 与另一个线路端口信号 STM－4 中的另一个位置上的 STM－1相连。

作为 SDH 传输网最重要的一种设备,ADM 能完成其他设备的功能。例如,去掉支路信号端口,则可作为 REG 使用。同时,它还可以等效为两个 TM。

5.5.4　DXC——数字交叉连接设备

DXC 是一种具有一个或多个 PDH 或 SDH 信号端口的器件,主要由交叉矩阵和各类端口组成,用于重要的节点站。它可以将输入的 m 路 STM－N 信号交叉连接到输出的 n 路 STM－N 信号上。如图 5-25 所示。

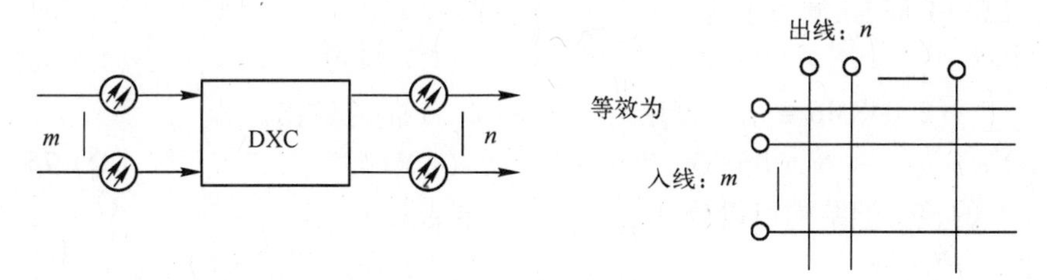

图 5-25　DXC 功能图

数字交叉连接设备常用 DXC m/n(与前面提到的 m,n 表示的意思不一样)表示,m,n 为自然数,表示数据速率等级。m 表示端口速率的最高等级;n 表示交叉连接矩阵中进行交叉连接和数据流数据的最低等级;数字 0 表示 64kb/s;数字 1,2,3,4 分别表示 PDH 中 1～4 次群的速率;数字 4 还表示 SDH 中 STD－1 等级或 STM－1,数字 5 表示 STM－4,数字 6 表示 STM－16。当与网管配合时,它使用交叉连接功能,为临时性的重要事件迅速提供电路,更可以随业务流量的变化相应的改变配置电路,使网络利用率达到最佳状态。DXC 还可以作为 SDH 网和 PDH 网的网关使用。在这两种网络的交汇点设置一台 DXC 如 DXC4/1,就可以完成二种数字传输体系之间不同信号格式的转换与交叉连接。

自 测 练 习

5-23　SDH 传输系统设备有________、________、________和 DXC(数字交叉连接设备)等。

5-24　光纤传输网的再生中继器有__________和__________两种。

5-25　ADM 有两个________端口和一个支路端口,它是一个三端口器件,用于 SDH 传输网络的转接站点处。

本章思考题

5-1 光纤大容量数字传输有哪两种传输体制?

5-2 PDH 的传输特性有哪些?

5-3 简述 SDH 传输体系。

5-4 简述 SDH 基本的网络拓扑结构。

5-5 简述自愈环的 4 种典型结构工作原理。

5-6 简述我国的 SDH 传输网结构。

5-7 SDH 传输系统设备有哪些? 各设备的功能是什么?

练 习 5

5-1 SDH 自愈网中,某 4 节点 STM-1 自愈环采用 2 纤单向通道倒换保护方式,则环上可能的最大业务容量为________。

(A) 63 个 VC4 (B) 126 个 VC4 (C) 252 个 VC4

5-2 对于 STM-1 而言,帧长度为________个字节。

(A) 2048 (B) 4096 (C) 2430 (D) 4860

5-3 ________个 2.048Mb/s 信号复用为一个 STM-1 信号输出。

(A) 32 (B) 63 (C) 64 (D) 75

5-4 STM-*N* 的整个帧结构可以分为________主要区域。

(A) 段开销区域 (B) 通道开销区域

(C) 管理单元指针区域 (D) 净负荷区域

5-5 一个 STM-64 码流最大可以包含________个 VC12。

(A) 63 (B) 64 (C) 252 (D) 1008

5-6 我国 PDH 是以________。

(A) 1544kb/s 为基群的 T 系列 (B) 1544kb/s 为基群的 E 系列

(C) 2048kb/s 为基群的 T 系列 (D) 2048kb/s 为基群的 E 系列

5-7 计算 STM-4 的传输速率。

5-8 试计算:

(1) 已知 SDH 系统 STM-1 模块的帧结构为 9 行 270 列字节,每字节 8bit,帧周期 125μs,计算 STM-1 模块的比特传输速率。

(2) VC-4 是 STM-1 帧结构中的信息负荷区域,计算比特传输速率。

5-9 我国允许采用的支路接口有 2.048Mb/s、34.368Mb/s 和 139.264Mb/s 三种 PDH 接口和 STM-1 接口。一个 STM-1 可传多少个 2Mb/s 信号? 相当于多少个话路?

5-10 系统的传输通道采用 D1 ~ D12 个字节,求其在 STM-1 帧结构中传输速率是多少? 其中再生段和复生段分别是多少?

第6章 光 网 络

【本章知识结构图】

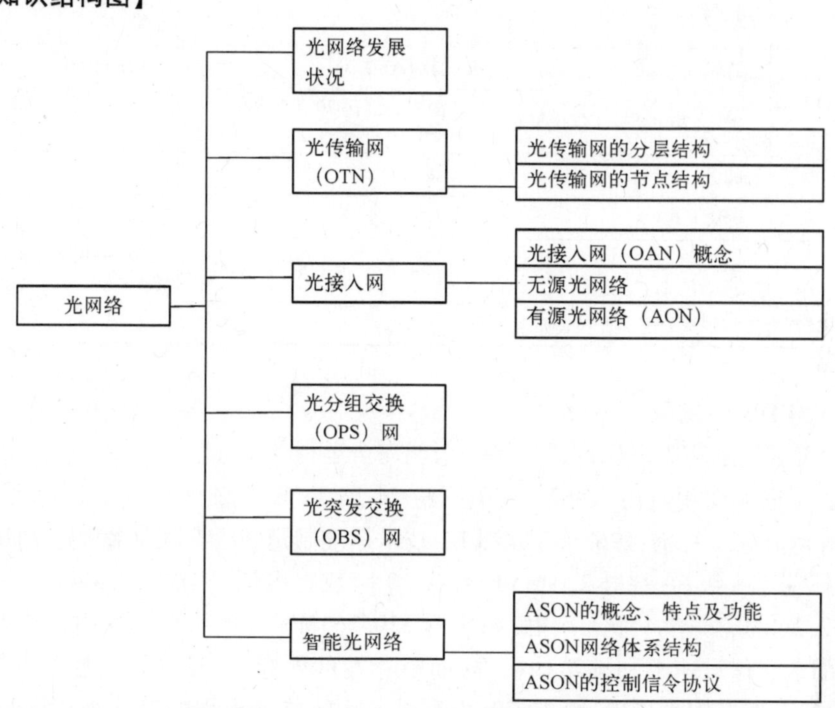

光网络一般指使用光纤作为主要传输介质的广域网、城域网或者新建的大范围的局域网。以太网可以通过光纤传输，部分非以太网如令牌环网、令牌总线网、FDDI 等也可以使用光纤传输数据。光网络分为两大类：有源光网络(Active Optical Network, AON)和无源光网络(Passive Optical Network, PON)。有源光网络又可分为基于 SDH 的 AON 和基于 PDH 的 AON；无源光网络可分为窄带 PON 和宽带 PON。根据光纤深入用户群的程度，可将光纤接入网分为 FTTC(光纤到路边)、FTTZ(光纤到小区)、FTTB(光纤到大楼)、FTTO(光纤到办公室)和 FTTH(光纤到户)，它们统称为 FTTx。FTTx 不是具体的接入技术，而是光纤在接入网中的推进程度或使用策略。

6.1 光网络发展状况

由 1.5 节可知，光网络是一种由光纤及光信号处理设备组成的网络，又称光传输网，它是一个将复接、传输及交换功能集为一体的，并由统一管理系统操作的综合信息传送网络。相对于光纤通信初期点到点的光纤链路传输系统，光网络可实现多节点网络的互连与灵活调度。

通信网络的发展已经历了两代，第一代全电网络及第二代电光网络，正向着第三代全光网络发展。全光光纤网(简称全光网)是在光域上实现传输和交换的网络。从现有的光 SDH 网迈向新一代全光网,将是一个分阶段演化的过程,三代数字传输网的基本特征如表 6-1 所列。全光网是下一代的新型网络。

表 6-1 三代数字传输网的基本特征

网络技术	T1/E1	SONET/SDH	OTN
网络体系	第一代	第二代	第三代
设计目标	支持话音业务,非 BOD*,静态分配	支持话音业务,非 BOD,静态分配	支持话音、图像和数据业务、支持可剪裁的 QoS、BOD*,动态分配
复用交换	TDM/E/E/E	TDM/O/E/O	WDM/O/O/O
传输媒质	铜缆(20 世纪 60 年代早期)	铜缆、光纤(20 世纪 80 年代中期)	光纤(20 世纪 90 年代至今)
传输容量	Mb/s	Gb/s	Tb/s
载荷特征	固定长度	固定长度	固定或可变长度
网络协议	无	部分协议,如 PPP、IP、ATM	众多协议,如 PPP、IP、ATM、MPLS 等
*:BOD 和非 BOD 为按需带宽分配和非按需带宽分配			

1. 第一代 PDH 传输网

1947 年,美国贝尔实验室研制成功第一个能完全运行的 PCM 系统;1957 年由于发明了晶体管,PCM 系统进入商用阶段;1962 年,美国将 24 路 PCM 系统——T1 用于市话局间中继;1965 年,美国制定 DS1 标准;1968 年,欧洲 E1 技术标准制定 30 路 PCM 编码。PDH 速率小于 565Mb/s,具体速率等级为:基群 2.048Mb/s,含 30 路数字电话;二次群 8.448Mb/s,含 4 个基群;三次群 32.368Mb/s,含 4 个二次群;四次群 139.264Mb/s,含 4 个三次群。PDH 的缺点是只有地区性的数字信号速率和帧结构标准,而不存在世界标准;没有世界性的标准光接口规范,各厂家自行开发专用光接口,限制了互连互通。除低速率等级的信号采用同步复用外,多数等级的信号采用异步复用,复用结构复杂且缺乏灵活性,复用结构中无安排很多用于网络运行、管理和维护的比特,网络的分插复用能力差。由于建立在点对点的传输基础上的复用结构缺乏灵活性,使得数字通道设备的利用率很低。

2. 第二代 SONET/SDH 传输网

PDH 传输网对传统的点到点通信有较好的适应性,随着数字通信的迅速发展,PDH 已经无法适合当今通信各种业务的要求。SDH 就是为适应各种新的需要而出现的传输体系。

1985 年,美国贝尔实验室提出同步光纤网 SONET(Synchronous Optical Network)标准,1988 年,美国国家标准委员会采用了 SONET 技术并通过了相关标准。SONET 的基本速率从 51.84Mb/s 起,最高达 10Gb/s。OC-192 是 SONET 的光速率标准,相当于 SONET 的 Electrical STS-192 或 SDH 的 STM-64,即 10Gb/s。其他 OC 标准还有 OC-1(51.8 4Mb/s),OC-3(155.52Mb/s),OC-12(622.08Mb/s),OC-48(2.488Gb/s),OC-192(9.953Gb/s)等,以 OC-1 的倍数递增。1989 年,ITU-T 接受 SONET 概念,并重新将其命名为 SDH,制定了 SDH 标准,使之成为不仅适用于光纤也适用于微波和卫星传输的通用技术体制。与 SONET 有细微差别,SDH/SONET 定义了一组在光纤上传输光信号的速率和格式,通常统称为光同步数字传输网,是宽带综合数字网 B-ISDN 的基础之一。SDH/SONET 采用 TDM 技术。SONET 多用于北美和日本,SDH 多用于中国和欧洲。

SDH 的优点:

1) 复用方式

低速 SDH 信号是以字节间插方式复用进高速信号的帧结构中,这样就使低速信号在高速信号的帧中的位置是固定的、有规律性的。这样就能从高速信号中直接分出/插入低速信号,从而简化了信号的复接和分接程序,使 SDH 体制特别适合于高速大容量的光纤通信系统。SDH 的这种复用方式使数字交叉连接功能更易于实现,使网络具有了很强的自愈功能,便于用户按需动态组网,实时灵活地进行业务调配。

2) 运行维护

SDH 信号的帧结构中安排了丰富的用于运行维护功能的开销字节,使网络的监控功能大大加强,也就是说维护的自动化程度大大加强,从而大大降低了系统的维护成本。

3) 兼容性

SDH 有很强的兼容性,当组建 SDH 传输网时,原有的 PDH 传输网不会废弃,两种传输网可以共同存在。可以用 SDH 网传送 PDH 业务,另外,异步转移模式的信号(ATM)、FDDI 信号等其他体制的信号也可用 SDH 网来传输。

SDH 的缺点:

1) 频带利用率低

SDH 的一个很大的优势是系统的可靠性大大的增强了(运行维护的自动化程度高),这是由于在 SDH 的信号帧中加入了大量的用于 OAM 功能的开销字节,这样必然会使在传输同样多有效信息的情况下,PDH 信号所占用的频带(传输速率)要比 SDH 信号所占用的频带(传输速率)窄,即 PDH 信号所用的速率低。

2) 指针调整机理复杂

SDH 体制可从高速信号中直接下低速信号,省去了多级复用/解复用过程。而这种功能的实现是通过指针机理来完成的,指针的作用就是时刻指示低速信号的位置,以便在"拆包"时能正确地拆分出所需的低速信号,保证了 SDH 从高速信号中直接下路低速信号功能的实现。可以说指针是 SDH 的一大特色。但是指针功能的实现增加了系统的复杂性。最重要的是使系统产生 SDH 的一种特有抖动——由指针调整引起的结合抖动。这种抖动多发于网络边界处,其频率低、幅度大,会导致低速信号在拆出后性能劣化,这种抖动的滤除会相当困难。

3) 软件的大量使用对系统安全性的影响

SDH 的一大特点是 OAM 的自动化程度高,这也意味着软件在系统中占有相当大的比重,这就使系统很容易受到计算机病毒的侵害,特别是在计算机病毒无处不在的今天。另外,在网络层上人为的错误操作、软件故障,对系统的影响也是致命的。

3. 第三代光传输网 OTN

电子器件的瓶颈限制了时分复用速率的进一步提高,使以时分复用为基础的 SDH 技术的发展转向了波分复用,即在同一光纤上通过采用不同的波长光源传送多路信号,波分复用是传输技术发展到光纤技术后的又一次飞跃,进一步的发展出现了以波分复用、光分插复用器(OADM)、光交叉连接设备(OXC)为技术基础的全光联网的传输网——全光网络,它是以波长为单位进行和调度的网络,如图 6-1 所示。自动交换传送网(ASTN)或自动交换光网络(ASON)是一种由用户动态发起业务请求,网元自动计算并选择路径,并通过信令控制实现连接的建立、恢复、拆除,融交换、传送为一体的新一代光网络。

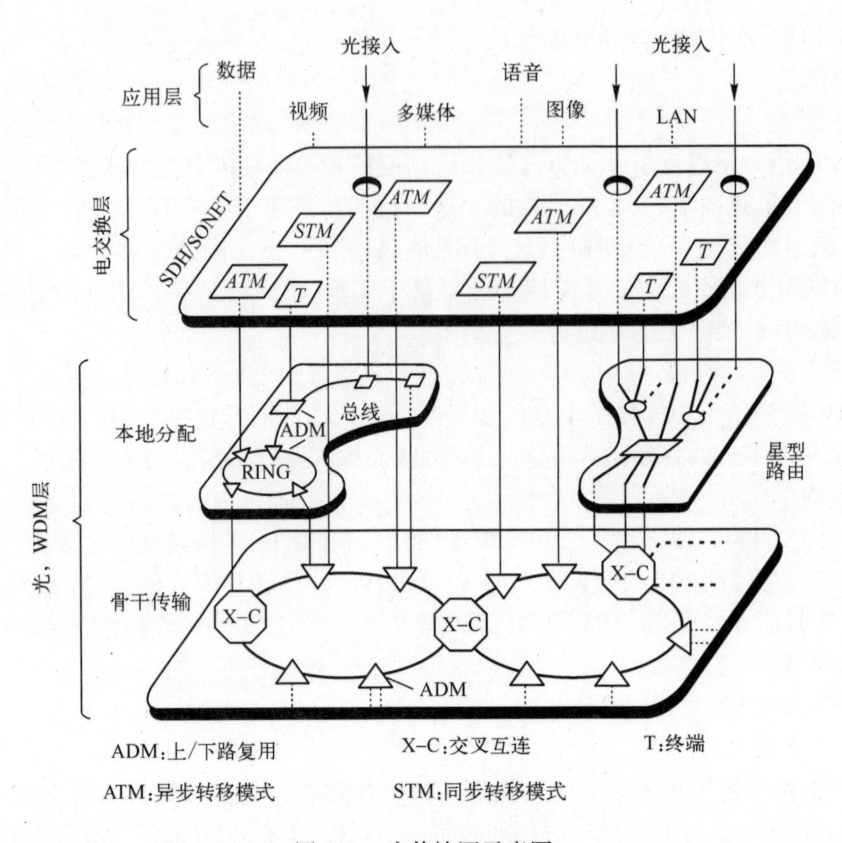

图6-1　光传输网示意图

自动交换光网络是智能光网络的主要模式之一，一般由密集波分复用(DWDM)组成的光传送网组成的光传送网加上光交换机组成。在由DWDM组成的网状主要节点，设置具有数百Gb/s交换能力的光交换机，组成ASON的核心层。按照我国光纤通信的技术体系，光交换机最小颗粒度可以设定为155Mb/s，网络节点接口(NNI)可以任选STM-1/STM-4/STM-16/STM-64，用户网络接口(UNI)用于连接SDH、ATM(异步转移模式)、以太网路由器等。

在接入业务较多的网络中，就在核心层和接入层之间加入汇接层。汇接层采用多业务交换平台，汇聚DXC(数字交叉连接设备)、SDH的TM(终端复用器)和ADM(分插复用器)、ATM交换、以太网交换等功能，上接核心层，下接接入层。这种三层结构的组网方式能够充分体现ASON的技术和经济优势。ASON模式能够充分利用既有的网络资源，降低智能光网络的成本，为较多的电信运营商所采用。

与SDH组网方式相比，智能光网络的优点有：

(1) 超大容量和丰富的接口，为电信业务发展奠定了利用超大容量的DWDM技术基础，可以在一根光纤上传送96个以上的波长，以每一个波长承载10Gb信号计算，传输网的容量将达到960Gb。光分插节点采用大容量的光交换机，交换机容量可以达到640Gb以上；

(2) 智能光网络可提供各类标准接口，能完成波长的交换和波长子速率的交换，粗交叉颗粒为单个波长，细交叉颗粒为STM-1信道。这样的配置使网络的容量发生几何倍数的增长，随着技术的升级，交换容量会更大，能够满足将来信息流量爆炸型增长的需求；

(3) 高效的网络管理和保护技术，使网络运行高效、安全、稳定，智能光网络通过多种网络保护方案，包括传统的环网和链路1:1、1:N、1+1的线路自动倒换，在环网和链路光纤发生故

障时,能提供快速的恢复;

(4) 智能光网络通过OSRP协议,使网络的每一个网元都能够主动和其他网元交流链路和容量信息,掌握整个网络的拓补结构。当链路发生故障或增加新途径时,网元向网络的所有节点发出事件广播,各个网络节点收到信息后,重新计算达到各个节点发出事件广播,各个网络节点收到信息后,重新计算达到各个节点的最佳路由,进行路由表的更新,保持了信息数据库的实时动态、可扩展性和可收敛性;

(5) 智能光网络的网络管理系统能够把用户分成不同的等级,用户优先级低的可以采用保护带宽通信,优先级高的用户随时可以占用优先级低的用户的带宽。通过实现虚拟线路交换环(VLSR)、快速格状网恢复(FASTMEST)保护以及系统容量机制,在两点之间实现高性能的电路级保护和快速的通路恢复,大大提高了网络的生存能力。

此外,在硬件方面,智能光网络的单机集成了多种ADM和DCS设备的功能,简化了网络。光网络完成粗颗粒的整个波长交叉和细颗粒的交换,使带宽利用度达到了最大,并且拥有各种业务接口,适用于各种网络环境,能够提供用户所要求的任何服务。智能光网络的灵活组网和扩展能力也能够为电信运营商节约网络扩展的费用。在软件方面,通过控制面功能,实现自动化的快速的点对点的配置能力,增强了运营商快速提供优质服务的能力,并且能够根据时间段和需求安排,及时告诉网络带宽的利用度,能够适应互联网业务或相类似的突发性要求,从而降低了网络的操作费用,提高了经济效益。

小结:

全光网AON(All Optical Network)是指信息从源节点到目的节点的传输完全在光域进行,即全部采用光波技术完成信息的传输和交换。包括:光放大、光再生、光选路、光交换、光存储、光信息处理等先进的技术。全光网实现从源节点到目的节点的端到端的全光的传输和交换,因而具有好的透明性、存活性、可重构性、可扩展性和对现有系统的兼容性。全光网的主要特点:

(1) 充分利用了光纤的带宽资源,有极大的传输容量和极好的传输质量;

(2) 具有开放性和全透明性,不同速率、协议、调制制式信号兼容;

(3) 易于实现网络的动态重构,可为大业务量的节点建立直通光通道;

(4) 采用虚波长通道(VWP)技术,解决了网络的可扩展性,节约网络资源(光纤、节点数、波长数等)。

智能光网络是指具有自动传送交换连接功能的光网络。ITU-T的建议中将与底层无关的标准智能光网络称为自动交换传送网(ASTN),而底层为光传送网的(OTN)的ASTN称为自动交换光网络(ASON)。智能光网络可以实现流量控制功能,允许将网络资源动态地分配给路由、可以实现业务的快速恢复、可以提供新的业务类型,诸如按需带宽业务和光层虚拟专用网(OVPN)等。

自测练习

6-1 光网络一般指使用光纤作为主要传输介质的________、________或者________。不仅以太网可以通过光纤传输,令牌环网、令牌总线网、FDDI等也可以使用光纤传输数据。

6-2 光网络分为______________和____________两大类

6-3　无源光网络(PON)的英文名称为________________。

6-4　SONET OC-192 的标准速率为__________。

6-5　全光网络是以________为单位进行和调度的网络。

6-6　利用 OADM 可实现在不同的节点灵活地上路、______波长,利用________可实现波长路由选择的动态重构、网间互联、自愈功能等。

6.2　光传输网(OTN)

1997 年,国际电信联盟(ITU-T)提出了光传输网络的协议草案。1998 年,ITU-T 正式提出 OTN 的概念,OTN 是指为客户层信号提供光域处理的传送网络,主要功能包括业务信号的传输、复用、路由、监控管理和自愈保护,而这些功能都完全在光域中进行,从网络级的观点对光传输网的功能结构进行了描述。

OTN 的主要特点是引入了"光层"的概念。在 SDH 传输网的电复用段层与物理层之间加入光层,OTN 处理的基本颗粒是光波长,客户层业务以波长形式在光网络上复用、传输、选路及放大,在光域上分插复用和交叉连接。光网络与现有的传统通信网包括 SDH 网、ATM 网、有线电视网(Cable-TV)等,以及计算机互连协议网(即 IP 网)兼容。光网络的主要特点有:

(1) 透明性:全光网的 OADM 和 OXC 与光信号的内容无关,对于信息的调制方式、传送模式和传输速率透明。目前相互独立的 SDH 传送网、PDH 传送网、ATM 网络及模拟视频网络都可以建立在同一光网络上,共享底层资源,并提供统一的监测和恢复等网管能力,降低网络运营成本。

在全光网中,各上/下路节点只需要对属于本地的波长信道信息进行处理,而其余大部分波长信道均可直通传输,从而大大减小节点工作量和对设备的需求。同时克服了在传统的交换系统中,电子线路的有限带宽造成的"电子瓶颈"限制。

(2) 波长路由:波长路由是指在实际的光纤物理连接的 WDM 网络上通过不同的波长在各个进行交换数据业务的节点之间建立的一种拓扑连接,具体是通过波长选择性器件实现路由选择。这是目前全光网的主要方式。

(3) 重构性:全光网通过 OXC 灵活地实现光信道的动态重构功能,根据传送网中业务流量的变化(也可能是几个月的统计结果)和需要,动态地调整光层中的波长资源和光纤路径资源分配,使网络资源得到最有效的利用。

(4) 可扩展性:全光网具有分区、分层的拓扑结构,OADM 及 OXC 节点采用模块化设计,在不改变原有网络结构和 OXC 结构时就能方便地增加网络的波长数、光纤路径数和节点数,实现网络的扩充。

同时当发生器件失效、断线及节点故障时,可以通过波长信道的重新(迂回)配置或切换保护开关运作,为发生故障的信道重新寻找路由,完成网络连接的重构,使网络迅速达到自愈,上层用户业务不受影响,因此全光网具有很强的生存能力。

(5) 兼容性:全光网络和传统传送网是完全兼容的。它作为一个新的网络层加入到传统传送网的分层结构中而满足高速率、大容量、多媒体 B-ISDN 的需求。

6.2.1　光传输网的分层结构

表 6-2 为 SDH 传输网与光传输网的分层结构。光传输网的"光层"分为光通道(OCH)层、光复用段(OMS)层和光传输段(OTS)层。其中,光通道层为不同用户信息提供端到端透明

传送(光通道联网)功能,包括为各种不同格式的客户层信号选择路由、分配波长和安排接续。根据 G.709 建议,OCH 层又可分为光通道的净荷单元(OPU)、数据单元(ODU)和传输单元(OTU)。光复用段层为多波长信号提供网络功能;光传输段层为光信号在不同类型光纤(如 G.652、G.653、G.655)上提供传输功能。光传输段开销用来保证光传输段适配信息的完整性,同时实现光放大器或中继器的检测和控制功能。

表 6-2 SDH 与 OTN 的分层结构

SDH		OTN	
电路层		电路层	
通道层		电通道层	
段层	复用段层	电复用段层	
	再生段层	光层	光通道(OCH)层
			光复用段(OMS)层
			光传输段(OTS)层
物理层		物理层	

SDH 与 OTN 的比较,如表 6-3 所列。SDH 是由一些 SDH 网元(NE)组成,在光纤上进行同步信息传输、复用和交叉连接的网络。SDH 有四个网元:终端复用器(TM)、再生中继器(REG)、分纤复用器(ADM)和同步数字交叉连接设备(DXC)。DXC 是一种兼有复用、配线、保护/恢复、监控和网管多种功能的设备,其常用配置:DXC4/4 速率为 140Mb/s 或 155.52Mb/s,DXC4/1 速率为 2Mb/s。

表 6-3 SDH 与 OTN 的比较

	SDH	OTN
网元	TM、REG、ADM、DXC	TM、REG、OADM、OXC、DXC
网络结构	点对点、线型、树型、中继型、环型、网孔型	线型、环型、网孔型
网络生存性	复用段、双向线路倒换环、单向通道保护环、通过 DXC 自愈	双向线路倒换环、单向波长通道保护环、双向波长通道保护环
监控通道	DCC 数字通信通道	带外 OSC 通道、带内导频
网络安全	非透明传输可隔离一些对网络的攻击	透明传输易受到对光放大器和网元的攻击
IP 业务传递	IP over SDH	IP over WDM
光接口	G.957	G.692

OTN 的相应层技术,如表 6-4 所列。

表 6-4 OTN 的相应层技术

相 应 层	功 能	技 术
IP 层	IP 头处理、分段、转发(光域)	波长交换路由器
OCH	IP 包封成光分组、光通路连接信息适配、光通路监控	光交换技术
OMS	光分组的复用、段信息适配、段监控	光 DWDM/OTDM/OCDM 复用技术
OTS	在光纤媒质(G.652、G.653、G.655 光纤)上提供传输功能	光放大器、色散管理等

光传送网的关键技术主要是光节点技术(分为网络节点和接入节点,分别由可重构的OXC和OADM组成)。此外还有全光放大中继、光多路传输、波长选择、光交换、光分插复用、波长转换、网络控制和管理、集成光学和光纤光栅技术等关键技术。

6.2.2 光传输网的节点结构

光传输网节点有两种主要器件:光分插复用器(OADM)和光交叉连接器(OXC)。OADM与OXC是波分复用(WDM)光网络的关键器件。

1. 光分插复用器

光分插复用器节点可以用四端口模型来表示,如图6-2所示。其主要功能是从多波长传输信号中选择下路通往本地的波长,同时本地用户上路发往另一节点的波长信号,而其他波长信道尽量不受影响地通过。即,OADM在光域内实现了SDH的分插复用设备在电域上分插复用的功能,而且对信号的格式与传输速率具有透明性。光分插复用器具体工作过程为:从线路来的WDM信号包含N个波长信道,进入OADM的主输入端,根据业务需求,从N个波长信道中,有选择性地从下路端输出所需的波长信道,相应地从上路端输入所需的波长信道。而其他与本地无关的波长信道就直接通过OADM,和上路波长信道复用在一起后,从OADM的线路主输出端输出。

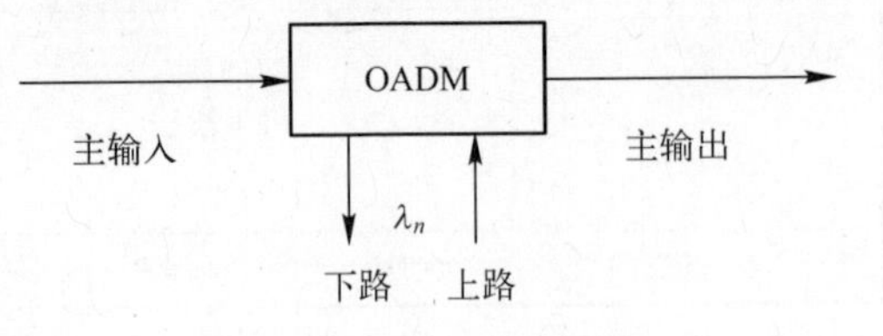

图6-2 OADM节点模型

OADM分为非重构型和可重构型。前者由解复用/复用器和固定滤波器组成,后者由光开关和可调谐滤波器组成,能动态调节OADM节点上下路的波长,动态重构光网络。

OADM节点的核心器件是光滤波器件,由滤波器件选择要上/下路的波长,实现波长路由。目前应用于OADM中的比较成熟的滤波器有声光可调谐滤波器、体光栅、阵列波导光栅(AWG)、光纤布拉格光栅(FBG)、多层介质膜等。从OADM实现的具体形式来看,主要包括分波合波器加光开关阵列及光纤光栅加光开关两大类。

1)基于解复用结构的OADM

图6-3为基于解复用结构的OADM。这种结构的波长路由采用分波/合波器,OADM的直通与上下路的切换由光开关或光开关阵列来实现。这种结构的支路与干线间的串扰由光开关决定,波长间串扰由分波合波器决定。由于分波/合波器的损耗一般都比较大,所以这种结构的主要不足是插损较大。目前分波合波器多采用体光栅、多层介质膜和阵列波导光栅等器件。

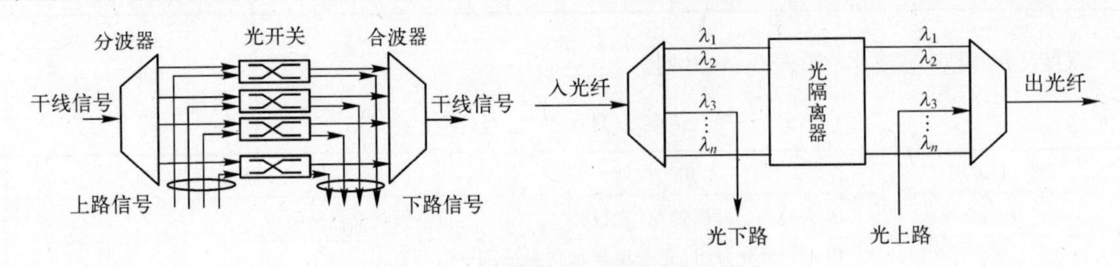

图6-3 基于解复用结构的OADM

2)基于光纤布拉格光栅的OADM

基于光纤布拉格光栅(FBG)的OADM结构,如图6-4所示。入射到OADM的多波长

($\lambda_1,\lambda_2,\lambda_3,\cdots,\lambda_n$)WDM 信号经环行器与 FBG,被 FBG 反射的波长经环行器下路到本地,其他的干线信号波长通过环行器与 FBG 跟本地节点的上路信号波长合波,继续在干线上向前传输。这个方案可以根据 FBG 来任意选择上下话路的波长,使网络资源的配置具有较大的灵活性。由于每个 FBG 只能下一路波长信道及生产成本的原因,这种结构只能适用于上下话路不多的小型节点。每一波长只需一个光栅,结构简单、性能稳定。

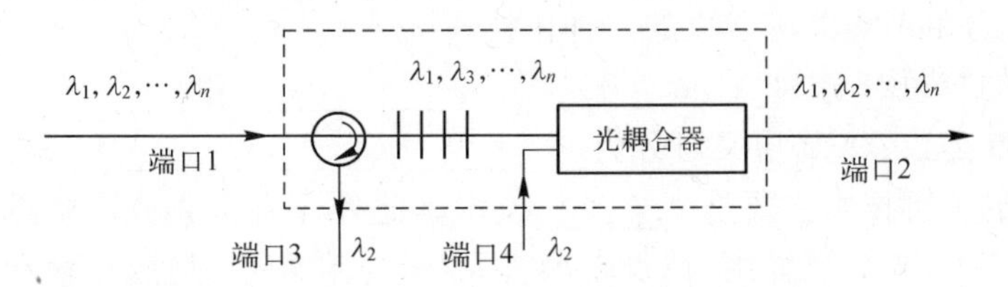

图 6-4　基于光纤光栅加环形器结构的 OADM

2. 光交叉连接的节点结构

OXC 的主要功能是光通道的交叉连接和本地上下路,实现光网络的自动配置、保护/恢复和重构。目前还不能在空间和波长域同时完成 WDM 信道交换,对 WDM 信道的处理方式是先分解后交叉连接。OXC 节点的一般模型,如图 6-5 所示,它包含扩展级、交换级及集中级网络三部分。扩展级完成解复用,交换级实现单波长信号交叉连接,集中级对单波长信号重新复用。

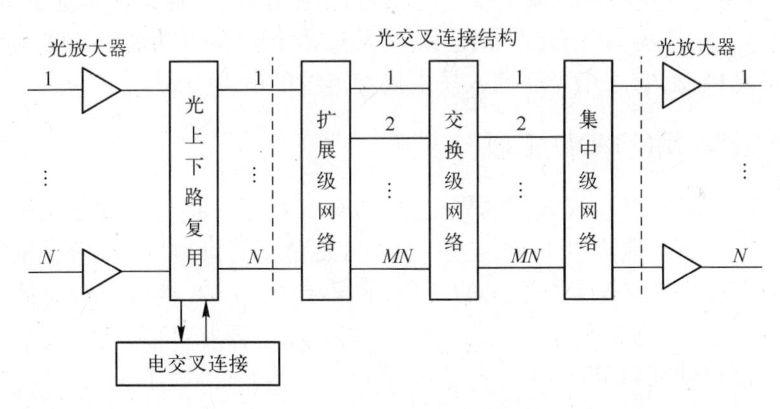

图 6-5　OXC 节点一般模型

光交叉连接器是光网络最重要的网络元件,OADM 可以看成 OXC 结构的功能简化。OXC 按波长变换特性可分为波长通道与虚波长通道。波长通道(Wavelength Path,WP)OXC 没有波长转换功能,光通道在不同光纤中必须使用同一波长;虚波长通道(Virtual Wavelength Path,VWP)OXC 具有波长变换功能,光通道在不同光纤中可以占用不同的波长,从而提高了波长的利用率,降低了阻塞率。

自 测 练 习

6-7　OTN 是指为客户层信号提供______处理的传送网络,主要功能包括业务信号的传输、复用、路由、监控管理和自愈保护,而这些功能都完全在__________中进行。

6-8　OTN 的主要特点是引入了__________的概念。在 SDH 传输网的__________与物理层之间加入光层,OTN 处理的基本颗粒是_________,客户层业务以波长形式在光网络上复用、传输、选路及放大,在光域上分插复用和交叉连接。

6-9 全光网的 OADM 和 OXC 与________的内容无关,对于信息的调制方式、传送模式和传输速率透明。

6-10 波长路由是指在实际的光纤物理连接的 WDM 网络上通过不同的________在各个进行交换数据业务的节点之间建立的一种拓扑连接。

6-11 光传送网的“光层”分为________、________和________层。

6-12 根据 G.709 建议,OCH 层又可分为________、________和________。

6-13 光传输网的关键技术主要是________技术。此外还有全光放大中继、光多路传输、波长选择、光交换、光分插复用、波长转换、网络控制和管理、集成光学和光纤光栅技术等关键技术。

6-14 光传送网节点有________和________两种主要器件。

6-15 OADM 在光域内实现了 SDH 的分插复用设备在________分插复用的功能,而且对信号的格式与传输速率具有透明性。

6.3 光接入网

接入网(AN,Access Network)处于整个电信网的网络边缘,定义为本地交换机(LE,Local Exchange)和用户之间的实施系统,具有复用、交叉连接和传输等功能。光接入网是在网络演变过程中引出的新概念,它采用光纤接入技术代替传统的电缆接入。

6.3.1 光接入网(OAN)概念

根据 ITU-T G.902 建议,接入网的界定,如图 6-6 所示。接入网通过位于业务侧的业务节点接口(SNI)、位于用户侧的用户网络接口(UNI)及位于管理侧的 Q3 等标准接口与外界交互信息。SNI 是接入网和业务节点之间的接口,主要有 V1 ~ V5 接口。对应的接入网功能为业务端口功能(SPF)。UNI 是用户和接入网之间的接口,主要有 Z 接口和 U 接口等,对应的接入网功能为用户端口功能(UPF)。

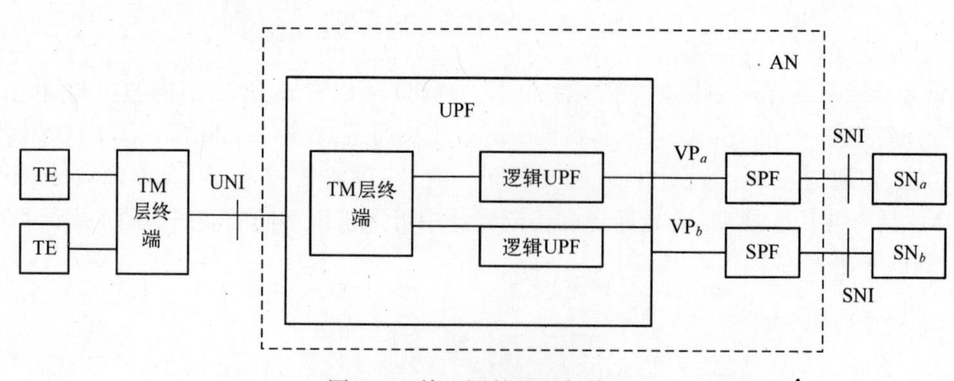

图 6-6 接入网的配置与接口

UNI:用户网络接口　UPF:用户端口功能　TE:终端设备

SNI:业务节点接口　SN:业务节点　TM:传输介质

SPF:业务端口功能　AN:接入网　VP:虚通道

接入网大致可分为如下四类：

（1）在原有铜缆基础上采用新的数字调制技术提高速率，如 HDSL、ADSL、VDSL 等。

（2）光纤接入网，如 HFC、AON、PON、SDV（可交换的数字图像接入）等。

（3）无线接入网，如微波、卫星、固定无线接入（FWA）等。

（4）光纤同轴混合接入网。

在实际应用中往往将各种接入方式混合使用，并与网管系统一起组成一个完整的接入网。

光接入网的参考配置（ITU－T G.982）有有源与无源接入网之分。

ODN 是光分配网，它由无源光器件构成（无源光分支器）；ODT 是由有源光器件（电复用器）构成的光远程终端。

根据接入网的室外传输设施中是否含有有源设备，可分为无源光网络（PON，Passive Optical Network）和有源光网络（AON，Active Optical Network）。

PON 的基本结构，如图 6-7 所示，主要由光线路终端（OLT）、光网络单元（ONU）和光分配网（ODN）组成。OLT 位于交换局，通过 SNI 接口与业务网络连接。ONU 位于用户端，具有业务复用/解复用和用户网络接口功能。ODN 为 OLT 和 ONU 之间的链路提供光传输媒质，通过无源光分路器构成树型拓扑结构的光分配网，实现业务的透明传输。

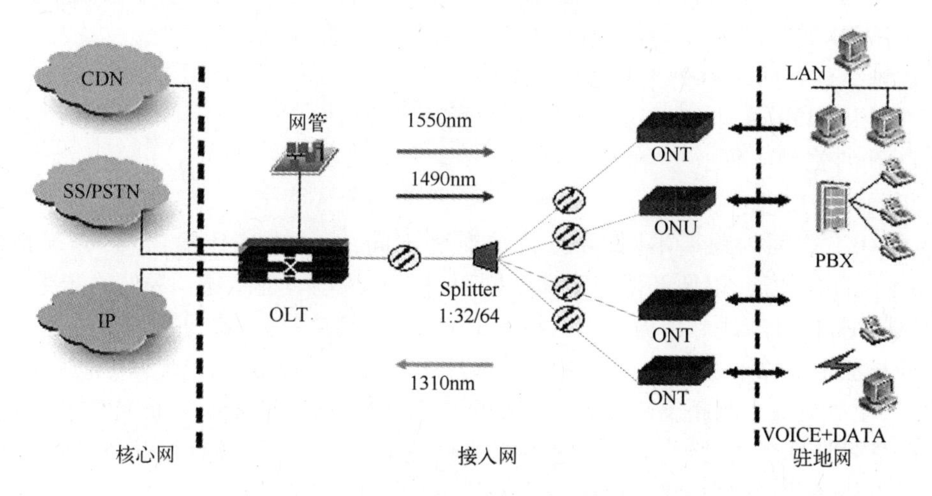

图 6-7　PON 光接入传输系统

AON 中用 ODT 代替 PON 中的 ODN，从而克服了衰减的影响，大大增加了接入链路的传输距离和容量，但也增加了成本和维护的复杂度。

根据 ONU 在接入网中所处的位置不同，OAN 可分为光纤到路边（FTTC）、光纤到大楼（FTTB）、光纤到户（FTTH）等。

6.3.2　无源光网络

1. 智能无源光网络（APON）

APON 系统采用单纤双向 TDM 传输，下行用连续模式（TDM）的 1.55μm 光信号传送，上行用突发模式（TDMA）的 1.30μm 光信号传送，OLT 和 ONU 之间的传输距离为 0km～20km（一般 OLT 到 ONU 的最大距离可达 20km），如图 6-8 所示。在上行方向，所有 ONU 发送的信息是共享媒质的，不同 ONU 发送的信息在 OLT 处有可能发生冲突，G.983.1 规定 APON 系统的上行接入采用中央控制按需分配 MAC 协议，以满足不同类的业务要求和 QoS。此外，MAC 协议还包含固定分配、随机接入、分布式控制按需分配和自适应分配等接入方式。

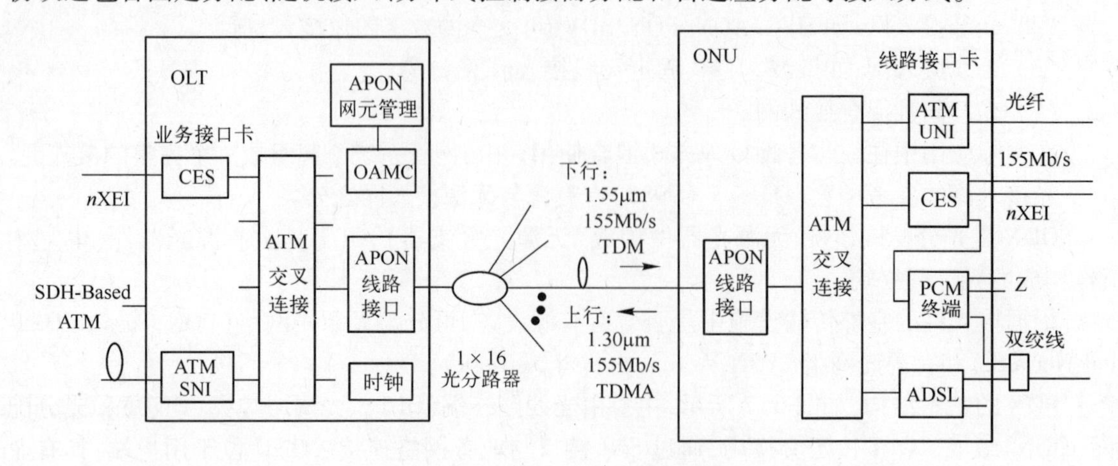

图 6-8　APON 光接入传输系统

由于 PON 系统的 OLT 和 ONU 之间的距离长短不一，而且 ONU 之间又不能直接通信，因此为了实现传输媒质共享，还规定上行接入采用 TDMA 方式。

在传输帧结构方面，APON 有两种速率结构：①上、下行信号都采用 155Mb/s 的对称帧结构；②下行采用 622Mb/s，上行采用 155Mb/s 的不对称帧结构。

1）APON 的关键技术

（1）精确测距技术。

ONU 和 OLT 之间的距离不同，导致传输时延不同，为了准确传输信息，必须精确测量 ONU 和 OLT 之间的距离，以便补偿因距离不同而引起的传输时延差异。常见的测距方法有扩频法、带外法和带内开窗法。带内开窗法技术成熟、实现简单、精度高、成本低，一般多采用此法。带内开窗法工作原理是：当一个 ONU 需要测距时，OLT 发出指令，命令其他 ONU 暂停发送上行信号，便形成一个测距窗口，要求测距的 ONU 利用该窗口发送一个特定格式的信号，OLT 利用此信号计算传送时延，然后通过下行帧给 ONU 一个指示，随后 ONU 发送 ATM 信元。

（2）突发信号的发送与接收。

为了避免与其他分组信号发生冲突，要求发端提供具有快速开关特性的光发送电路。由于来自各 ONU 的信号功率不同，OLT 的接收电路必须在收到新信号的同时，对接收电平进行调整。

（3）突发模式同步技术。

精确测距可以避免 ONU 的发送信号到达 OLT 时发生冲突，但上行信号中仍存在一定的相位漂移，因此上行帧的每一个时隙用 3 个开销字节指示保护时间、前置码和定界符。保护时间用来克服微小的相位漂移。OLT 根据上行信号的定界符确定 ATM 信元的边界，从而达到字节同步。

（4）带宽动态分配技术。

为了支持不同的 QoS 和提高信道的利用率，APON 应具有高效的上行接入控制协议和带宽动态分配算法。

2）APON 的应用

用户通过双绞线与 ONU 相连，多个 ONU 上的 ADSL 业务经过 APON 传输和复用到 OLT，最后通过一个 155Mb/s 接口接入 ATM 网。这种结构特别适用于分散用户群，如图 6-9 所示。

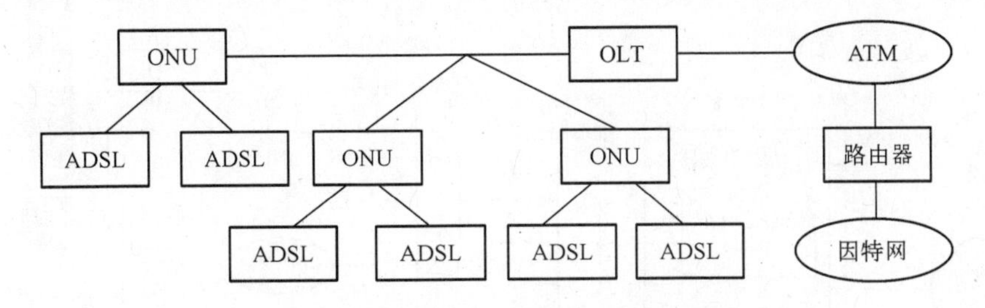

图 6-9　APON 在 ADSL 接入网中的应用

在用户群较集中的情况下，可利用 RFC1577 协议和 RFC1483 协议实现用户在 ONU 之间或 ONU 内部所构成的局域网互联，然后通过 APON 实现 OLT 与 ONU 的连接，如图 6-10 所示。

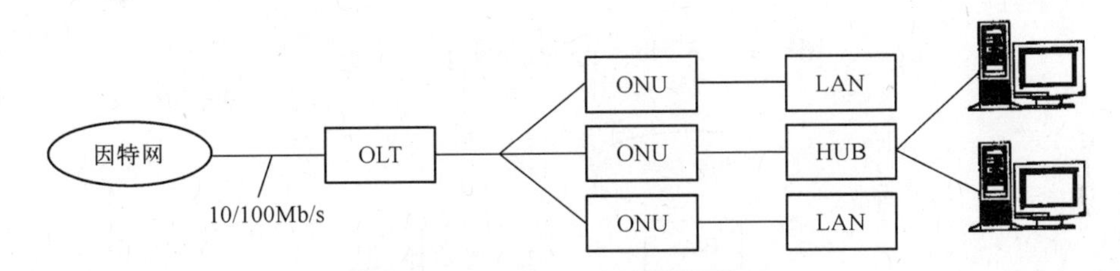

图 6-10　APON 在以太网中的应用

以 ADM 构成环形 SDH 网作为城域网中的核心骨干层网络。ADM 直接与 OLT 相连，从 OLT 到各 ONU 构成了城域网的汇聚层。由于其间使用了灵活分布、多级分配的无源光分路器使之适用于复杂结构的网络，如图 6-11 所示。

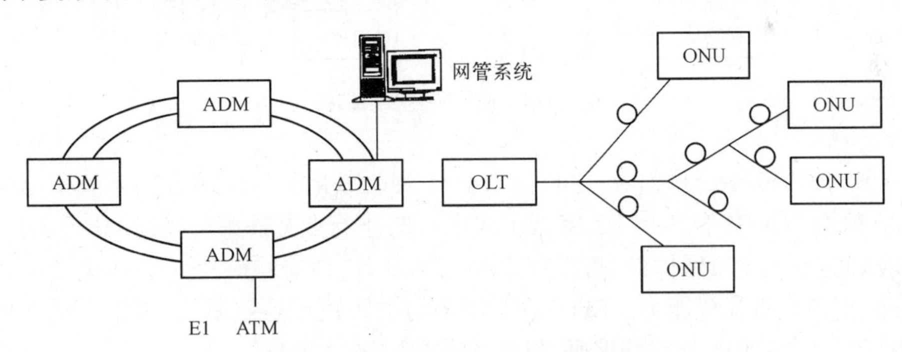

图 6-11　APON 在城域网中的应用

图 6-12 的应用中，由于采用了 WDM 技术，提高了通信容量、增加了上下网络的带宽，同时 WDM 与 APON 的结合，使系统不但具有 APON 的特点，而且还具有 WDM + PON 系统的特点，减小了系统的损耗，提高了保密性，能满足多业务传输的要求，而且便于升级。

2. 以太网无源光网络（EPON）

EPON 与 APON 结构类似，如图 6-13 所示。在 G.983 标准的基础上，保留物理层 PON，而用以太网代替 ATM 作为链路层协议，构成一个可以提供更大带宽、更低成本和更宽业务能力的接入网——EPON。

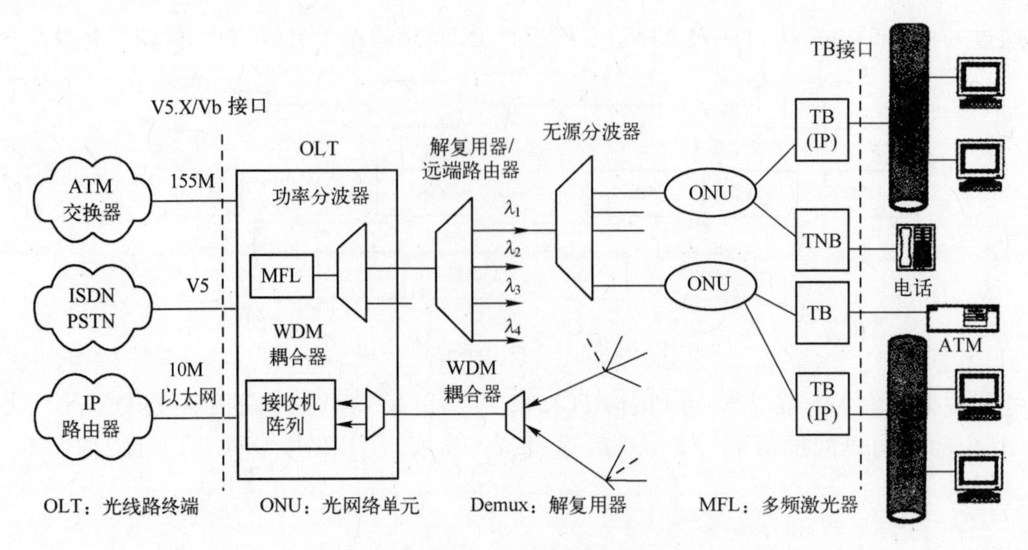

图 6-12　APON + WDM 的网络基本结构

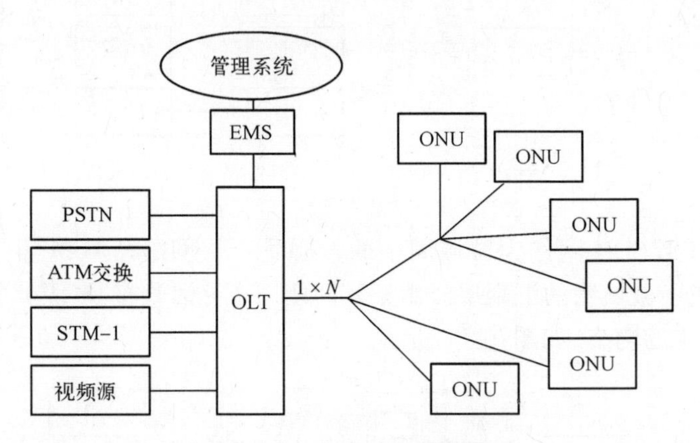

图 6-13　EPON 接入网结构

从 EPON/GEPON 的结构上看，主要优点是极大地简化了传统的多层重叠网络结构。其优点是：(1)消除了 ATM 和 SDH 层，降低了成本；(2)下行业务速率可高达 1Gb/s，并能提供视频业务和较好的 QoS；(3)硬件简单，没有室外电子设备，使安装简化；(4)改进了电路的灵活指配、业务的提供与重配置能力。EPON/GEPON 的主要缺点是效率低，难以支持以太网以外的业务，由于采用 8B/10B 的线路编码，引入的带宽损失为 20%。

1) EPON 的基本结构和协议分层

在 EPON 中，OLT 可以是一个交换机或路由器，也可以是一个提供面向 PON 接口的多业务平台，因此 OLT 应具有多个 1Gb/s 和 10Gb/s 的以太接口，同时还能提供支持 ATM、FR 和 OC-3/12/48/192 (155Mb/s, 622Mb/s, 2.5Gb/s, 10Gb/s)等速率的 SDH 连接。此外，OLT 还能根据用户的不同 QoS 要求提供动态分配带宽、网络安全和管理功能。

ONU 采用以太网协议。ODN 由无源分光器件和光线路构成，协议规定分光器的分光能力在 1:16 到 1:128 之间。

EPON 采用分层的概念，其协议分层如图 6-14 所示。

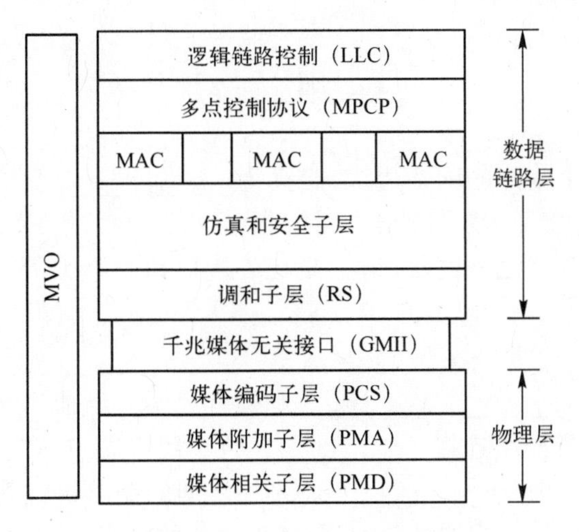

图 6-14 EPON 的协议分层

由于 EPON 中采用点到多点的拓扑结构，因而在其上行 TDMA 方式中必须考虑延时、快速同步和功率控制等问题。同时，传统的 MAC 层的 CSMA/CD 协议在 EPON 中已被弃用，必须在 IEEE 802.3 协议栈中增加支持 EPON 的 MPCP 协议、OAM 和 QoS 机制。

2）EPON 的信息流及帧结构

EPON 中的信息流是基于 IEEE 802.3 以太网协议的可变长度数据包，最长可达 1518 字节，与 ATM 相比，可大大减少开销，同时也能降低 OLT 和 ONU 的成本。

3）EPON 的关键技术

EPON 的关键技术有同步时钟提取和突发同步、大动态范围光功率接收、测距和 ONU 数据发送时刻控制、实时业务传输质量、带宽分配、隐私性、安全性和可靠性以及 QoS 保证等。

3. 千兆无源光网络（GPON）

2003 年，ITU－T 制定了 G.984.1 和 G.984.2 两个有关 GPON 的新标准，使 PON 的传输速率提高到 2.5Gb/s，传输距离至少达到 20km。GPON 还在传输汇聚层采用了一个全新的 GFP 标准，这是一种可以透明、高效地将各种数据信号封装进现有网络的标准。

GPON 在扰码效率、传输汇聚层效率、承载协议效率和业务适配效率方面都是最高的，因此其总效率最高。GPON 面临的主要问题有服务质量、网络成本、技术、资金投入等。

6.3.3 有源光网络（AON）

当用户线较长时，可用 AON，光纤同轴电缆混合网（HFC）。调制和复用方式采用模拟视频－VSB－AM/FDM，FM－SCM、数字视频（BPSK 或 QPSK 或 64QAM）再用 FDM 或 SCM 电复用，最后对光源进行直接强度调制。

HFC 网是在 CATV 传输网基础上提出的接入网形式，广播式的 CATV 信号通常占据 45～550MHz 的频带，为了满足双向通信业务的要求，它在传输频谱中专门划出两部分用于话音和数据的通信，其中 5～30MHz 为上行频谱，即信号由用户传送至中心局；700～750MHz 为下行频谱，即信号由中心局传送至各用户。5～30MHz 通常称为 HFC 的反向通道，它是区别于原有 CATV 网的一个重要标志，也是 HFC 实现交互式业务的关键所在。

自测练习

6-16 接入网处于整个电信网的网络边缘，定义为__________和_____之间的实施系统，具有复用、交叉连接和传输等功能。

6-17 UNI 是用户和_____之间的接口，主要有 Z 接口和 U 接口等，对应的接入网功能为用户端口功能。

6-18 ODN 是光分配网，它由________构成；ODT 是由__________构成的光远程终端。

6-19 PON 主要由_________、________和________组成。_______位于交换局，通过 SNI 接口与业务网络连接。________位于用户端，具有业务复用/解复用和用户网络接口功能。ODN 为________和 ONU 之间的链路提供光传输媒质，通过无源光分路器构成树型拓扑结构的光分配网，实现业务的透明传输。

6-20 根据 ONU 在接入网中所处的_______不同，OAN 可分为光纤到路边（FTTC），光纤到大楼（FTTB）、光纤到户（FTTH）等。

6-21 所有 ONU 发送的信息是_____媒质的，不同 ONU 发送的信息在 OLT 处有可能发生冲突。

6-22 用户通过双绞线与_____相连，多个 ONU 上的 ADSL 业务经过 APON 传输和复用到 OLT，最后通过一个 155Mb/s 接口接入 ATM 网。

6-23 EPON/GEPON 的主要缺点是效率低，难以支持以太网以外的业务，由于采用 8B/10B 的线路编码，引入的带宽损失为_____。

6-24 传统的 MAC 层的__________协议在 EPON 中已被弃用。

6.4 光分组交换（OPS）网

光分组交换（OPS）网是分组交换技术向光层的渗透和延伸，是未来光网络发展的一个方向，它以光分组的形式来承载业务，净荷的传输与交换都在光域中进行，而信头处理和控制目前多在电域中进行。其交换粒度细、带宽资源利用率高、灵活性好，是一种理想的交换方式，但目前尚未成熟。图 6-15 为光分组交换机结构示意图。

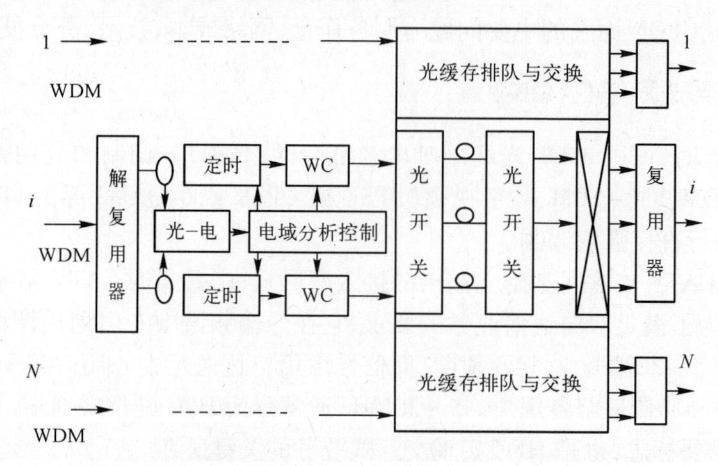

图 6-15 光分组交换机结构示意图

以波长作路由的光传送网具有波长资源有限、光路径建立时间较长(达秒级)及可管理的带宽粒度太粗(一个波长,或2.5Gb/s、10Gb/s甚至40Gb/s)等不足,不利于未来承载突发性大且分布不对称的数据业务。光分组交换网通过信头选路,可充分利用网络资源,具有光路径建立时间短(ms级,甚至ns级)、管理的带宽粒度可调整、优化、路径的保护与恢复灵活、传送IP业务效率高等优点,适合未来承载突发性大且分布不对称的数据业务。

IP、SDH、ATM等都可以看作光分组交换网的业务层。业务层的信息在网络边缘节点打包并装入净荷,然后加上光标签或信头构成光分组,以光分组的形式在光域内传输与交换,而信头处理和控制在电域内完成。

每个光分组由信头与净荷两部分组成。信头由所有节点来处理,它包含信宿地址、优先级、空满标志等信息。净荷只由信源和信宿节点处理,它包含分组编号、信源地址、用户数据等内容。光分组之间、光分组中的信头与净荷之间都有一些预留的保护时间(空闲时间),以便满足同步与抖动容限等技术要求。

OPS的关键支撑技术是集成高速全光缓存单元、大容量高速光交换矩阵和超高速全光逻辑器件等硬件器件技术和有效的冲突解决机制、分组编码方案、光分组路由算法、通道保护与恢复机制等软件技术。光分组的编码方案可分为串行编码、带外信令和并行编码三种。本书不作介绍,读者可进一步阅读有关参考文献。

实现光的分组交换需要解决一些光信息处理技术,如必须解决光分组的构成和识别、分组头的识别与处理;光分组的同步、路由交换和存储;光分组和光信道的实时监测和控制;交换结构的优化、网络的抗毁和保护;各类协议、算法,网络管理和控制等。这些在电域能实现的技术,在光域实现还有困难。作为一种过渡方案可采用部分电子处理和控制技术。但以分组为单位实现也很复杂。因此,人们开始研究变长的OPS技术,即光突发交换技术。

自测练习

6-25 光分组交换网是__________技术向光层的渗透和延伸,它以______的形式来承载业务,净荷的传输与交换都在光域中进行,而________处理和控制目前多在电域中进行。

6-26 光分组交换网通过________选路。

6-27 IP、SDH、ATM等都可以看作______________的业务层。业务层的信息在网络边缘节点打包并装入____________,然后加上______________构成光分组,以光分组的形式在光域内传输与交换,而信头处理和控制在电域内完成。

6-28 每个光分组由__________与____________两部分组成。光分组之间、光分组中的信头与净荷之间都有一些预留的保护时间,以便满足同步与抖动容限等技术要求。

6-29 信头由______节点来处理,净荷只由__________节点处理。

6.5 光突发交换(OBS)网

1. OBS的基本原理

OBS的基本思想是电路交换与分组交换的结合,它的交换粒度介于上两者之间(微秒量级),一个突发(burst)是多个分组的集合,突发分组的长度是可变的,可以从几个分组到一个短的会话。OBS的交换粒度比OPS粗得多,大大减少了处理开销。

在 OBS 网络中，有两种光分组数据流，一种是包含路由等信息的突发控制分组（BCP），另一种是承载业务的突发数据分组（BDP）。图 6-16 为光突发交换的处理过程示意图。OBS 网将可变长度的光突发信息包的信头和净荷拆开，分别进行传输和处理，信头的控制分组在网络节点进行光电转换并进行电子处理，为对应的数据净荷预留好必要的网络资源。这种预留是单向处理的，即不需要下游节点的证实。而净荷突发分组以光的形式直接通过光节点，实现端到端的透明传输和交换。

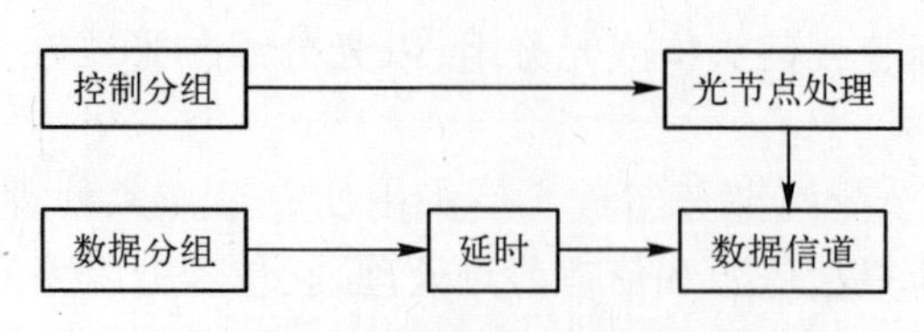

图 6-16　光突发交换的处理过程

2. OBS 网络

控制分组在特定的信道中传送，每一数据分组对应一个控制分组，且控制分组先到节点（图 6-17），控制包可以在带外通道发送，经中间节点处理，为相应的突发数据包做出路由选择和波长配置。

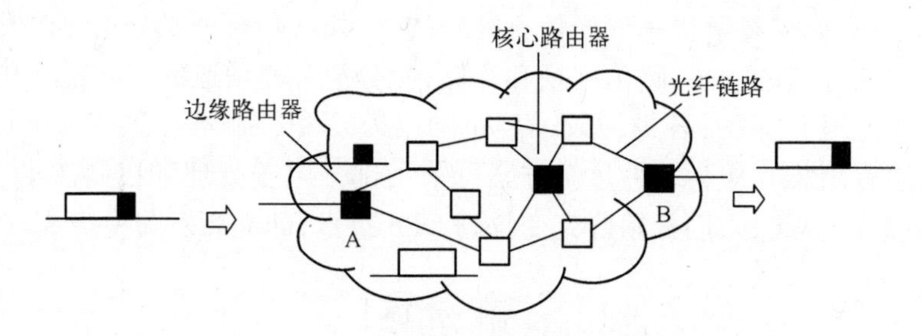

图 6-17　光突发交换网络拓扑结构示意图

图 6-18 为边缘路由器与核心路由器的结构示意图。交换节点有两种：边缘路由器节点和核心路由器节点，前者要拆分或封装数据包，后者具有路由选择、波长配置和波长变换等功能。

OBS 网络的优点：

（1）光数据分组的路由是由信头的控制分组预先做出安排，减少了路由冲突，提高了效率；

（2）光数据分组在中间节点直接转发，不需要光存储，降低了对光器件的要求；

（3）光数据分组信息的交换全在光域内完成，可以实现高速的光数据包交换；

（4）信头的控制分组用成熟的电子处理技术，避免了光子处理；

（5）信头与数据分组间有唯一的对应关系，避免了复杂的同步要求；

（6）交换粒度中等，可实现 QoS 控制。

3. OBS 网的关键技术

OBS 网的关键技术有光突发分组的拆卸装配、光突发包控制协议、信头控制分组的处理、信道的实时调配和路由算法、路由传输与节点处理的时延数据库、网络的 QoS 控制、光突发交换流量模型等。以下简述其中几种。

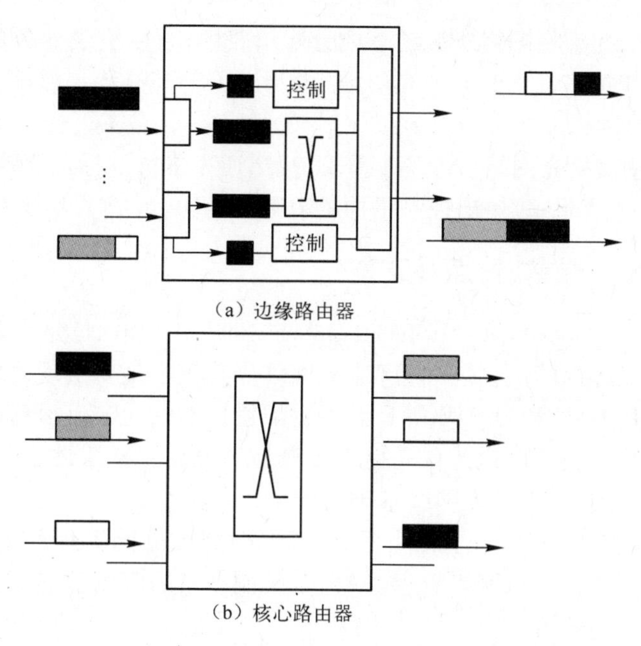

图 6-18　边缘路由器与核心路由器的结构示意图

1) 光突发包控制协议

目前主要采用偏移时间管理机制,它使突发控制包先于突发数据包一定时间(即偏移时间)发送,到达交换节点经 O/E 变换后在电域进行处理,完成交换通道预约、突发包重写,再进行 E/O 变换,发往下一节点。它不同于分组交换的存储转发机制,也不同于电路交换的双向预约机制。它保证了已获得预约的突发数据包能按预约的路由成功地直接通过交换节点,而不需要缓存。

目前已提出 JIT(Just - In - Time)和 JET(Just - Enough - Time)等方案。JET 协议在控制包和数据包之间保留足够的时间,使得中间节点能够在数据突发抵达该节点之前及时处理。

2) OBS 网络的 QoS 要求

通过为不同级别的业务种类设置不同的偏移时间,可以达到不同业务的 QoS 要求。偏移时间和 QoS 的量化关系有待进一步研究。

3) OBS 网络的路由算法研究

路由研究的目的是降低分组丢失率,已提出的算法有偏折路由和错误宽容路由等。

自测练习

6-30　OBS 的基本思想是________与________的结合。

6-31　一个突发是多个分组的集合,突发分组的长度是________的,可以从几个分组到一个短的会话。OBS 的交换粒度比 OPS 粗得多,大大减少了处理开销。

6-32　在 OBS 网络中,有____________和____________两种光分组数据流。

6.6　智能光网络

智能光网络(Intelligent Optical Network,ION)是指具有自动传输交换功能的光网络。它可以实现流量控制功能,允许将网络资源动态地分配给路由;可以实现业务的快速恢复;可以提供新的业务类型,诸如按需带宽业务和光层虚拟专用网(OVPN)等。目前,提出的解决方案主要有:

ITU - T 提出自动交换光网络(ASON)、IETF 提出通用多协议标记交换(GMPLS)以及 OIF (Optical Internetworking Forum)提出控制平面的 UNI 和 NNI,形成了 UNI 1.0 规范等。

6.6.1 ASON 的概念、特点及功能

自动交换光网络(Automatically Switched Optical Network,ASON)是在 2001 年 11 月 ITU - T 的建议书 G.8080 中提出的,这是一种智能光网络。其核心是要实现光网络资源的实时、动态按需配置,主要利用 OXC 和 OADM 等具有可重配置功能的光节点设备,及其所具有的分布式智能控制功能,完成光波长通道的自动提供。它是一种具有灵活性、可扩展性,能在光层上按用户请求自动进行光路连接的光网络基础设施。

ASON 首次在传输网络中引入了信令的概念,同时将数据网管理和传输网管理的优点融合在一起,进而实现了实时动态网络管理。ASON 控制技术的应用带来了以下特点:

1) 呼叫和连接过程分离

ASON 中连接的建立是通过信令的交互自动完成的,呼叫和连接分开处理可以减少中间节点呼叫控制信息的传送,通常,呼叫控制只需在网络接入点或网络边界处进行,中间节点只需支持连接功能。

2) 自动资源发现机制技术

网络能够通过信令协议实现网络资源(包括网络拓扑资源和服务资源)的自动识别。资源发现过程的自动化对于目前网络中各节点的光纤数量成倍增长的情况非常重要。ITU - T 提出的 G.7714 协议对传送网络的自动发现技术进行了描述;OIF 提出的 UNI 1.0 协议是 UNI 处的自动发现机制;而 IETF 提出的链路管理协议(LMP)的主要功能就是管理流量工程链路,其扩展的协议信息可用于邻居发现和服务发现。

6.6.2 ASON 网络体系结构

ASON 与一般光传送网的最大区别在于增加了控制平面。它引入了信令,将不同网络节点的控制实体通过信令进行控制信息交换,从而对时隙资源进行智能的分配和控制,动态地建立满足用户需求的端到端连接。其体系结构主要表现在具有 ASON 特色的 3 个平面、4 个接口以及它所支持的 3 种连接。

1. ASON 的 3 个平面

图 6-19 是 ITU - T 提出的 ASON 体系结构模型,整个网络包括控制平面、管理平面和传送平面,3 个平面通过数据通信网(DCN)联系,DCN 是负责实现控制信令消息和管理信息传送的信令网络。

PI:物理接口;I - NNI:内部网络 - 网络接口;CCI:链接控制接口;NMI - T:网络管理接口 T;UNI:用户网络接口;E - NNI:外部网络 - 网络接口;ISI:内部信令接口;NMI - A:网络管理接口 A。

控制平面包括一系列实现路由选择和信令等特定功能的组件,用于支持连接的建立和释放等。

管理平面与控制平面技术互为补充,实现对整个网络的管理。除了网络管理的基本功能

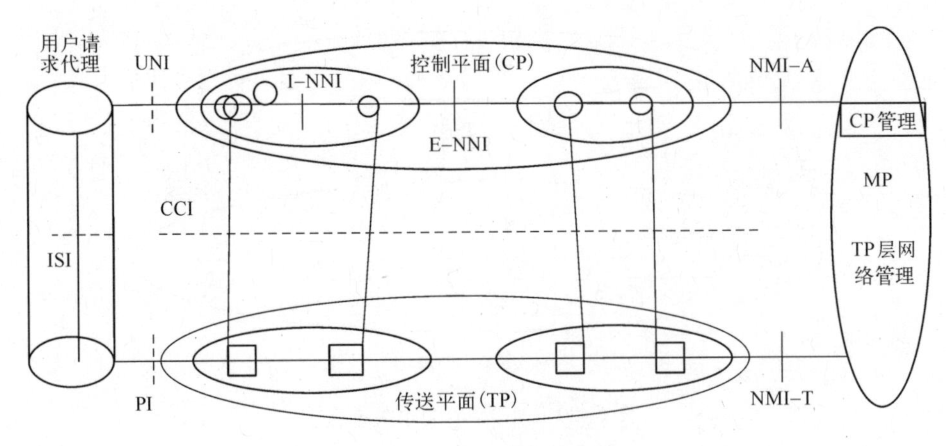

图 6-19　ASON 体系结构

外,它还需要实现控制平面链路资源信息的管理,网络地址配置和寻址,以及负责控制平面的控制策略制定和网络整体协调等功能。

传送平面由一系列的传送实体组成。包括交叉连接单元和物理传送链路。DCN 用于提供控制平面和管理平面的通信通道,DCN 可以包含在传送平面中(如使用传送平面的开销字节),也可以用独立的数字通信网。

控制平面是整个 ASON 的核心部分,ASON 通过引入控制平面,使用接口、协议以及信令系统,可以动态地交换光网络的拓扑信息、路由信息和其他控制信息,实现了光通道的动态建立和拆除、网络资源的动态分配。控制平面的关键技术主要涉及网络接口、功能模块和信令协议三方面的内容。

2. ASON 的 4 个接口

上述 3 个平面使用 4 个接口实现信息交互。它们是:

(1) 连接控制接口(CCI),连接控制平面和传送平面,用于传递控制信息和同步传送资源信息。

(2) 网络管理接口(NMI),包括管理平面和控制平面之间的接口(NMI - A)以及管理平面和传送平面之间的接口(NMI - T),分别实现管理平面对控制平面和传送平面的管理。

(3) 网络节点接口(NNI),包括内部网络节点接口(I - NNI)和外部网络节点接口(E - NNI),用于实现控制平面内部的信息交互。

(4) 用户网络接口(UNI),是用户网络和核心传送网络之间的接口,实现客户网络和核心传送网之间的信息交互。

3. ASON 支持的 3 种连接类型

ASON 的“智能”就在于它能按用户的需求来动态分配光通道。而这一能力的实现是依赖于 ASON 中交换式连接的概念。G.8080 定义了 ASON 支持的 3 种连接类型:

(1) 永久连接(PC),又称为指配型连接。这种连接通过指配命令对连接路径上的每一个网元进行配置而建立端到端路径。永久连接是由网管系统指配的连接类型,如图 6-20 所示。

(2) 交换连接(SC),又称为信令型连接。是由控制平面发起的一种全新的动态连接方式,它由源端用户发起呼叫请求,通过 UNI 接口向控制平面提交请求,由控制平面建立端到端

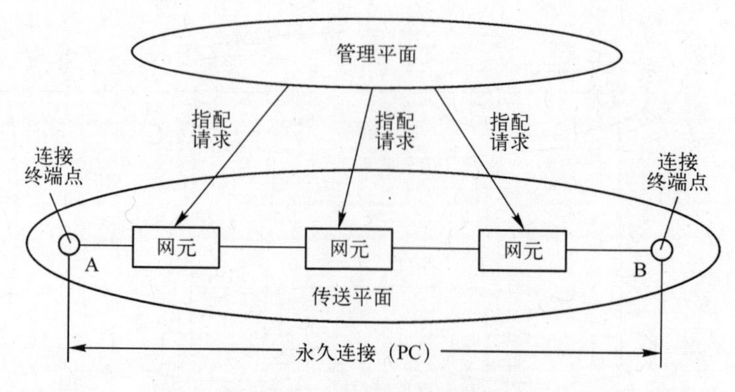

图 6-20　ASON 中的永久连接

连接，如图 6-21 所示。交换连接实现了连接的自动化，满足快速、动态的要求，并符合流量工程的要求，是 ASON 连接的最终目标。

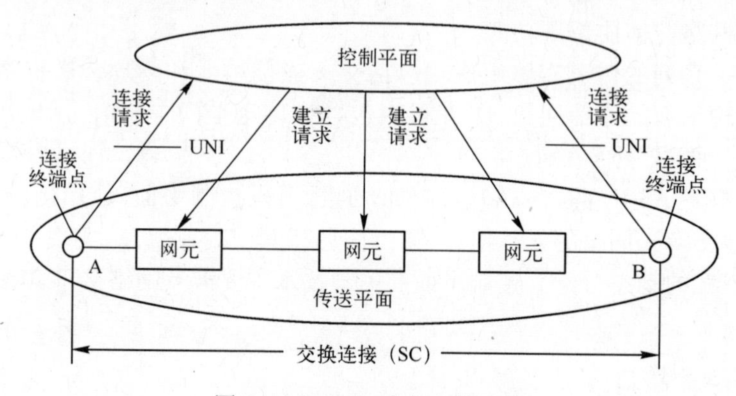

图 6-21　ASON 中的交换连接

（3）软永久连接（SPC），又称为混合型连接。它由管理平面和控制平面共同完成，是一种分段的混合连接方式。这种连接是在网络的边缘，由网络提供者提供永久性连接，如图 6-22 所示。这时，连接是通过网络产生的信令和选路协议完成的。

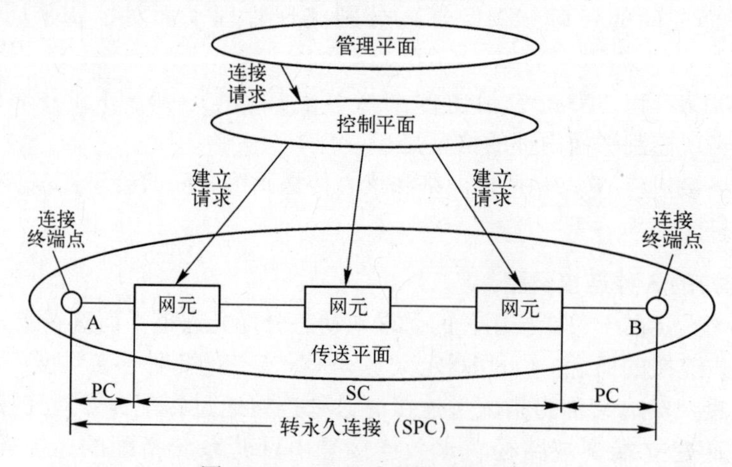

图 6-22　ASON 中的软永久连接

上述 3 种连接的不同之处就在于对连接起主控作用的部件不同。

永久连接(PC)的发起和维护都是由管理面来完成的,控制面在PC中不起作用;交换连接(SC)的发起和维护都是由控制面来完成的,管理面在连接建立过程中并不直接起作用,它只是接收从控制面传来的连接建立的消息;软永久连接(SPC)介于上两种之间,这种连接的建立和拆除请求也是由管理面发出的,但是对传送面中具体资源的配置和动作却是由控制面发出的指令来完成的。

对三种连接类型的支持使ASON能与现存光网络"无缝"连接,也有利于现存网络向ASON的过渡和演变。

4. ASON工作过程

ASON由请求代理(RA)、光连接控制器(OCC)、OXC、网络管理和多种接口组成。RA将客户信号通过ASON控制平面的OCC接入传送平面的OXC。光连接控制器的功能是负责连接请求的发现、接收、选路和连接控制。

此外,ASON还需要有信令网,采用公用信号方式,其优点是运营商可以独立发展信令网,既可以采用MPLS协议,也可以采用TCP/IP协议。

6.6.3 ASON的控制协议

ASON的控制协议是控制平面的重要组成部分,也是实现控制平面各项功能的重要手段。ITU - T及各国标准化组织采用GMPLS协议作为ASON的控制协议,它是由多协议标记交换(MPLS)协议扩展而成的。它主要包括链路管理协议(LMP)、扩展的开放最短路径优先协议(OSPF或RSVP),基于流量工程的中间系统——中间系统路由协议(IS - IS - TE),路由信息协议(RIP),扩展的基于约束的标签分发协议(CR - LDP或RSVP - TE)。

1. 多协议标记交换(MPLS)

MPLS是一种在开放的通信网上利用标记引导数据高速、高效传输的技术,它在数据包前加入固定长度的包头(标记),不对IP数据包的内容作任何处理,加快了MPLS交换机查找路由表的速度,减轻了交换机的负担。

1) MPLS的封装

在MPLS专用的环境中,填入位于第三层和第二层协议头之间,与两层协议无关。其封装格式,如图6-23所示。包括标记、标识符S、生存期TTL和业务等级CoS等字段。

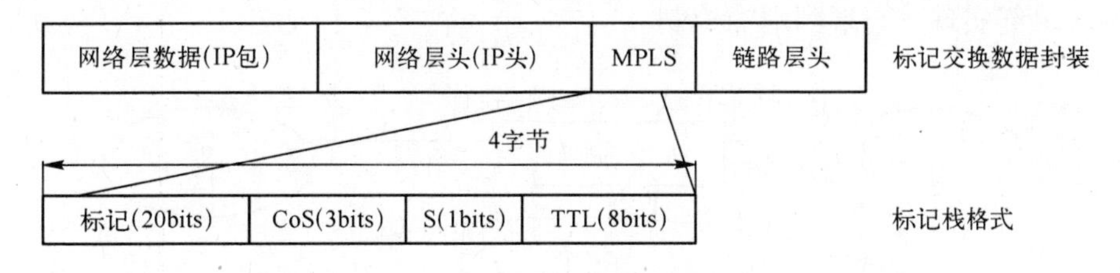

图6-23 多协议标记交换标记格式

2) MPLS的网络结构

为了尽量减少选路,MPLS在网络边缘设置边缘标记路由器(LER),而在网络内部使用功能强的ATM交换机,即ATM标记交换路由器(LSR),如图6-24所示。

LSR与LER之间、两个LSR之间仍然需要运行路由协议(如OSPF、BGP等),它们通过路由协议来获取网络拓扑信息,并根据这些信息决定数据包的下一跳。

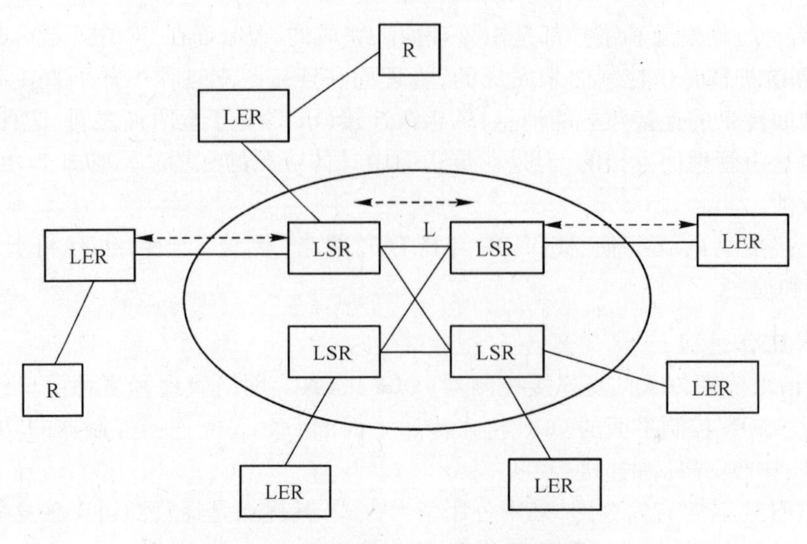

图 6-24　多协议标记交换的网络结构
（LER：标记边缘路由器；LSR：标记交换路由器）

标记分配协议（LDP）在节点间完成标记信息的发布。通过 LDP 预先为 LER 建立直达的数据连接，在通信过程中，中间的核心交换机只根据标记路由表来完成信元交换功能。标记只有本地意义。

2. 通用多协议标记交换（GMPLS）

GMPLS 是 MPLS 的扩展，能支持多种类型的交换，除分组交换外，还包括时隙交换、波长交换、波带交换、光纤交换和物理端口交换。MPLS 仅支持分组交换（一个波带代表一组邻近的波长）。

向光网络扩展了的 GMPLS 简化了网络层次、实现了广泛的融合，代表了下一代网络的发展趋势。

GMPLS 的光网络控制平面利用扩展 MPLS 信令协议建立端到端的光通道。GMPLS 网络结构，如图 6-25 所示。用户端经过路由器网络接入光交叉连接组网的全光网络，通用控制平台对光网络进行控制，并同时可以对传统的路由器网络进行控制，对光层和数据业务实现协调的智能控制，最终实现用户端到端的控制。

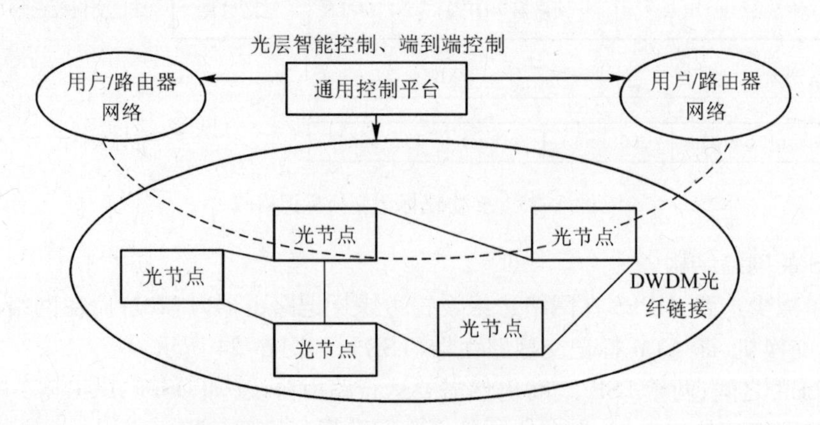

图 6-25　通用多协议标记交换网络结构

GMPLS 网络能够根据用户数据流量的类型实现数据业务的自动分类，对网络、资源、业务流量进行智能化配置，以及对网络进行自动保护和故障恢复，实现可靠的端到端的控制和信息传递。在光网络中利用流量工程，实现服务质量(QoS)保证。

GMPLS 网络的光节点结构，如图 6-26 所示。节点的主要功能：收集链路信息、动态测量光网络资源、交换控制信息、路由选择、建立光路径、光信道检测、故障处理、光信道恢复等。

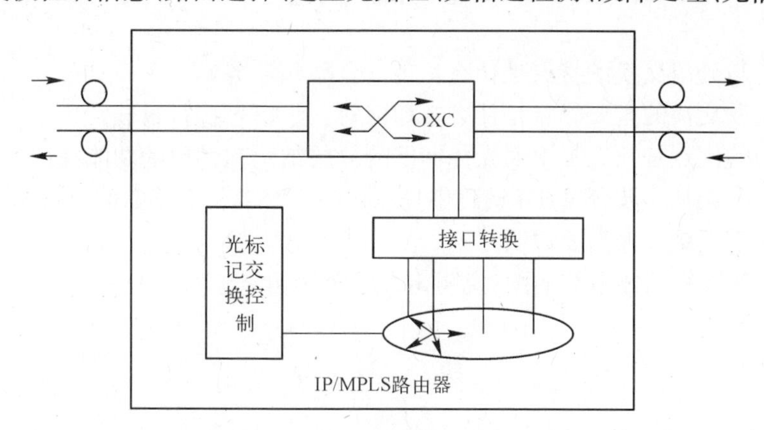

图 6-26　通用多协议标记交换智能光网络节点结构示意图

3. 多协议波长交换(MPλS)

MPλS 中标记是波长，标记交换路由器是用 OXC 来实现，如图 6-27 所示。MPλS 完成数据流的收集和业务分类等 QoS 功能，并完成光层路径的建立保持与拆除等功能。

光标记交换网的关键技术在于：(1)标记的定义、写入、读取、擦除；(2)载有光标记的光分组的传输与控制；(3) OLS 协议(路由冲突及处理、标记发布与控制)；(4)网络的体系结构与性能模拟。

全光分组标记交换网络结构是把光标记与光分组相结合，将光标记配给每一个光分组，具有相同标记的光分组将通过同一条路由完成传输和交换，而不需要逐个对分组进行拆卸、识别、重组装。

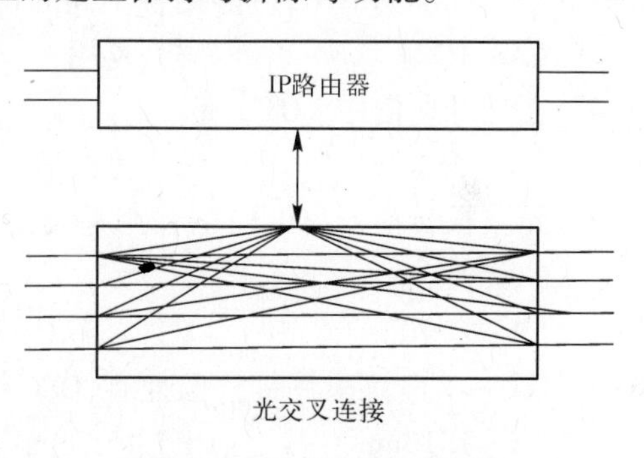

图 6-27　标记交换路由器

美国加州大学 L. Rau 等人进行了全光分组标记交换的实验，该网由始发节点和核心节点构成一个两跳结构的网络，可同时作单播和组播的运行。网络传输 80Gb/s 的可变长度分组，使用 10Gb/s 的光标记，在核心节点进行全光交换。该实验达到三个功能，使用光交叉相位调制波长变换器，容量可扩至 100Gb/s 以上。

自 测 练 习

6-33　智能光网络是指具有____________________功能的光网络。

6-34　ASON 首次在传输网络中引入了__________的概念，同时将数据网管理和传输网管理的优点融合在一起，进而实现了实时动态网络管理。

6-35　ASON 与一般光传送网的最大区别在于增加了______平面。

6-36　ITU - T 提出的 ASON 体系结构模型，整个网络包括__________、________和________。

6-37 全光分组标记交换网络结构是把________与________相结合,将光标记配给每一个光分组,具有相同标记的光分组将通过同一条路由完成传输和交换,而不需要逐个对分组进行拆卸、识别、重组装。

本章思考题

6-1 电路交换与分组交换的特点是什么?各适合哪些业务?

6-2 实现光突发交换的主要思路是什么?如何对分组信号进行封装?

6-3 光传输网的优点是什么?说明光传输网的分层结构和各层的功能,以及网元设备功能。

6-4 试设计一个能从 8 波分 WDM 链路中任意选择 4 个波长上下路的 OADM 节点结构,并对所设计的节点结构作简要说明。

6-5 画出 ASON 网络的体系结构图,说明 3 大平面的功能。

练 习 6

6-1 SDH 管理网 SMN 是________的一个子集。

(A) TMN　(B) Open View　(C) IP　(D) PDH

6-2 ASON 技术的最大特点是引入了________。

(A) 管理平面　(B) 控制平面　(C) 业务平面　(D) 传送平面

6-3 一个标准的 NNI,应能结合不同的传输设备和网络节点,构成一个统一的________接口。

(A) 传输　(B) 复用　(C) 交叉连接　(D) 交换

6-4 在光纤通信中, OTU 是________。

(A) 合波器　(B) 分波器　(C) 光波长转换器　(D) 激光器

6-5 光波长转换器(OUT)的作用是实现符合 G.957 的光接口与符合________的光接口之间的转换。

(A) G.703　(B) G.692　(C) G.652　(D) G.655

6-6 ITU-T 建议采用带外监控时,OSC 波长优选________。

(A) 1310nm　(B) 1510nm　(C) 1480nm　(D) 1550nm

6-7 将光网络单元(OMO)放置在大楼内部,ONU 和用户之间通过楼内的垂直和水平线系统相连,满足以上特征的光纤接入网应用类型为________。

(A) FTTC　(B) FTTB　(C) FTTZ　(D) FTTH

6-8 将光网络单元(OMO)放置在用户家中,即本地交换机和用户之间全部采用光纤线路,为用户提供最大可用带宽。满足以上特征的光纤接入网应用类型为________。

(A) FTTC　(B) FTTB　(C) FTTZ　(D) FTTH

第7章 光纤通信新技术

【本章知识结构图】

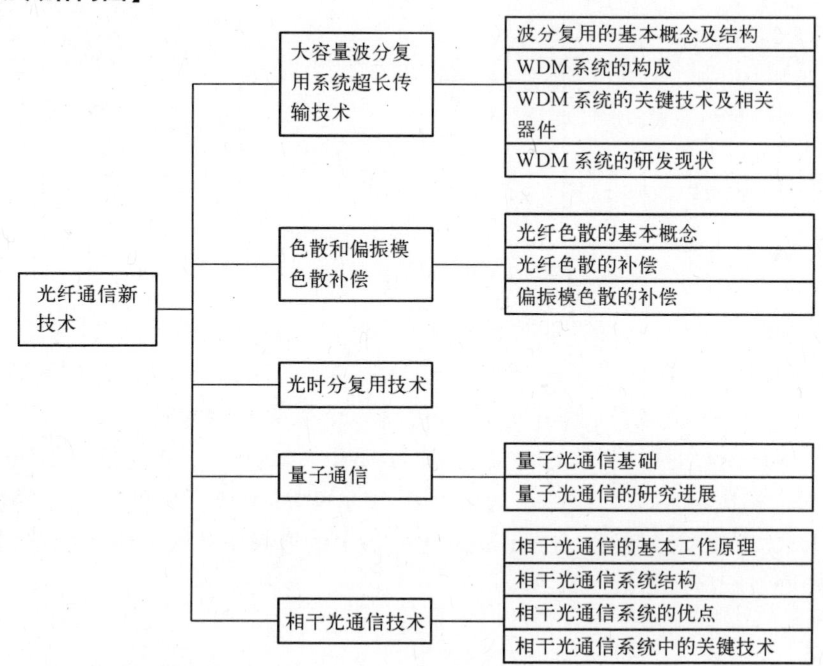

本章介绍近些年来光纤通信领域出现的一些新技术，如波分复用、色散和偏振模色散补偿、光时分复用技术、量子通信、相干光通信技术等。

7.1 大容量波分复用系统超长传输技术

7.1.1 波分复用的基本概念及结构

波分复用（WDM，Wavelength - division multiplexing）是一种在一根光纤中同时传输多波长光信号的技术。它是现代光纤通信系统中的里程碑式技术。

目前，光纤通信中采用的单模光纤主要有1310nm和1550nm这两个低损耗区域。在1310nm波长段，其低损耗区为1260～1360nm；在1550nm波长段，其低损耗区为1480～1580nm。因此，单模光纤中可以利用的波长段共有200nm，这相当于30000GHz的频带宽度。但是在目前，由于激光器调制速率和光纤色散的影响，实际的通信速率仅为40GHz，单模光纤大量的带宽资源仍处于闲散状态。而另一方面，随着Internet数据业务的爆炸式增长和业务形式的多样化需求，现有的通信网络越来越无法满足当前网络的大容量、高速率传输需求，从而造成了当前的通信网络通信容量危机。解决这一危机最直接和有效的方法就是利用光的波分复用技术，充分利用光纤的可用频带宽度，使目前的传输网络传输容量迅速提升。

WDM 技术实际上是一种频分复用技术，它根据通信中信道光波的频率(波长)将光纤的低损耗窗口划分为若干信道，利用不同波长的光波作为信号的载波，在通信网的发射端通过波分复用器件(合波器)将不同波长的信号光载波合并起来利用一根光纤进行传输；在不考虑光纤非线性效应时，这些不同波长的载波在光纤中独立传播，在接收端同样利用波分复用器件将这些不同波长承载不同信号的光载波分开。图 7-1 为 WDM 系统构成示意图。

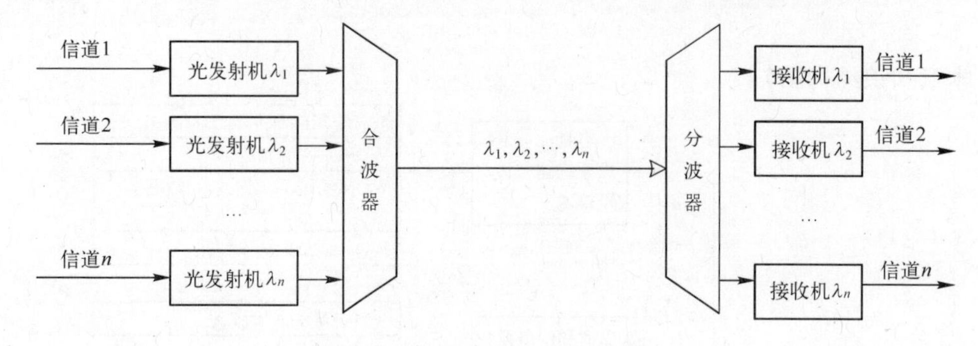

图 7-1　WDM 系统构成示意图

根据采用的波分复用器件的不同，系统可利用的波长数也不相同，根据其复用的密集和稀疏程度，我们将光载波复用数小于 8 个波长，信道间隔大于 3. 2nm 的系统称为 WDM 系统。而将光载波复用数大于 8 个波长，信道间隔小于 3. 2nm 的系统称为密集波分复用(DWDM)系统。目前，DWDM 系统主要利用的带宽范围为 1530 ~ 1565nm，带宽仅为 35nm，波长间隔 1. 6nm(200GHz)和 0. 8nm(100GHz)。为了保证不同 WDM 系统之间的横向兼容性，目前国际上以 193. 1THz 为基准参考频率，对 WDM 系统的各个信道频率和波长做了规定，其中 16 通路和 8 通路的中心波长应满足表 7-1 所列。

表 7-1　16 通路和 8 通路 WDM 系统中心波长

序　号	标称中心频率 /THz	标称中心波长 /nm	序　号	标称中心频率 /THz	标称中心波长 /nm
1	192. 10	1560. 61 *	9	192. 90	1554. 13 *
2	192. 20	1559. 79	10	193. 00	1553. 33
3	192. 30	1558. 98 *	11	193. 10	1552. 52 *
4	192. 40	1558. 17	12	193. 20	1551. 72
5	192. 50	1557. 36 *	13	193. 30	1550. 92
6	192. 60	1556. 55	14	193. 40	1550. 12 *
7	192. 70	1555. 75 *	15	193. 50	1549. 32
8	192. 80	1554. 94	16	193. 60	1548. 51 *
标 * 者为 8 通路 WDM 系统中心波长					

WDM 系统具有如下显著优点：①能够充分利用光纤的低损耗带宽，实现超大容量传输；②节约光纤资源，能够利用现有光纤网络，减低成本；③具有良好的传输透明性，对传输信息的速度、数据格式、调制方式等无限制和要求；④利用 EDFA 可以实现超长距离传输；⑤可构成全光网络，实现光层上的交换和传输，具有良好的自愈性和存活性。

7.1.2 WDM系统的构成

WDM 系统主要由五个部分构成:光发送部分,光传输放大部分、光接收部分、光监控部分和网络管理部分。如图 7-2 所示。

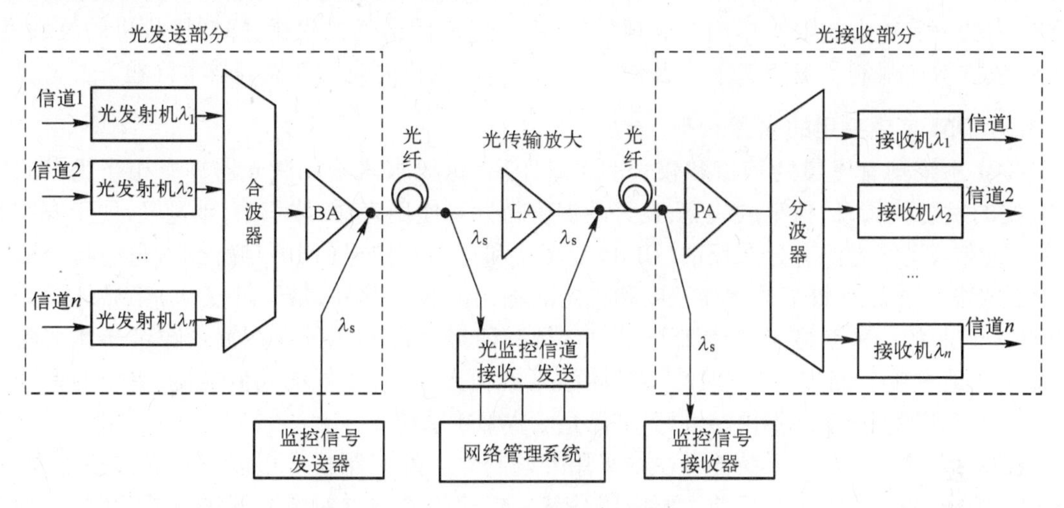

图 7-2 WDM 系统的构成

光发送部分包括光发射机和合波器。光发射机是 WDM 系统的核心,根据 ITU - T 的建议和标准,除了对 WDM 系统中发射激光器的中心波长有特殊的要求外,还需要根据 WDM 系统的不同应用(主要是传输光纤的类型和无电中继传输的距离)来选择具有一定色度色散容限的发射机。在发送端首先将来自终端设备(如 SDH 端机)输出的光信号,利用光转发器(OTU)把符合 ITU - T G.957 建议的非特定波长的光信号转换成具有稳定的特定波长的光信号,利用合波器合成多通路光信号,通过光功率放大器(BA)放大输出多通路光信号。

经过长距离光纤传输后(80 ~ 120km),需要对光信号进行光中继放大。目前使用的光放大器多数为掺铒光纤光放大器(EDFA)。在 WDM 系统中,必须采用增益平坦技术,使 EDFA 对不同波长的光信号具有的相同放大增益,同时,还需要考虑到不同数量的光信道同时工作的情况,能够保证光信道的增益竞争不影响传输性能。在应用时,可根据具体情况,将 EDFA 用作"线放(LA)""功放(BA)""前放(PA)"。

在接收端,光前置放大器(PA)放大经传输而衰减的主信道光信号,采用分波器从主信道光信号中分出特定波长的光信道。接收机不但要满足一般接收机对光信号灵敏度、过载功率等参数的要求,还要能承受有一定光噪声的信号,要有足够的电带宽性能。

光监控信道主要功能是监控系统内各信道的传输情况,在发送端,插入本节点产生的波长为 λs(1510nm)的光监控信号,与主信道的光信号合波输出,在接收端,将接收到的光信号分波,分别输出 λs (1510nm)波长的光监控信号和业务信道光信号。帧同步字节、公务字节和网管所用的开销字节等都是通过光监控信道来传递的。

网络管理系统通过光监控信道传送开销字节到其他节点或接收来自其他节点的开销字节对 WDM 系统进行管理。实现配置管理、故障管理、性能管理、安全管理等功能,并与上层管理系统进行互联。

7.1.3 WDM 系统的关键技术及相关器件

WDM 系统在提高现有通信网络容量、满足未来的通信需求方面有重大意义。但是 WDM 系统仍存在一些技术问题，例如对激光器的波长及其稳定性要求较高、光纤的非线性对光放大器的输出功率有很大的限制、“四波混频”效应容易造成信道间的串扰，降低接收机的灵敏度、光纤的色散效应限制了信道速率的提高以及如何监控线路的光放大器等技术问题。

1. WDM 系统采用的光源

WDM 系统具有密集的信道和较长的中继距离，这要求其采用激光器具有相当优良的特性：稳定的发射波长，比较窄的线宽，良好的温度特性和使用寿命，体积小，重量轻，便于安装和使用。通常采用的光源有分布反馈(DFB)激光器和分布布拉格(DBR)激光器，它们与一般的 F-P 激光器相比具有较窄的谱线宽度和稳定的输出波长。此外，量子阱(QW)半导体激光器是近年来兴起的一种新型半导体激光器。它是一种将窄带有源区夹在宽带隙半导体材料中间，或交替重叠生长而成，与一般的半导体激光器相比，具有更低的阈值电流，更窄的谱线宽度，并且频率啁啾小，动态单模特性好，非常适合 WDM 系统。

在调制方式上，WDM 系统光源主要采用外调制器。外调制技术可以有效克服频率啁啾，获得更大的色散受限距离。目前主要应用马赫-曾德尔调制器对激光器进行外调制，这种器件的优点在于啁啾数值低、色散受限距离长，但是插入损耗大、调制电压高。

2. 光波分复用/解复用器件

光波分复用/解复用器件是 WDM 系统的关键器件。其功能是在通信网的发射端将不同波长的光载波合并起来利用一根光纤进行传输(波分复用)；在接收端再将这些不同波长承载不同信号的光载波分开(解复用)。光波分复用/解复用器件性能的优劣对于 WDM 系统的传输质量有决定性的影响，通常可以从插入损耗和串扰两方面来考察其性能。WDM 系统要求光波分复用/解复用器件损耗和信道间的串扰要小、通带损耗平坦、通路间的间隔度高、偏振相关性和温度稳定性好。常用的光波分复用/解复用器件有熔锥光纤型、衍射光栅型、干涉滤波器型、平面波导型、光纤光栅型。

1）熔锥光纤型

熔锥光纤型光波分复用/解复用器件是将两根(或两根以上)光纤扭绞在一起，在高温下加热熔融，同时向两端拉伸，形成双锥形耦合区。其结构如图 7-3 所示。当包含波长 λ1、λ2 的信号光从端口 1 输入时，通过设计熔融区的锥度，控制拉锥速度，可以改变两根光纤的耦合系数，控制输出端的分光比，使波长 λ1 的信号光从端口 2 输出，而波长 λ2 的信号光从端口 4 输出，这样输出达到合波和分波的目的。

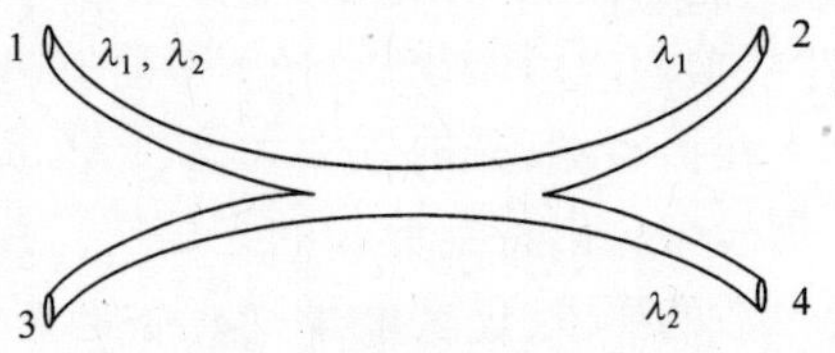

图 7-3 熔锥光纤型光波分复用/解复用器件结构

熔锥光纤型光波分复用/解复用器件插入损耗低，约为 0.2dB，结构简单，具有较高的光通路带宽与通道间隔比以及温度稳定性；但是其体积大、复用路数少、隔离度低，常用于双信道 WDM 系统(例如对 1310nm 与 1550nm 两个波长进行合波与分波)。

2）衍射光栅型

衍射光栅型波分复用器是利用衍射光栅的色散作用来实现分光。当一束复色光入射衍射光栅时，由于不同的波长具有不同的衍射角，从而实现了不同信道的分离。相反的过程同样也可以进行。其中闪耀光栅是一种能够有效应用于光波分复用的光栅。它具有很高的衍射效率，能够将入射光的能量在某一衍射方向集中而获得最大的衍射光强，从而有利于与光纤耦合，减小插入损耗。

闪耀光栅波分复用器原理如图 7-4 所示。从光纤中输出的多波长光信号经透镜准直后，以平行光束射向光栅。由于光栅的衍射作用，不同波长的光信号以不同的衍射角反射回去，经过透镜(普通透镜或渐变折射率自聚焦透镜)聚焦后，分别注入不同的输出光纤中，实现信号光的解复用；根据光路的可逆性，采用相反的过程，也可以实现多波长信号光的复用。

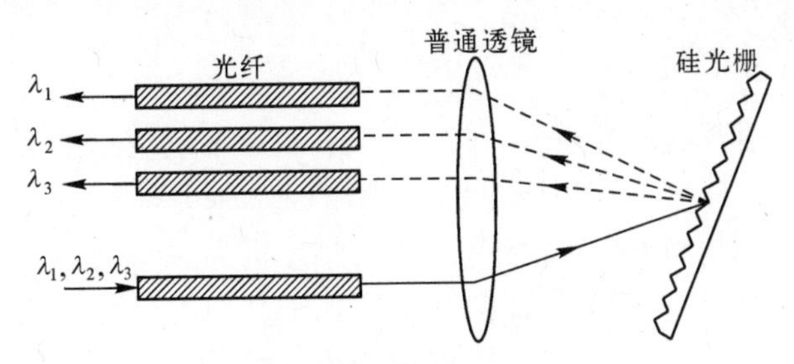

(a) 采用普通透镜的闪耀光栅波分复用器

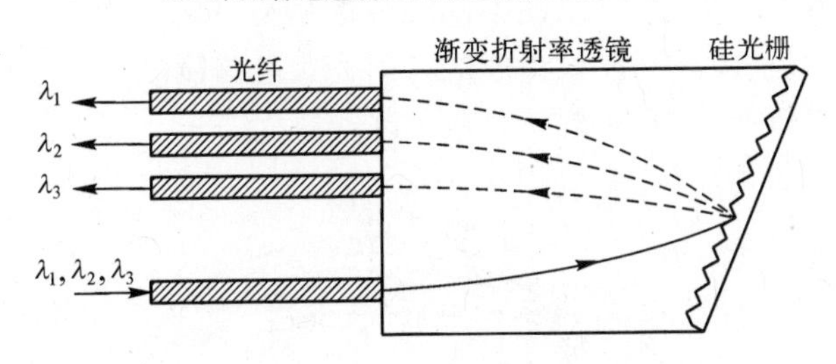

(b) 采用棒透镜的闪耀光栅波分复用器

图 7-4　闪耀光栅波分复用器

一般来说，光栅的色散本领与光栅常数 d 成反比，与光栅槽数 N、衍射级数 k 成正比，因此要获得比较好的色分辨率，光栅常数 d 应尽量小，光栅槽数 N 尽量多，并尽可能选择高的衍射级数。

光栅型解复用器是一种并行器件，它可以同时处理多路不同波长的信号，并且各路信号损耗基本相同，具有解复用路数多、插损小、分辨率高等优点，被广泛应用于 DWDM 系统中。

3) 干涉滤波器型

干涉滤波器型波分复用器由几十层不同材料、不同折射率和不同厚度的介质薄膜按照一定的设计要求组合而成，通过信号光在每层薄膜上的反射或透射叠加，实现信号光波长的选择性输出，其典型结构通常如图 7-5 所示，通常用下式表示其结构：

$$\text{GHLHL}\cdots\cdots\text{HLHA} = \text{G}(\text{HL})^{P}\text{A}$$

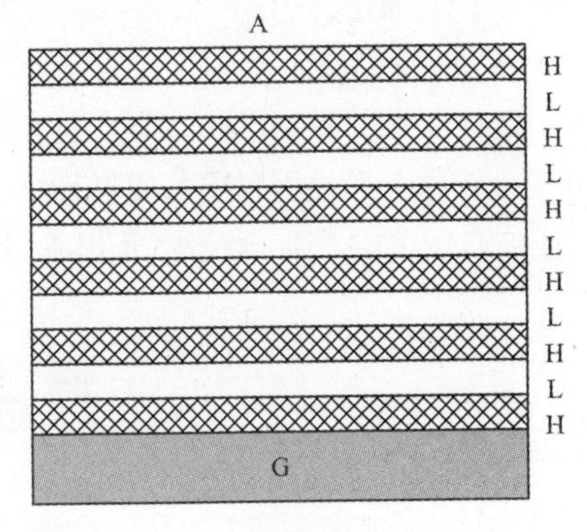

图 7-5　干涉滤波器型波分复用器结构

式中：L 层是光学厚度为 $\lambda_0/4$ 的低折射率膜层；H 层是光学厚度为 $\lambda_0/4$ 的高折射率膜层；G 为基底；A 代表空气。当波长为 λ_0 的光入射时，在高折射率层反射光的相位不变,而在低折射率层反射光的相位改变。连续反射光在前表面相长干涉复合,在一定的波长范围内产生干涉增强的反射光束;在这一波长范围之外,光波干涉相消反射很小。这样通过多层介质膜的干涉,就使一些波长的光反射;而另一些波长的光透射,达到滤波的作用。用多层介质膜可构成高通滤波器和低通滤波器,两层的折射率差应该足够大,以便获得陡峭的滤波器特性。

干涉滤波器型光复用器和光解复用器是用得最早的光滤波器,优点是插入损耗小,缺点是要分离 1nm 左右波长较为困难,通过改进制膜方法,可以分离 1nm 波长。一般在 16 个通道以下的 DWDM 系统中采用。随着 DWDM 技术的发展,要求分离倍道间隔波长越来越窄,所以需要进一步改进制膜方法。

4)平面波导型

平面波导光栅解复用器是一种适合大规模集成,很有发展前途的解复用器。通常由 N×N 平板波导星形耦合器以及一个平板阵列波导光栅(Arrayed Waveguide Grating,AWG)组成。每个波导的有效折射率为 n_0,相邻光栅波导间具有恒定的路径长度差 ΔL,如图 7-6 所示。输入光从第一个星形耦合器输入,该耦合器把光功率几乎平均地分配到波导阵列中的每一个波导中,由于阵列波导中的波导长度不等,相位延迟也不等,其相位差为 $2\pi n_0 \Delta L/\lambda$。通过精确设计阵列波导的路径数和长度差,可以使不同波长的信号在第二个平板波导星形耦合器的不同位置形成主极强,也就是由不同波长组成的入射光束经阵列波导光栅传输后,依波长的不同就出现在不同的波导出口上,从而实现解复用的作用。

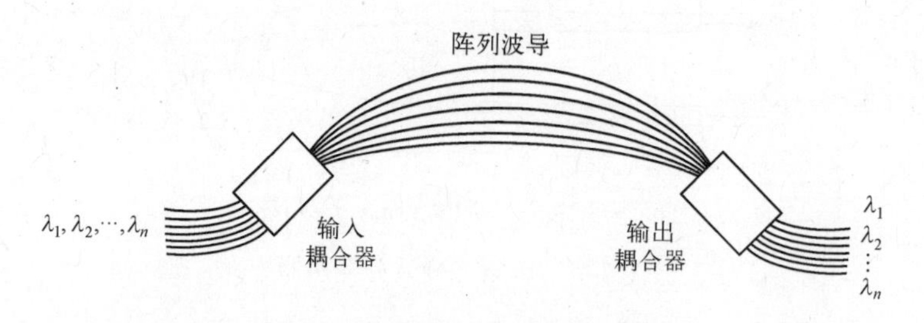

图 7-6 平面波导光栅解复用器

阵列波导光栅的显著优点是:它具有平坦的频率响应,分辨率高,隔离度较好,较小的插入损耗,易于和光电探测器集成。把光电探测二极管阵列也与它集成在一起,从而使体积进一步减小,可靠性进一步提高。但是它是一种温度敏感器件,为了减小热漂移,需要使用热电致冷器等对其温度进行控制。

5)光纤光栅型

布拉格光纤光栅(FBG)是一种新型的全光纤器件(如图 7-7),它利用紫外曝光法在光敏光纤的纤芯中形成折射率的周期性变化。当折射率的周期性变化满足布拉格光栅的条件时,相应波长的光会产生全反射,而其余波长的光会顺利通过,这相当于一个带阻滤波器。

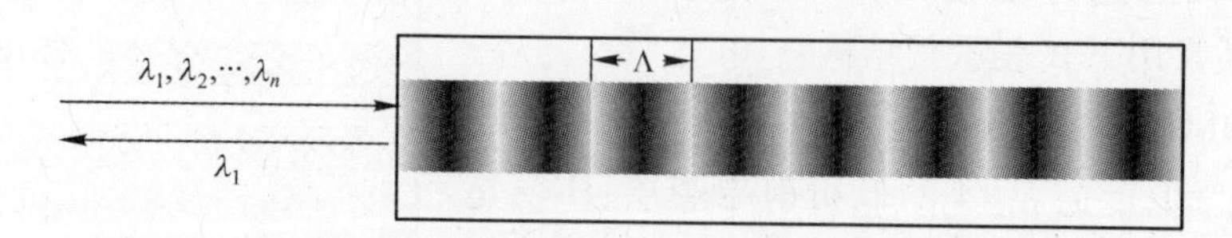

图 7-7 光纤光栅示意图(黑白条纹代表折射率周期性变化)

通常利用光分路器与多个布拉格光纤光栅集成构成 WDM 系统的分波器。其结构如图 7-8 所示。在每根光纤上刻上多个不同周期的光栅，使其只允许一个波长通过，而其他波长则被反射，这样就达到了分波的目的。但是该结构要用到较多的布拉格光纤光栅，成本较高。

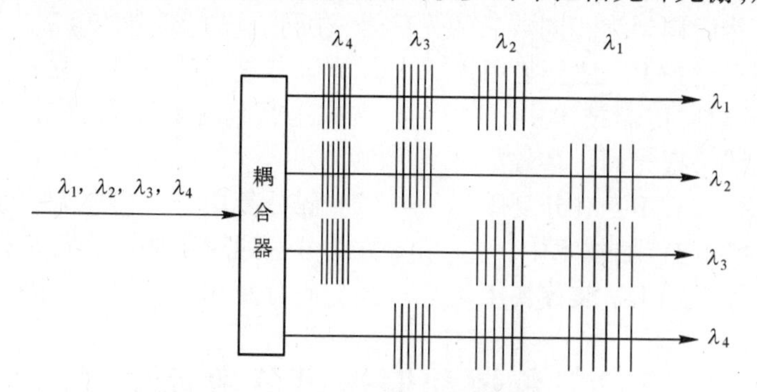

图 7-8　光纤光栅型波分复用器示意图

布拉格光纤光栅型波分复用器件具有相当理想的带通特性，带内响应平坦、带外抑制比高；温度特性较好，其温度系数较好，具有很高的分辨率，易与普通光纤集成，是一种全光器件，缺点是插入损耗较大。

7.1.4　WDM 系统的研发现状

WDM 系统在提高通信容量，满足未来通信需求上具有巨大的优势，因此 WDM 技术的研究、开发与应用十分活跃。在国际上，各国的电信装备公司投巨额资金竞相研究、开发、宣传展示产品，如北电等公司的 1.6Tb/s（160（10Gb/s）WDM 系统已经成功；80（80Gb/s 的 WDM 系统，总容量为 6.4Tb/s 的系统也已出现。此外，朗讯公司采用 80nm 谱宽的光放大器实现了 1022 路波长的合波传输。在国内，WDM 技术的研究和开发不仅活跃，而且进展也十分迅速。武汉邮电科学研究院（WRI）、北京大学、清华大学、邮电部五所先后进行了传输实验或者建设试验工程。例如：武汉邮电科学研究院在 1997 年 10 月成功地进行了 2.5Gb/s（16 路）单向传输系统；2002 年 4 月 19 日，武汉邮电科学研究院承担的国家 863 重大项目“32 × 10Gb/s SDH 波分复用系统”在广西南宁通过国家验收，该系统首次在国内实现了开满 32 波满配置 400 公里的无电再生传输。中兴、华为等通信公司的 100G、320G 系统已经商用化。2012 年，华为公司在美国光纤通信展览会及研讨会（OFC/NFOEC）上发布并现场演示了业界首个 400G DWDM 光传送系统，该系统可支持单光纤 C 波段 20Tb 容量，1000km 以上无电中继传输，是目前业界传输容量最大的波分系统。

自测练习

7-1　WDM 系统可以工作于双纤单向传输和________。

（A）双纤双向传输　（B）单纤双向传输　（C）单纤单向传输

7-2　ITU – T G692 建议 DWDM 系统的频率间隔为________的整数倍。

（A）155MHz　（B）100GHz　（C）10THz　（D）200GHz

7-3　对于 DWDM 系统，一般认为工作波长在________ nm 附近。

（A）980　（B）1310　（C）1550　（D）1650

7-4 ITU-T G692 建议 DWDM 系统的参考频率为________THz。

(A) 193.1　(B) 192.1　(C) 196.1

7-5 无源光网络的双向传输技术中,________方式上行信号和下行信号分别与不同的多址进行模二加,然后调制为相同波长的光信号,在同一根光纤上传输。

(A) 空分复用　(B) 波分复用　(C) 码分复用　(D) 副载波复用

7-6 无源光网络的双向传输技术中,________方式上行信号和下行信号被调制为不同波长的光信号,在同一根光纤上传输。

(A) 空分复用　(B) 波分复用　(C) 码分复用　(D) 副载波复用

7-7 无源光网络的双向传输技术中,________方式分别通过不同的光纤进行传输。

(A) 空分复用　(B) 波分复用　(C) 码分复用　(D) 副载波复用

7.2 色散和偏振模色散补偿

色散是光纤的一个重要参数,是影响光纤信息传输容量的主要因素。色散效应导致光纤中传输的光脉冲展宽(如图 7-9),最终使相邻光脉冲发生重叠,以致接收机不能逐个区别相邻脉冲,因而出现判断错误,产生误码,从而限制了通信容量和通信距离。在 DWDM 通信系统中,如何降低光纤色散的影响,增加系统的通信容量,延长通信距离,是一个亟待解决的问题。

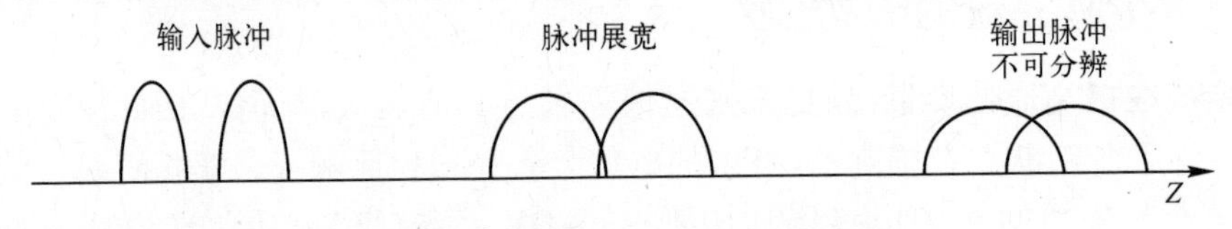

图 7-9　色散导致光脉冲展宽示意图

7.2.1 光纤色散的基本概念

色散是指因为光脉冲中的不同频率或模式在光纤中的传播速度不同,使得这些频率成分或模式到达光纤终端有先有后,从而产生信号传播过程中的光脉冲的展宽。光纤的色散可以分为模式色散、材料色散、波导色散、偏振模色散。

1. 模式色散

所谓模式色散,是指光在多模光纤中传输时会存在着许多种传播模式,因为每种传播模式在传输过程中都具有不同的轴向传播速度,因此虽然在输入端同时发送光脉冲信号,但到达接收端的时间却不同,于是各个传播模式之间产生了时延,使光脉冲发生展宽。

模式色散仅对多模光纤有效,而单模光纤只传输一种模式,则不存在模式色散。模式色散在光纤的色散中占有极大比重,比材料色散与波导色散之和还要高出几十倍。由于渐变光纤模式色散引起的脉冲展要比阶跃光纤小得多,因而绝大部分多模光纤采用渐变折射率分布。

2. 材料色散

由于激光器发出的光源并不是单频光,具有一定的波长范围,通常称为激光器的线宽或谱宽,因而,在光纤中传播的光脉冲通常具有一定的波长范围。不同波长的光在光纤中传播时,由于光纤石英玻璃材料的折射率随光的波长变化,致使光脉冲的不同波长具有不同的传播速度,不能同时到达光纤另一端,使光脉冲发生展宽。

3. 波导色散

当光脉冲进入光纤后,主要是在纤芯中传播,但是仍有少量会进入光纤包层传播,由于纤芯和包层具有不同的折射率，所以光脉冲在纤芯和包层具有不同的传播速度，到达光纤另一端的时间不一致，光脉冲会出现扩展。波导色散依赖于纤芯和包层间的模场分布。

4. 偏振模色散

在单模光纤中传输的基模实际上是由两个极化方向互相垂直的TE模和TM模式构成，这两个模式的电场分别平行于 x 和 y 轴方向。

理想状态下，假设光纤截面和折射率的分布是均匀对称的，则TE模和TM模的传播常数 β_x 和 β_y 相等，即 $\beta_x=\beta_y$，即两个模是偏振正交的简并模。但实际上，由于光纤纤芯的几何形状不规则、内部应力不均匀、外界弯曲挤压等因素，都会导致单模光纤的两个正交模TE模和TM模模式的传播常数 β_x 和 β_y 不相等，偏振方向发生旋转。TE模和TM模最终所产生的时延差也会导致脉冲展宽，这就是所谓的偏振模色散（PMD）。

7.2.2 光纤色散的补偿

1. 色散补偿光纤（DCF）

色散补偿光纤具有负色散特性，可以用来抵消标准光纤产生的正色散。色散补偿光纤技术是为了扩大光纤线路中继距离而把其中存在的色散降低到最低程度，同时兼顾到插入损耗的技术措施，其中包括专用补偿光纤和光学元器件，使输出端的光信号足以保证系统性能，诸如跨距速率和误码率等的实现。为了减轻光放大器的功率饱和限制，避免在色散补偿光纤出现非线性效应，色散补偿光纤在系统中的位置通常如图7－10所示。

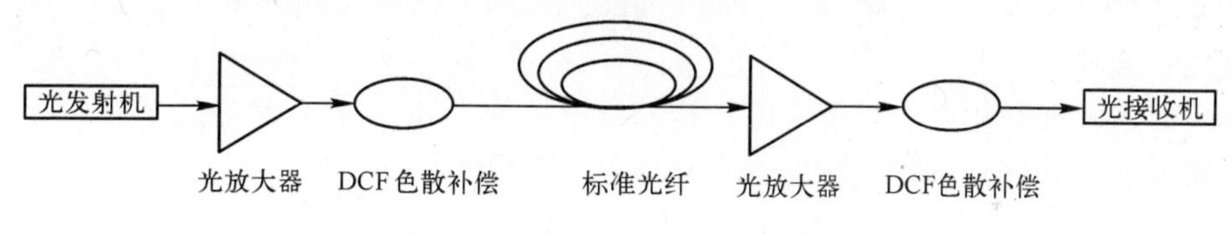

图7－10　色散补偿光纤传输系统

2. 啁啾光纤光栅

啁啾光纤光栅是一个折射率分布不均匀的光纤光栅，其光栅的光学周期沿光栅长度方向逐渐变短，则布拉格波长在光栅长度方向也逐渐变短，即啁啾光纤光栅前端反射波长大（低频分量），而末端反射波长短（高频分量）。对于标准单模光纤通常在1.55μm存在反常色散，即低频分量行进慢（延时长）、高频分量行进快（延时短）；啁啾光纤光栅可以提供"正常"色散，用来补偿单模光纤的反常色散。其使用装置通常如图7－11所示，当光脉冲由标准单模光纤经过环形器进入啁啾光纤光栅后，低频分量在光栅入口处就得到反射（延时短），而高频分量在光栅末端才得到反射（延时长），与单模光纤内的情况完全相反，因此啁啾光纤光栅可以提供"正常"色散，用来补偿单模光纤的反常色散。国内已经有系统供应商在10Gb单信道系统中采用色散补偿光栅作为色散补偿解决方案，并已经用于实际的工程中。

这种方法器件紧凑、插入损耗小，其色散斜率可以控制为与传输光纤相同。

3. 中点频谱反转法

频谱反转技术是利用相位共轭技术实现啁啾脉冲的频谱反转排列，其原理如图7－12所示。

光纤1、光纤2是两段长度性能一样的标准单模光纤。在光纤1中，由于色散，输入信号的高频分量行进快而集中在脉冲前沿，而低频分量行进慢集中在脉冲后沿。经过频谱反转后，

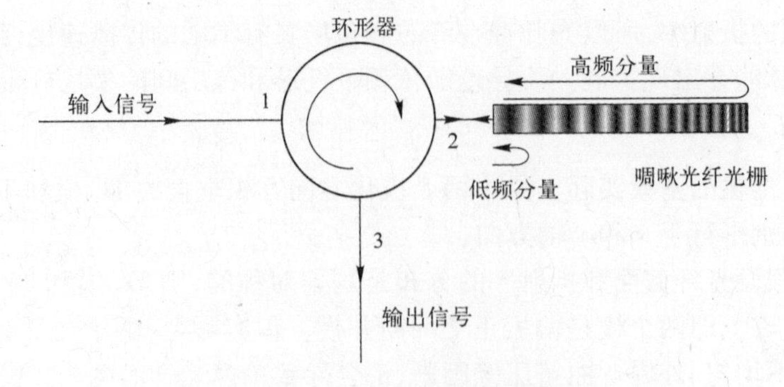

图7-11　啁啾光纤光栅色散补偿

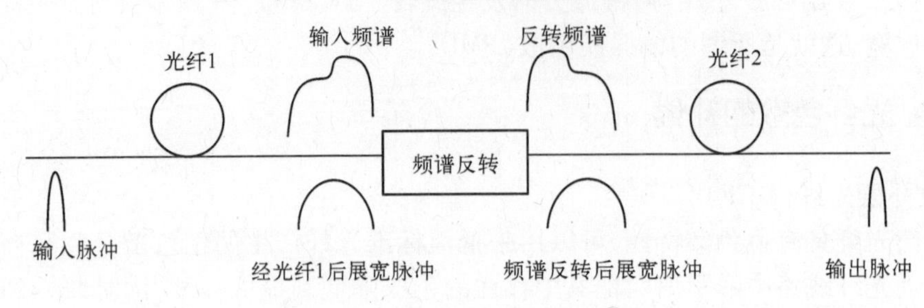

图7-12　中点频谱反转法原理图

原来的高频分量转换到脉冲后沿，同理，原低频分量转换到脉冲前沿。再经过与光纤1性能相同的光纤2，其中的高频分量仍比低频分量行进的快，因而又会在光纤2中赶上低频分量，使光脉冲宽度恢复原样。

频谱反转法需要利用两段长度性能一样的标准单模光纤，反转点最好处于总长度的中点，因此该方案实施比较困难，成本较高，不太适合WDM系统。

4. 电域补偿

光纤色散主要是由于信号脉冲中的高频分量传输快，因而我们在生成脉冲时，可以将高频分量调在脉冲后沿，这样高频分量虽然传输快，但要超前也要行进一段距离。这种方法受到"电子瓶颈"的限制适用于低速系统，不适合高速WDM系统。

5. 色散管理

利用"+/-"色散系数的光纤交错连接，保证总的净色散为零，在新建的海缆通信系统中普遍采用了这种色散管理技术。正负色散光纤比例可以是1:1或2:1。另一种技术方法是用色散管理光纤。这种光纤本身就有正、负色散区段，即沿光纤分布着正负色散，保证总的净色散为零。这种光纤的色散不同是在光纤拉制过程中通过改变拉丝直径来实现的。正负色散出现在一根光纤中，可以避免不同光纤之间的熔接衰耗，减小系统的功率代价。

7.2.3　偏振模色散的补偿

保偏光纤是仅传输单一偏振模式的光纤，能有效解决偏振模色散问题。常见的保偏光纤有两种类型，一种是采用非圆对称的光纤折射率剖面，如熊猫型光纤、领结型光纤；另外一种是采用非圆对称的光纤几何剖面，如椭圆光纤型、矩形条带光纤、D型光纤等。

出于PMD是随时间、温度、环境变化的统计量，因此，对它的补偿一般要求自动跟踪补偿。目前，已提出多种PMD的补偿方法。这些补偿方法主要以两种方式对PMD进行补偿。即在传输的光路上直接对光信号进行补偿(光域补偿)或在光接收机内对电信号进行补偿(电域补偿)。两者的本质都是利用光或电的延迟线对PMD造成的两偏振模之间的时延差进行补偿。其基本原理是,首先在光或电上将两偏振模信号分开,其次,用延迟线分别对其进行延时补偿,在反馈回路的控制下,使两偏振模之间的时延差为0,最后将补偿后的两偏振模信号混合输出。电域补偿由于受到电子器件工作速率的限制,响应速率有限,光域补偿是较有前途的方向。光域补偿方案之一是利用保偏光纤进行补偿,原理如图7-13所示。图中光延迟线为保偏光纤(PMF),对两偏振模之间的时延差进行补偿。偏振控制器的作用是调整输入光的偏振态,使之与PMF的输入相匹配。当然偏振控制器的响应速度应大于光纤中偏振模的随机变化速度。控制偏振控制器的信号来自于被平方律检波器检波的PMF输出光信号。该方案能实现长距离高速率光纤通信系统的PMD补偿。实验表明,它能将由偏振色散造成的功率代价从7dB降到1dB。这种方法只能补偿固定的PMD值,是一个固定补偿器。

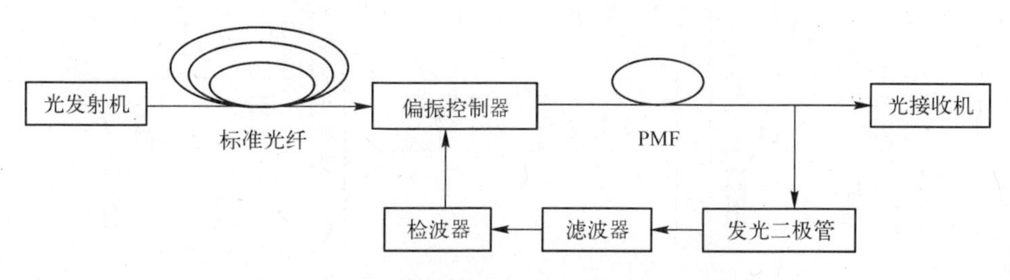

图7-13　保偏光纤(PMF)补偿PMD原理图

另一种光学补偿方案是使用高双折射非线性啁啾光纤光栅作为偏振模色散补偿器件。在高双折射非线性啁啾光纤光栅的反射带宽内,对于相同波长、不同偏振态的偏振模,它们在光栅中的反射位置是不同的,这样不同的偏振态将产生不同的时延,进而达到补偿目的。同时非线性啁啾还确保在光栅带宽范围内可补偿的时延差随输入光信号波长的不同而变化。利用压力变化可以做成具有可调时延的色散补偿器。这种补偿器具有补偿范围可调、结构简单、插入损耗低以及与光纤的良好兼容性等优点,是一种比较有前途的补偿方法。其结构与用于群速度色散补偿的啁啾光纤光栅相同。

自测练习

7-8　克尔效应又称为折射率效应,也就是光纤的折射率随着光纤的变化而变化的非线性现象,非线性折射率波动效应分为________。

(A) 自相位调制　(B) 交叉相位调制　(C) 四波混频　(D) 斯托克斯效应

7-9　以下说法错误的是________。

(A) 孤子效应是利用线性光学技术传送窄带脉冲,由于光波在新式光纤中传输时,光纤中的损耗、色散、非线性效应都消失了,仅剩材料分子的能量损耗,所以可以传输很远的无中继距离

(B) PIN利用了雪崩效应,所以放大效果良好

(C) 由于要设置带通门限,因此,光滤波器均为有源滤波器

(D) 光纤光栅由于体积大,因此一般用于低速率系统

7.3 光时分复用技术

光时分复用(Time Division Multiplexer,TDM)是另外一种增加单根光纤通信容量的复用方式。它是用多个电信道信号调制具有同一个光频的不同光信道,经复用后在同一根光纤传输的扩容技术。光时分复用是一种构成高比特率传输很有效的技术。它在系统发送端光学复用几个低比特率数据流,在接收端用光学方法把它解复用出来。这种方法避开使用高速电子器件而改用宽带光电器件。

光时分复用(OTDM)的原理如图 7-14 所示:N 路速率为 B 的单信道光信号,根据规定具有不同的时隙,即在时间上相互错开,经过光时分复用器进行光复用,构成比特率为 NB 的复合光信号进入光纤传输,在接收端再通过解复用器将 N 路信号分离开来。

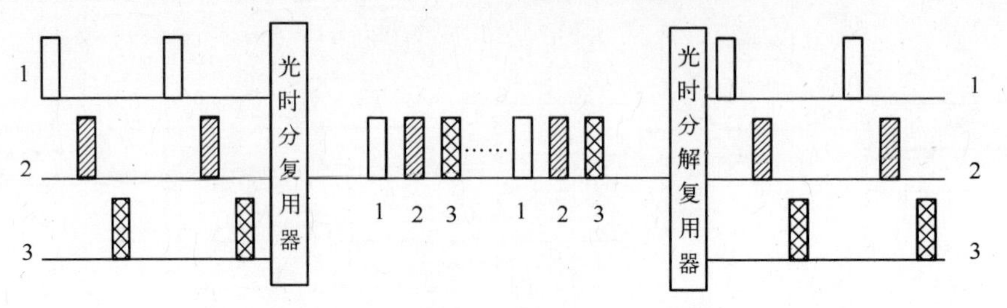

图 7-14 光时分复用(OTDM)原理图

目前,制约 OTDM 的关键技术在于:超窄光脉冲的产生和调制;全光时分复用技术;全光解复用和定时提取技术。

(1) 超窄光脉冲的产生与调制。

光时分复用要求光源产生高重复率(5~20GHz)、占空比相当小的超窄光脉冲,脉宽越窄可以复用的路数越多,且谱宽也就越宽。能满足这些要求的光源主要有锁模环形光纤激光器(ML-FRL)、锁模半导体激光器、DFB 激光器加电吸收调制器(EAM)、增益开关 DFB 激光器和超连续脉冲发生器。其中 ML-FRL 的特点是产生的脉冲几乎没有啁啾,在 40GHz 的高频范围不需要进行啁啾补偿或脉冲压缩,就能产生 PS 级的超短变换极限光脉冲,输出波长较灵活,稳定性好,是一种很有前途的光时分复用光源。

(2) 光时分复用器。

光时分复用器的作用是将不同信道的光信号按照一定的时隙关系组合起来。传统的复用器是由耦合器和光纤延时线组成的。如图 7-15 所示,各支路信号在被调制后分别通过光纤延迟线阵列。该延迟线阵列的第一路延迟时间为 0,第二路的延迟时间为 T,第三路延迟时间

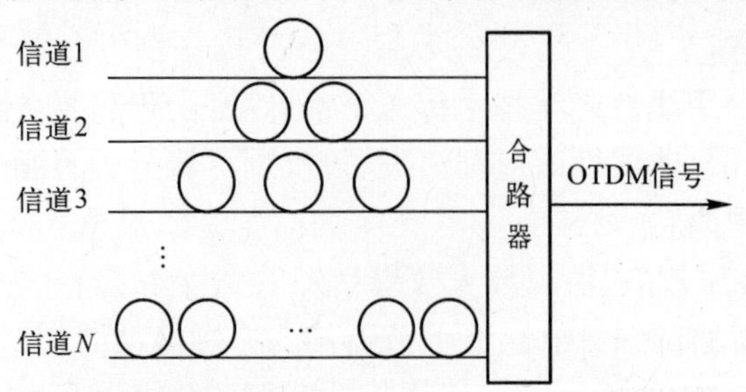

图 7-15 基于光纤延时线的光时分复用器

为 $2T$。以此类推,第 n 路的延迟时间为 $(n-1)T$,这样各个支路的光脉冲在一个周期内按照一定的时间间隔 T 错开,再经过光耦合器将这些支路的光脉冲复用在一起,即完成了光脉冲的时分复用。但是这种方法很难保证产生的码元间隔精确相等,而且光纤延时线的长度会随温度产生变化,从而使码元间隔产生波动。

(3) 光时分解复用器。

光时分解复用器的作用是将光复用信道的光信号分解开来,成为不同的单信道信号,再送入相应的本地接收机进行处理。光时分解复用器的实质是一个高速的光开关,按照一定的时隙控制光信号的输出。全光解复用技术较为复杂,目前比较成熟的四种形式的解复用器件是:光克尔开关矩阵光解复用器;交叉相位调制频移光解复用器;四波混频开关光解复用器;非线性光纤环路镜式(NOLM)光解复用器。

光纤非线性光学环路镜(Nonlinear Optical Loop Mirror,NOLM)是最常用的光时分解复用器件,该器件的稳定性好、工作速率高、运行功耗低,是解复用的优良器件。NOLM 利用了两个相对传输的光信号脉冲间的交叉相位调制现象(XPM)实现解复用,其结构如图 7-16 所示。

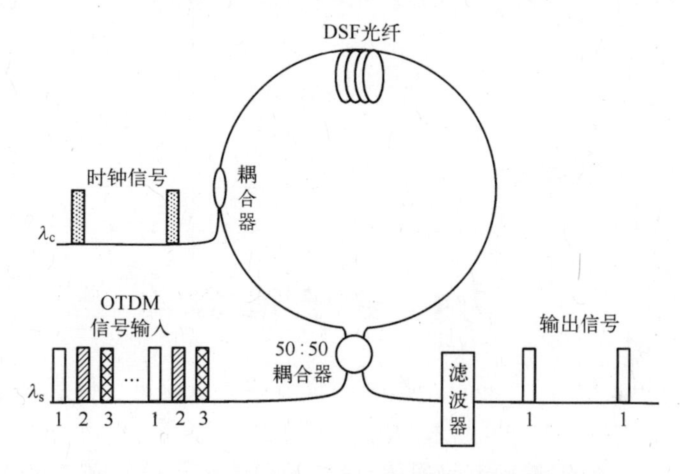

图 7-16 光纤非线性光学环路镜光时分解复用器

图中 λ_c 为时钟信号的波长,λ_s 为 OTDM 信号的波长。假定 OTDM 信号是 n 路比特率为 B 的低速信号时分复用得到的,其合成速率为 nB(bit/s)。时钟信号的比特率为 B。若时钟信号和 OTDM 信号的第一路信号同步,则在经过 DSF 光纤同步传输时,它们之间将产生交叉相位调制使顺时针传输的信号相位变化;而逆时针传输的信号相位几乎没有变化。这样,在返回到耦合器时它们之间产生相位差。如果该相位差等于 π,则该路信号将经过带通滤波器输出,从而实现 OTDM 信号的解复用。

由于 DSF 光纤非线性系数较小,要获得较大的交叉相位调制需要较长的光纤,如果用非线性系数较大的 SOA 替代 DSF 光纤,则器件结构将紧凑得多。图 7-17 展示了基于 SOA 的光时分解复用器的基本原理和结构。SOA 被放置在距环中点距离为 Δx 的地方,在没有控制信号输入时,顺时针(CW)和逆时针(CCW)传输的信号在环中经过相同的相移,在耦合器 1 中相干,并从端口 1 中输出。现在考虑有控制信号输入的情况,设控制信号作用时间 Δt,当 CW 信号经过 SOA 时恰好与控制信号相互作用,则 CW 信号受到 XGM 和 XPM 的影响,幅度和相位都会发生变化;而当 CCW 信号经过 SOA 时,控制信号作用时间结束,则 CCW 信号相位未发生变化。若 CW 信号相位变化等于 π,则 CW 和 CCW 信号在耦合器 1 中相干,并从端口 2 中输出。利用 TOAD 的这一特性,精确调控控制信号的输入时间和作用时间,使其仅与 OTDM 信号的第 i 路信号相互作用,即可实现对 OTDM 信号的时分解复用。

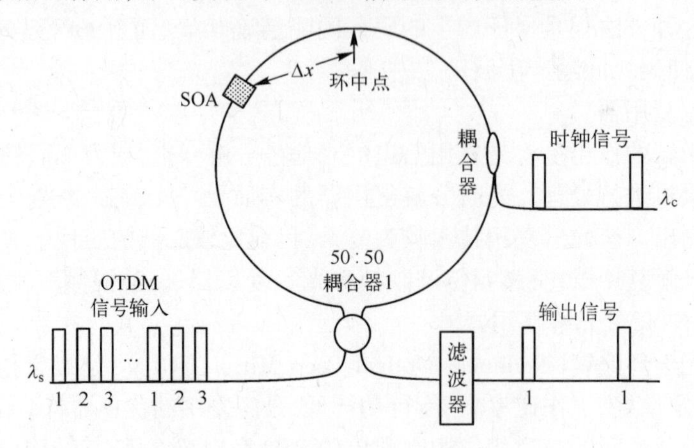

图 7-17 基于 SOA 的光时分解复用器

自测练习

7-10 光时分复用的英文名称是________________。

7-11 OTDM 的关键技术有________、________及________等。

7.4 量子通信

量子通信(Quantum Teleportation)是指利用量子纠缠效应进行信息传递的一种新型的通信方式。量子通信是近二十年发展起来的新型交叉学科,是量子论和信息论相结合的新的研究领域。量子通信主要涉及:量子密码通信、量子远程传态和量子密集编码等,近来这门学科已逐步从理论走向实验,并向实用化发展。高效安全的信息传输日益受到人们的关注。基于量子力学的基本原理,量子通信具有高效率和绝对安全等特点,并因此成为国际上量子物理和信息科学的研究热点。

7.4.1 量子光通信基础

1905 年,爱因斯坦在普朗克量子假设的基础上对光的本性提出了新的理论,认为光束可看作是由微粒构成的粒子流,这些粒子叫光量子,简称光子。光既具有波粒二象性,在真空中,每个光子都以光速 $c=3\times10^8$ m/s 运动;每个光子的能量 ε 和频率 ν 之间的关系为:$\varepsilon=h\nu=\hbar\omega$;光子的动量为 $p=\hbar k$,$\omega=2\pi\nu$ 为光波圆频率,k 为波矢量。1923 年,法国物理学家德布罗意提出了实体粒子(如电子、原子等)也具有波粒二象性的假说(这一假说不久就为实验所证实);1926 年,薛定谔找到了描写微观粒子状态随时间变化规律的运动方程(被称为薛定谔方程),建立了波动力学,其后与海森伯、玻恩的矩阵力学统一为量子力学。在量子理论中,描述量子系统的是态函数,它具有概率波的意义,态函数的演化遵从薛定谔方程。

1993 年,物理学家贝内特(C. H. Bennett)成功地将量子理论和信息科学结合起来,提出了量子通信这一全新的概念。量子通信技术是光通信技术的一种,它是利用光在微观世界中的粒子特性，让一个个光子传输“0”和“1”的数字信息，即以光子的量子态为信息载体。信息一旦量子化，量子力学的特性便成为量子信息的物理基础，有关信息的所有问题都必须采用量子力学来进行处理。信息传输就是量子态在量子通道中的传送，信息处理、计算是量子态的幺正变换，信息提取便是对量子系统进行量子测量。总之，对量子信息的加工处理就是一种量子态的操纵过程。

在量子光通信中，信息的载体是单个光子，可以用其偏振状态（极化方向）、相位或者频率等物理量，这些物理量都遵循量子力学的相应规则，因此量子光通信与传统光通信相比，在通信容量、通信速度和保密性等方面具有巨大的优势。

（1）超大的通信容量。传统光通信以比特作为信息单元，从物理学上讲，比特是个两态系统，它可以制备为两个可识别状态中的一个，如经常用0或1来表示一个比特信息。而在量子光通信中，通常用量子比特作为信息单元，一个量子比特是一个双态量子系统（即有$|0>$，$|1>$两个本征态），量子比特可以是这两个本征态的任意叠加。

$$|\varphi> = a|0> + b|1> \quad a^2 + b^2 = 1$$

适当选择复数 a 和 b，就可以在一个量子比特比特中编码无穷多信息，具有超大的通信容量。

（2）超距离传输能力。在量子通信中，两个量子比特可以处于一种特殊的状态——纠缠态。此时两个量子比特不是相互独立的，对一个量子比特的测量会获取另外一个量子比特的状态。基于此，人们提出量子态隐形传输方案，其基本思想是将原物的信息分成经典信息和量子信息两部分，它们分别由经典通道和量子通道传送给接收者。经典信息是发送者对原物进行某种测量而获得的，量子信息是发送者在测量中未提取的其余信息；接收者在获得这两种信息后，就可以制备出原物量子态的完全复制品，该过程中传送的仅仅是原物的量子态而不是原物本身。但是由于此过程中的经典通信是必不可少的，单靠量子通道是无法实现这种隐形传态，因此此过程不会违背光速最大原理。

（3）绝对的保密和安全。量子密码的安全性由量子力学原理所保证。所谓绝对安全性是指窃听者智商极高，采用最高明的窃听策略，使用一切可能的先进仪器，在这些条件下，密钥仍然是安全的。窃听者的基本策略有两类：一是通过对携带着经典信息的量子态进行测量，从其测量的结果来获取所需的信息。但是量子力学的基本原理告诉我们，对量子态的测量会干扰量子态本身，因此，这种窃听方式必然会留下痕迹而被合法用户所发现。二是避开直接量子测量而采用量子复制机来复制传送信息的量子态，窃听者将原量子态传送给接收者，而留下复制的量子态进行测量以窃取信息，这样就不会留下任何会被发现的痕迹。但是量子不可克隆定理确保窃听者不会成功，任何物理上可行的量子复制机都不可能克隆出与输入量子态完全一样的量子态来。因此，量子密码术原则上可以提供不可破译、不可窃听的保密通信体系。

最后，量子通信还具有超大的信息效率、超强的抗干扰能力，利用量子通信可以降低通信的复杂度。量子通信已经越来越受到人们的重视，正逐步从实验室走向实用阶段。

7.4.2 量子光通信的研究进展

量子通信研究的内容包括量子密钥分配（QKD）、量子远程传态、量子机密共享（QSS）与量子安全直接通信（QSDC）等。

量子密钥分配俗称量子密码通信，目的是在合法的通信者之间实现绝对安全的通信过程。量子密钥分配的主要任务是利用量子信道在通信双方之间生成安全的密钥。要完成秘密信息的通信,通信的发送方要将秘密信息利用密钥加密生成密文,然后将密文通过经典通信发送给信息接收者,接收者利用密钥解密密文从而得到传递来的秘密信息,这是四步通信过程,即生成密钥,加密信息,传输信息和解密信息。如图 7-18 所示。

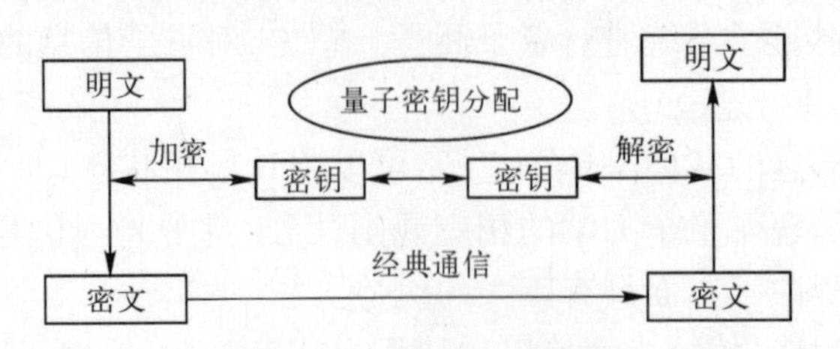

图 7-18　量子密码通信

量子远程传态是一种全新通信方式,它传输的不再是经典信息而是量子态携带的量子信息,是未来量子通信网络的核心要素。利用的是量子纠缠对的超距离作用,一旦两个粒子之间发生纠缠,那么它们之间似乎就建立起了某种联系,其中一个粒子状态的改变也会引起另一个粒子的变化,而这之间并没有任务物理信号的传递。Bennett 等科学家在 1993 年首次提出量子态隐形传输的思想。从目前的理论和实验研究看,量子远程传态可以分为两大类:一类是基于分离变量的量子远程传态,以单个光子为信息载体。其典型实验是英国牛津布鲁斯大学 Aton Zeilinger 小组于 1997 年进行的利用偏振纠缠光子对实现了量子远程传态实验;另一类是基于连续变量的量子远程传态,以光场态为信息载体。Braunstein 和 Kimble 首先提出了一个实际可行的传输单模电磁场的量子态,A. Furusawa 等人利用参量下转换产生的纠缠源从实验上验证了该方案。基于连续变量的量子远程传态是无限维叠加态的传输,消除了纠缠光子对的随机性,而且探测相对容易一些。

量子远程传态的传输过程,如图 7-19 所示,主要包括:纠缠粒子对的产生;对待传输态和其中一个纠缠粒子进行测量;传输测量结果;对另一个纠缠粒子进行操作,使其处于粒子待传输态。

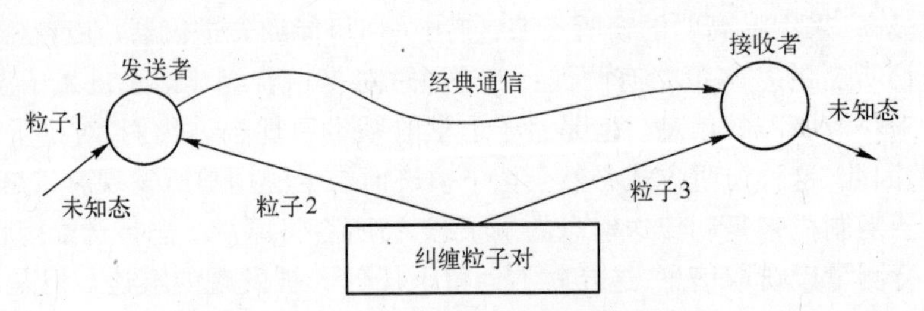

图 7-19　量子远程传态的传输示意图

量子通信具有传统通信方式所不具备的绝对安全特性,不但在国家安全、金融等信息安全领域有着重大的应用价值和前景,世界各国对量子通信的研究高度重视,都投入了大量的人力和财力。自 1993 年美国 IBM 的研究人员提出量子通信理论以来,美国国家科学基金会、国防高级研究计划局都对此项目进行了深入的研究;欧盟在 1999 年集中国际力量致力于量子通信的研究,研究项目多达 12 个,研究课题除了无法破译的密码技术外,还包括超高速计算机和相关传输技术;日本邮政省把量子通信作为 21 世纪的战略项目,力争在 2020 年—2030 年前后使保密通信网络和量子光通信网络达到实用化水平。我国从 20 世纪 80 年代开始从事量子光学领域的研究,主要研究单位包括中国科技大学,中科院物理所等科研机构,已经取得了不少的成绩。1998 年中国科技大学成立的以潘建伟、彭承志等研究人员为首的量子研究小组在量子通信方面取得了突出的成绩。他们主要探索在自由空间信道中实现远距离的量子通信。2012 年 8 月,他们在国际上首次成功实现百公里量级的自由空间量子隐形传态和纠缠分发,为发射全球首颗“量子通信卫星”奠定技术基础。“在高损耗的地面成功传输 100km,意味着在低损耗的太空传输距离将能达到 1000km 以上,基本上解决了量子通信卫星的远距离信息传输问题。

国内外的一系列研究表明,量子通信技术已初步成熟,我国在量子通信技术方面整体上并不落后。在我国政府和相关部门的重视下,我国的量子通信技术一定能够站在当今信息技术的最前沿,实现通信业的跨越式发展。

自 测 练 习

7-12 量子通信是指利用量子________效应进行信息传递的一种新型的通信方式。它是量子论和信息论相结合的新的研究领域。

7-13 在量子光通信中,信息的载体是__________。

7.5 相干光通信技术

目前的光纤通信系统基本采用光强度调制 - 直接探测方式(IMDD),即在发送端调制光载波强度,在接收端对光载波进行包络检测,从本质上说是一种噪声载波通信系统。IMDD 系统的优势在于其对信号的接收不依赖于信号光的相位和偏振态,结构机理简单,容易实现;但是它也有不足,如传输距离不长、频率带宽利用率不高、接收机灵敏度差,因此没有完全发挥光纤通信的优势。为解决以上问题,相干通信方式应用于光纤通信便产生了相干光通信。相干光通信主要是利用无线电通信中的外差接收技术;在调制方式上采用振幅键控制 ASK、频移键控制 FSK、相移键控制和差分相移控制等先进调制方式。与常规的 IMDD 系统相比,相干光通信系统的传输距离更长,更有利于提高通信质量。

7.5.1 相干光通信的基本工作原理

相干光通信是指在通信系统接收端先将输入光信号与本地光振荡器产生的本振光信号进行相干耦合,再送入平衡探测器进行探测的一种通信方式,其原理如图 7 - 20 所示。

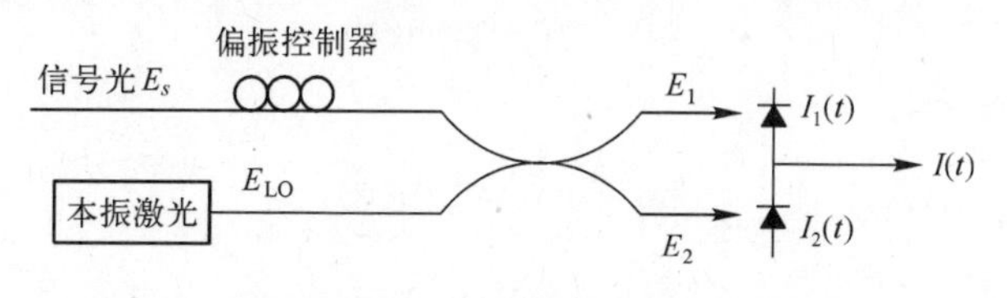

图 7 - 20 相干检测示意图

图中输入的调制信号光的光场为:$E_s(t) = A_s(t)\exp(j\omega_s t)$,式中:$A_s(t)$表示复振幅;$\omega_s$为角频率。

同样,本振激光场为 $E_{LO}(t) = A_{LO}\exp(j\omega_{LO}t)$,式中:$A_{LO}(t)$为复振幅;$\omega_{LO}$为角频率。相应的光功率为 $P_s = |A_c|^2/2$ 和 $P_{LO} = |A_{LO}|^2/2$。通过调整信号光的偏振态使与本振激光平

行,耦合器两输出端光场分别为

$$E_1=\frac{1}{\sqrt{2}}(E_s+E_{\mathrm{LO}})\ ;E_2=\frac{1}{\sqrt{2}}(E_s-E_{\mathrm{LO}})$$

光电检测器探测到的光电流分别为

$$I_1(t)=\frac{R}{2}[P_s(t)+P_{\mathrm{LO}}+2\sqrt{P_s(t)P_{\mathrm{LO}}}\cos\{\omega_{\mathrm{IF}}t+\theta_{\mathrm{sig}}(t)-\theta_{\mathrm{LO}}(t)\}]$$

$$I_2(t)=\frac{R}{2}[P_s(t)+P_{\mathrm{LO}}-2\sqrt{P_s(t)P_{\mathrm{LO}}}\cos\{\omega_{\mathrm{IF}}t+\theta_{\mathrm{sig}}(t)-\theta_{\mathrm{LO}}(t)\}]$$

式中:$\omega_{\mathrm{IF}}=|\omega_s-\omega_{\mathrm{LO}}|$为中频频率;$R=\frac{e\eta}{\hbar\omega_s}$为光电检测器的响应度;$\theta_{\mathrm{sig}}(t)$和$\theta_{\mathrm{LO}}(t)$表示信号光和本振光的位相。探测器总的输出电流为

$$I(t)=I_1(t)-I_2(t)=2R\sqrt{P_s(t)P_{\mathrm{LO}}}\cos\{\omega_{\mathrm{IF}}t+\theta_{\mathrm{sig}}(t)-\theta_{\mathrm{LO}}(t)\} \tag{7-1}$$

根据信号光和本振光频率的不同,相干检测可以分为外差检测和零差检测。

(1) 外差检测指的是当信号光和本振光频率差 $\omega_{\mathrm{IF}}\gg\omega_b/2$ 的情况,

式中:ω_b 指的是系统的调制带宽。在这种情况下,信号光的频率 ω_s 由降为中频 ω_{IF},其相位可以分成调制相位 $\theta_s(t)$和噪声相位 $\theta_{sn}(t)$,这样接收端光信号可以表示为

$$I(t)=2R\sqrt{P_s(t)P_{\mathrm{LO}}}\cos\{\omega_{\mathrm{IF}}t+\theta_s(t)+\theta_n(t)\} \tag{7-2}$$

式中:$\theta_n(t)=\theta_{sn}(t)-\theta_{\mathrm{LO}}(t)$为总的噪声相位。

(2) 零差检测指的是当信号光和本振光频率差 $\omega_{\mathrm{IF}}=0$ 的情况,接收端光信号可以表示为

$$I(t)=2R\sqrt{P_s(t)P_{\mathrm{LO}}}\cos\{\theta_{\mathrm{sig}}(t)-\theta_{\mathrm{LO}}(t)\} \tag{7-3}$$

由于噪声相位 $\theta_{sn}(t)$具有随机性,因此零差接收通常采用如图 7-21 的结构装置,其中本振激光通过耦合器被分成位相差为 π/2 的两部分,四个输出端的光信号为

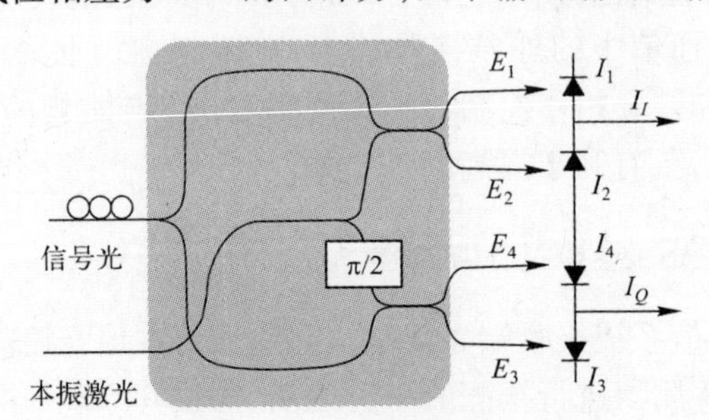

图 7-21 零差检测

$$\begin{aligned}E_1&=\frac{1}{2}(E_s+E_{\mathrm{LO}})\\E_2&=\frac{1}{2}(E_s-E_{\mathrm{LO}})\\E_3&=\frac{1}{2}(E_s+\mathrm{j}E_{\mathrm{LO}})\\E_4&=\frac{1}{2}(E_s-\mathrm{j}E_{\mathrm{LO}})\end{aligned} \tag{7-4}$$

探测器探测到的光信号为

$$I_1(t)=R\sqrt{P_s(t)P_{\mathrm{LO}}}\cos\{\theta_{\mathrm{sig}}(t)-\theta_{\mathrm{LO}}(t)\}$$

$$I_2(t)=2R\sqrt{P_s(t)P_{\mathrm{LO}}}\sin\{\theta_{\mathrm{sig}}(t)-\theta_{\mathrm{LO}}(t)\}$$

通过我们可以得到输入信号光的复振幅

$$I(t)=R\sqrt{P_s(t)P_{\mathrm{LO}}}\exp\{\mathrm{j}[\theta_{\mathrm{sig}}(t)-\theta_{\mathrm{LO}}(t)]\} \tag{7-5}$$

由此可见,在相干光通信中,我们可以在接收端重现发送信号的全部信息,包括振幅、频率、相位和偏振态。因而有三种方式对接收端光信号进行解调:

(1) 非相干检测(包络检测),即仅对光信号的强度进行检测;

(2) 差分(延迟)检测,主要针对多进制相移键控信号进行检测;

(3) 相干(同步)检测,利用锁相环可以滤除相位噪声,从而对信号光的振幅及相位进行检测。

7.5.2 相干光通信系统结构

相干光通信系统结构如图7-22所示,可清楚看出相干光通信系统由光发射机、光纤和光接收机组成。

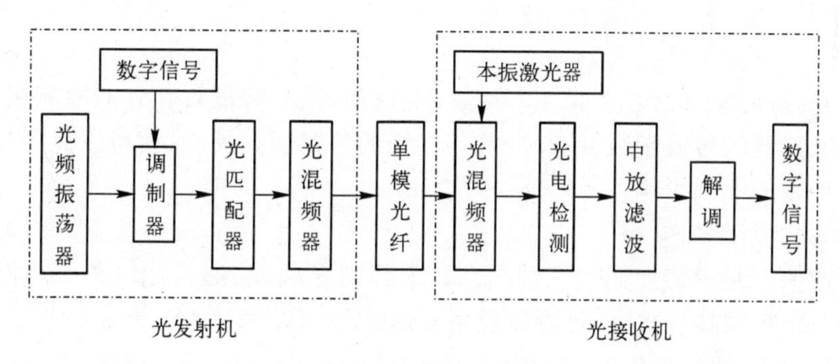

图7-22 相干光通信系统结构

在发送端,采用外光调制方法,以调制幅度、频率或相位的方式将信号送到光载波上,经过光匹配等后端的处理再送入光纤中发送出去。相干光通信系统,借鉴了无线电技术中的外差接收方式,以单一频率的相干光做光源(载波),使用幅移键控(ASK)、频移键控(FSK)、相移键控(PSK)等许多先进的调制方式(如图7-23)。

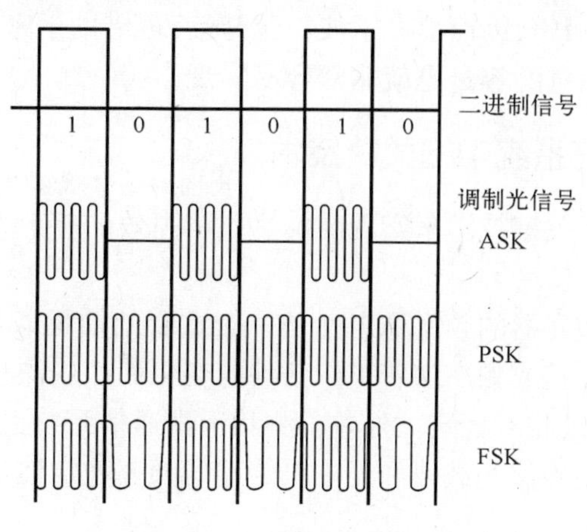

图7-23 各种调制信号比较

光匹配器一方面可以使调制器输出的调制光波的空间复振幅分布和单模光纤的基模之间有最好的匹配;另一方面可以保证调制光波的偏振态和单模光纤的本征偏振态相匹配。

当光信号经光纤传输到达接收端时,先经过前端处理,如均衡、波前匹配、偏振匹配等,然后进入光混频器与本地光振荡器产生的本振光信号进行相干耦合,混频后得到的输出信号光波强度和本振光波强度之和的平方,是成正比例的,从中可选出本振光波与信号光波的差频信号。差频信号随着信号光波的变化而变化,规律一致。最后由探测器进行外差检测。

7.5.3 相干光通信系统的优点

相干光通信具有良好的信道选择性、混频增益和灵活的可调性等特点。与光强度调制-直接探测系统相比,相干光通信系统具有以下独特的优点:

(1) 无中继传输距离增长。

进行相干检测,是相干光通信的一个主要优点,它提高了接收机的灵敏度。在相干光通信系统中,经相干耦合后输出光信号电流的大小,与信号光功率和本振光功率的乘积,是成正比例的。由于本地振荡器发出的本振光功率远远高于传输信号的光功率,大大提高了接收机的灵敏度,也增加了光信号的无中继传输距离。

(2) 降低光纤色散对系统的影响。

对光纤中光脉冲的色散效应,采用均衡技术进行补偿和降低。在外差检测相干光通信中,我们调整中频滤波器的传输函数,使其恰好与光纤的传输函数反向,就可以克服光纤的色散效应对通信系统带来的不利影响。

(3) 调制方式灵活多样。

传统的光通信系统只能使用强度调制方式来调制光载波,形式比较单一。而在相干光通信中,除了使用 ASK 调制方式外,还可以使用 FSK、PSK、DPSK、QAM 等多种调制方式,有利于灵活的实际应用。传统的光接收机只跟随光功率的变化而变化,而相干探测可探测出光的频率、振幅、相位等携带的全部信息,是一种全息探测技术,这也是传统的光通信技术所不能达到的。

(4) 选择性和通信容量得到提高。

相干光通信能够提高接收机的选择性和灵敏度,在光纤的低损耗光谱区(1.25~1.6nm),可提高灵敏度 10~25dBm。相干外差方式探测到的是信号光和本振光的混合光,中频放大器又滤除了杂散光所形成的噪声,因而提高了波长选择性,再借助于密集频分复用方法增加通信信道,那么提高光纤传输信息的容量也就非常容易实现。

7.5.4 相干光通信系统中的关键技术

实际中,主要采用以下关键技术来实现准确、可靠、高效的相干光通信。

(1) 稳定频率技术。

相干光通信中,保持激光器的频率稳定性是一个重要的前提条件。在零差检测相干光通信系统中,如果激光器的波长或频率随着工作条件的变化而产生漂移,那就难以保证本振光信号与接收光信号频率之间的相对稳定。外差检测相干光通信系统也是如此。为了保证相干光通信系统的正常工作,必须确保光载波和光本振荡器的频率稳定性很高。

(2) 调制外光技术。

通常在对激光器输出的某一参数进行直接调制时,总会附带对其他参数的寄生振荡,如在

ASK 调制过程中，总会有相位的变化，而且调制深度也会受到限制。另外还会有频率特性不平坦和张弛振荡等问题。因此在相干通信中除了 FSK 调制可以采用直接调制外，其他都是采用外光调制方式。

外光调制是利用某些光电、声光或磁光效应制成外调制器，完成对光载波的调制。如利用扩散 $LiNbO_3$ 马赫干涉仪或定向耦合式调制器可以实现 ASK 调制；利用量子阱半导体相位外调制器或 $LiNbO_3$ 相位外调制器实现 PSK 调制等。

（3）压缩频谱技术。

在相干光通信中，光源的频谱宽度是一个重要参数。只有保证光波的频谱宽度窄，才能克服激光器调制噪声对接收机灵敏度的影响，使相伴漂移而产生的相位噪声更小，从而得到大容量、高质量的光传输。为了满足相干光通信对光源谱宽的要求，通常采用注入锁模法和外腔反馈法等谱宽压缩技术对光源宽度进行压缩。

（4）偏振保持技术。

在相干光通信中，相干探测要求信号光与本振光的偏振方向必须一致，否则会大大降低相干接收机的探测灵敏度。若两者的失配角度超过 60°，则接收机的灵敏度将得不到任何改善，从而无法体现相干接收的优越性。因此，在在相干光通信中应采取适当措施保持光波的偏振方向。目前可采用的方法主要有两种，一是采用“保偏光纤”，使光波在传播过程中偏振态保持不变，但是“保偏光纤”损耗较大且价格昂贵。二是在在接收端采取偏振分集技术。信号光与本振光混合后，首先分成两路作为平衡接收，对每一路信号又采用偏振分束镜分成正交偏振的两路信号分别检测，然后进行平方求和，最后对两路平衡接收信号进行判决，选择较好的一路作为输出信号。此时的输出信号已与接收信号的偏振态无关，从而消除了传输过程中偏振态变化带来的影响。

（5）非线性串扰控制技术。

在相干光通信中通常采用密集频分复用技术，因此不同信道间存在受激拉曼散射（SRS）、受激布里渊散射（SBS）、非线性折射和四波混频（FWM）等非线性效应。这些非线性效应会使不同信道间存在非线性串扰，从而使接收机噪声增大，灵敏度降低。为了避免非线性串扰，在相干光通信中通常采用比较低的发射功率，以减小不同信道间的非线性效应。

相干光通信具有诸多优势，因此在光纤通信系统中得到了大量的推广应用。它助力点对点通信系统向着更快更远的趋势发展，也在越洋通信和沙漠通信上拥有巨大的市场潜力。

自测练习

7-14 目前的光纤通信系统普遍采用调制－探测方式是________________。

7-15 相干光通信通信是指在通信系统接收端先将__________光信号与本地光振荡器产生的本振光信号进行相干耦合，再送入平衡探测器进行探测的一种通信方式。

本章思考题

7-1 简述光波分复用技术的原理与特点。

7-2 ITU－T 对 WDM 绝对频率参考及通道间隔是如何规定的？

7-3 如何实现 IP over WDM？

7-4 光波分复用器的种类有哪些？简述各种光波分复用器的工作原理与特点。

7-5 色散会使光纤通信系统的光信号发生怎样的变化,解释光纤光栅补偿普通光纤色散的原理。

7-6 量子通信的工作原理是什么？量子隐形传态和量子纠缠各是什么意思？

7-7 量子通信有哪些优越性？

练 习 7

7-1 一个 WDM 系统的单信道传输速率为 40Gb/s,选用的信道间隔是 50GHz,请估算在低水峰非零色散单模光纤允许的 1260 ~ 1675nm 整个工作波长范围内,这个系统可以传输的容量。

7-2 某工作在 C 波段的 WDM 光纤通信系统,其信道宽度为 200GHz,如用波长来表示,相当于多少 nm?

7-3 ITU - T 所规定 WDM 系统标称中心频率为 193. 1THz。波长间隔为 1. 6nm 的系统,所对应频率间隔为多少 GHz?

第 8 章　光纤通信系统仿真

【本章知识结构图】

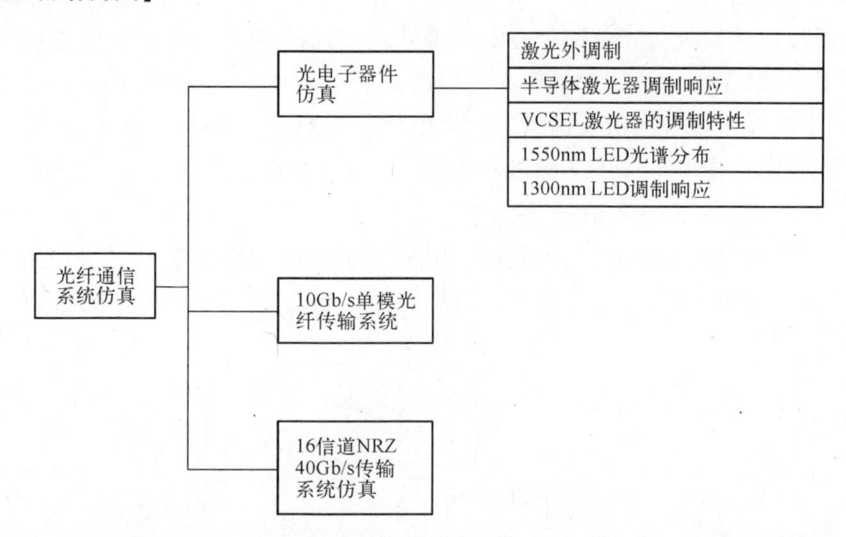

光纤通信系统仿真软件系统为大规模复杂光纤通信系统网络设计提供了便利，节约了人力、物力成本，提高了设计效率。本章介绍基于 OptiSystem 仿真系统的光纤通信系统设计。

8.1　光电子器件仿真

8.1.1　激光外调制

利用外部调制器对激光进行调制。熟悉元件库，菜单栏，元件参数和视图。

1. 运行 Optisystem

系统运行操作见 1.6.1 节。

2. 系统连接

从元件库里选择元器件，放入工作界面。OptiSystem 提供了一系列的内置默认元器件。使用元件库完成以下步骤：

（1）从工具栏运行新的程序，选择 File > New，任务窗口变为一个空白的工作界面，如图 1 - 24所示。

（2）从元件库选择 Default > Transmitters Library > Optical Sources，将 CW Laser 拖入工作界面。CW 激光器输出光信号。

（3）从元件库，选择 Default > Transmitters > Optical Modulators，将 Mach - Zehnder Modulator 拖入工作界面。MZ 调制器有 3 个端口，其中两个是光端口、一个是用于输入调制信号的电

端口。此时,系统会自动将 CW 激光器与调制器的光输入端连接起来。

(4) 从元件库,选择 Default > Transmitters Library > Bit Sequence Generators。将 Pseudo - Random Bit Sequence Generator 拖入工作界面。

(5) 从元件库选择 Default > Transmitters > Pulse Generators > Electrical,将 NRZ Pulse Generator 拖入工作界面。此时,系统将 NRZ 发生器输出的电信号自动连接到 MZ 调制器的电端口。系统的连接图如图 1 - 25 所示。

3. 可视化器件连接

可视化器件包括电域与光域两个方面的器件,示波器与数字通信仪属于电域器件,而光谱分析仪则属于光域器件。例如,如果想在时域内观看到由 NRZ Pulse Generator 产生的电学信号,可以使用示波器或数字通信仪视图。如果想观察结果,可以执行以下步骤:

(1) 从元件库选择 Default > Visualizer Library > Electrical。将示波器视图拖入工作界面。此时系统自动将示波器与 NRZ 信号发生器连接。

(2) 从元件库选择 Default > Visualizer Library > Optical。将光谱分析仪与光时域分析仪图标拖入工作界面,如图 8 - 1 所示。光谱分析仪和光时域分析仪观察时域的光调制信号。

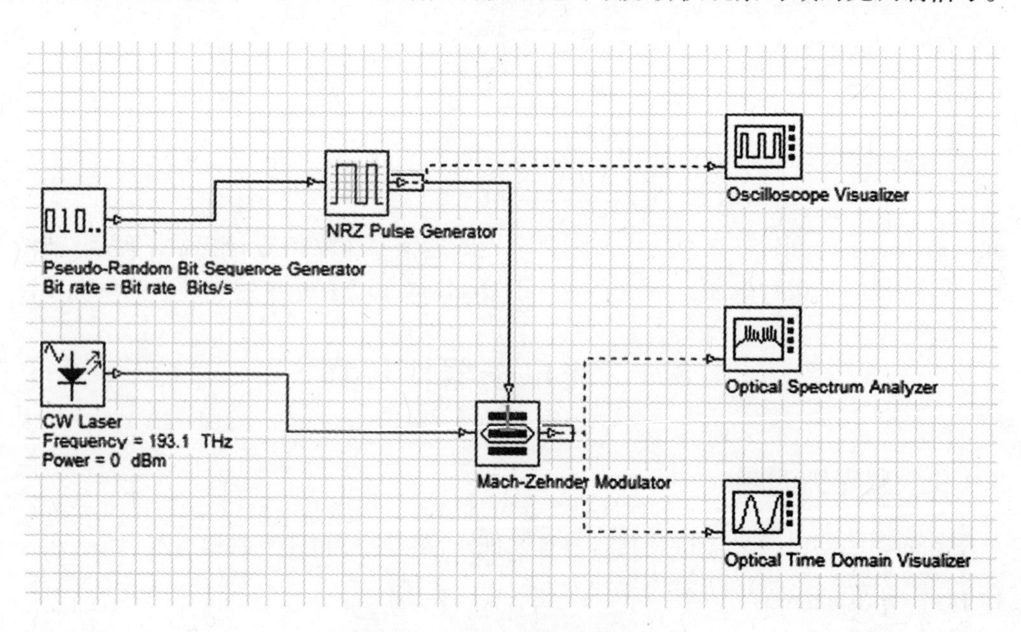

图 8 - 1　激光外调制接线图

4. 选择器件的适当参数

双击各器件图标,即可对各器件的参数进行设置。如取系统的默认值,则激光器的输出中心频率为 193.1THz,线宽为 10MHz,输出功率为 0dBm。MZ 调制器的消光比为 30dB。

5. 运行仿真程序及保存结果

系统运行结束后,双击要观测的设备图标,此时,系统自动弹出相关仿真结果。图 8 - 2 为示波器(观察时域下的电信号)上显示的结果,系统提供信号、噪音、信号 + 噪音三种显示结果。图 8 - 3 为光时域分析仪上显示的光信号的时域图,与图 8 - 2 的不同之处是纵坐标所代表的物理意义不同,这里是表示功率。图 8 - 4 为光谱分析仪(观察光信号的频域图)上显示的结果,系统提供抽样、参数、噪音等几种显示结果,如要查看光信号的偏振,使用在图表底部的标签(X,Y)。

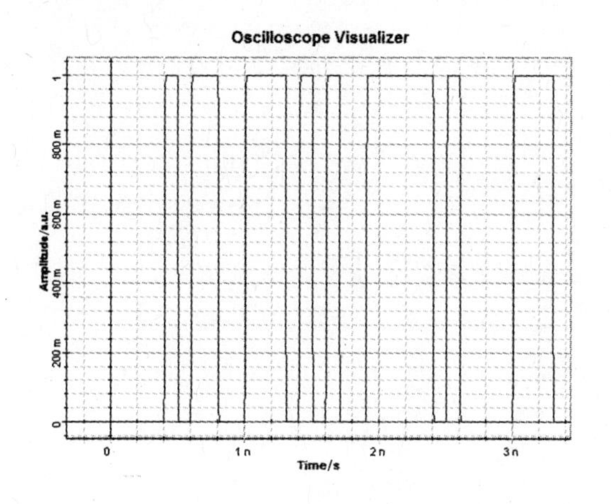

图 8-2 示波器显示图

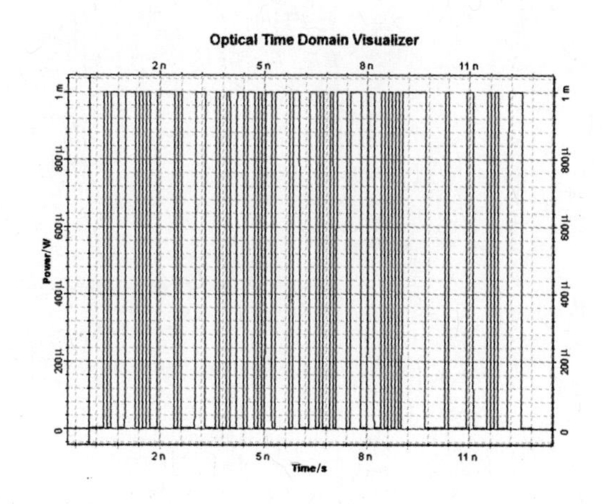

图 8-3 光时域分析仪显示图

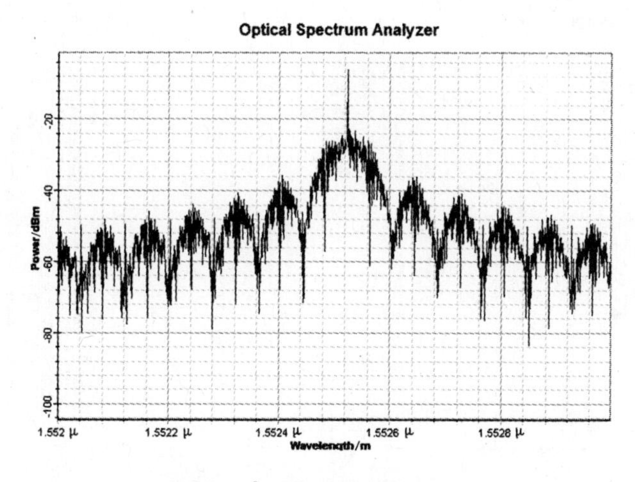

图 8-4 光谱分析仪显示图

8.1.2 半导体激光器调制响应

图 8-5 为半导体激光器调制响应仿真系统结构图。伪随机码的比特率为 10Gb/s,序列长度为 128 位,时间窗口是 12.8ns。每比特样品值是 64,采样率为 640GHz。激光器速率方程模型的默认参数有:阈值电流 $I_{th}=33.45\text{mA}$,阈值功率 0.0154mW,载流子寿命 $\tau_{sp}=1\text{ns}$,光子寿命 $\tau_{ph}=3\text{ps}$,模式限制因子为 0.4。光电管的灵敏度为 1A/W,暗电流为 10nA。

图 8-6 为输入/输出信号的波形曲线。8-6(a)为输入信号的波形曲线,8-6(b)为加了滤波器之后的输出信号的波形曲线。从图上可明显看出高速调制时的弛豫振荡现象。

图 8-7 为激光器输出光谱曲线及光时域特性曲线。图上也可明显看出高速调制时的弛豫振荡现象。

此时,信号眼图如图 8-8 所示。眼图视图还可同时给出传输系统的最大 Q 因子和最小误码率。本传输系统的最大 Q 因子为 16.4042,最小误码率为 10^{-61}。

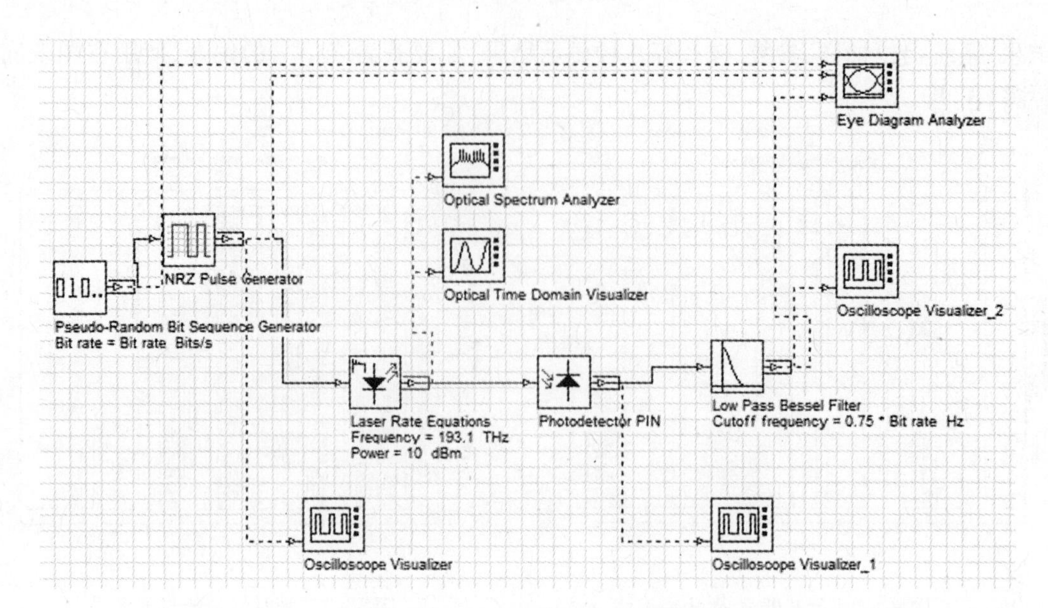

图 8－5　半导体激光器调制响应

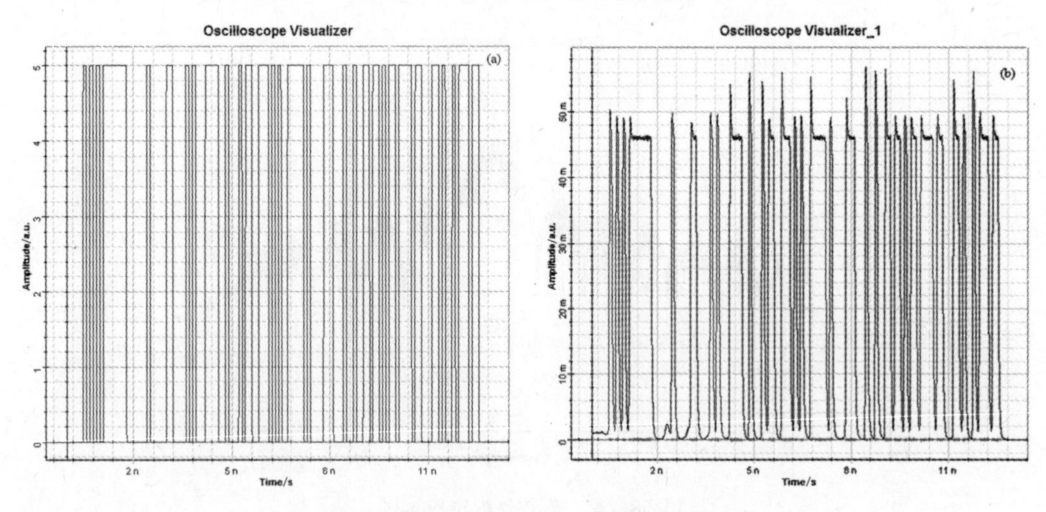

图 8－6　10Gb/s NRZ 输入/输出信号波形

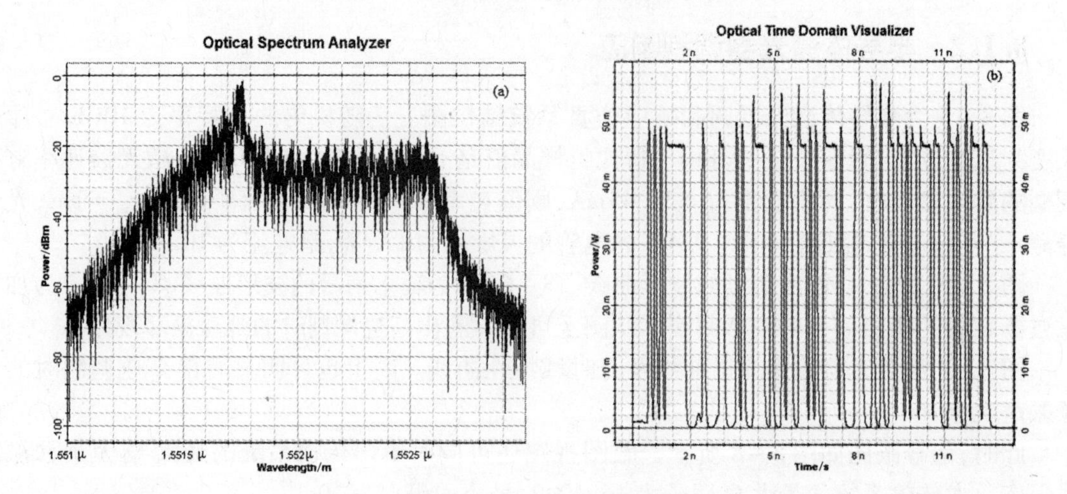

图 8－7　激光器输出特性

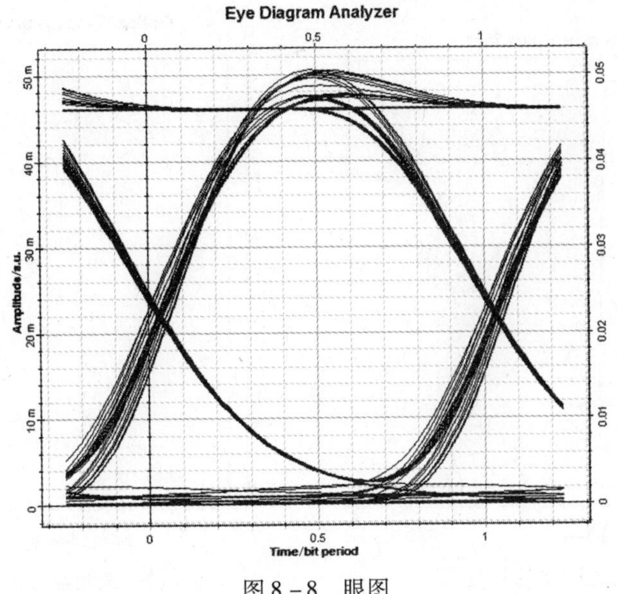

图 8-8 眼图

8.1.3 VCSEL 激光器的调制特性

图 8-9 为 VCSEL 半导体激光器调制响应仿真系统结构图。伪随机码的比特率为 2.5Gb/s,序列长度为 16 位,时间窗口是 6.67ns。每比特样品值是 64。激光器载流子寿命 τ_{sp} = 1ns,光子寿命 τ_{ph} = 3ps,模式限制因子为 0.4。

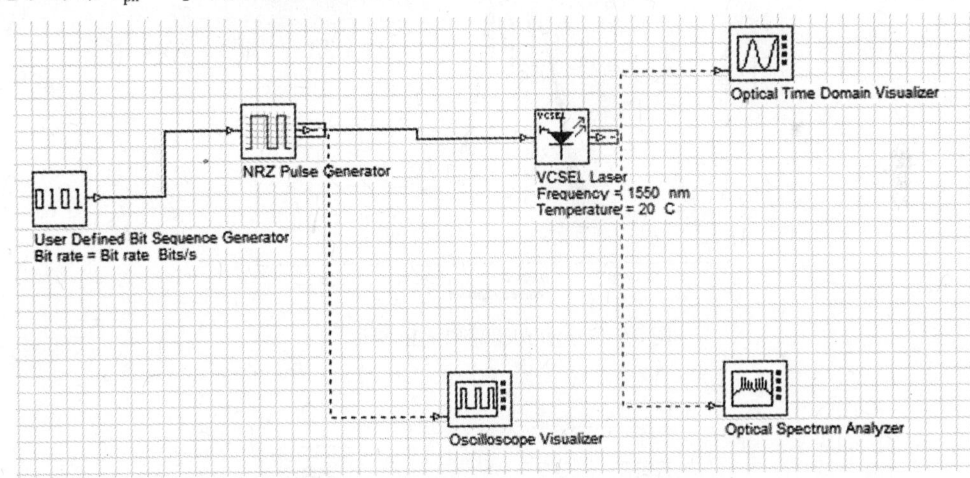

图 8-9 VCSEL 半导体激光器调制响应系统

图 8-10 输入调制信号的波形曲线。图 8-11 为激光器输出信号的时域特性曲线,从图上可以看出,信号出现了由于高速调制引起的变形。

图 8-12 为激光器输出的光谱特性曲线,可明显看出调制现象。

8.1.4 1550nm LED 光谱分布

图 8-13 为 1550nm LED 光谱分析系统结构示意图。伪随机码的比特率为 10Gb/s,序列长度为 128 位,时间窗口是 12.8ns。每比特样品值是 64,采样率为 640GHz。LED 的中心频率为 193.1THz,带宽为 6THz。

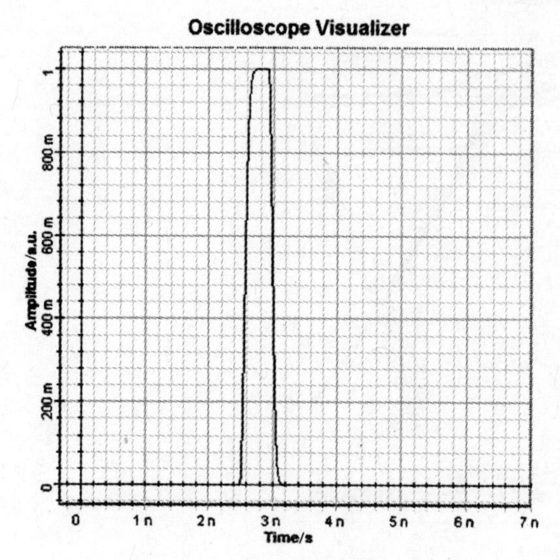

图 8－10　输入调制信号波形

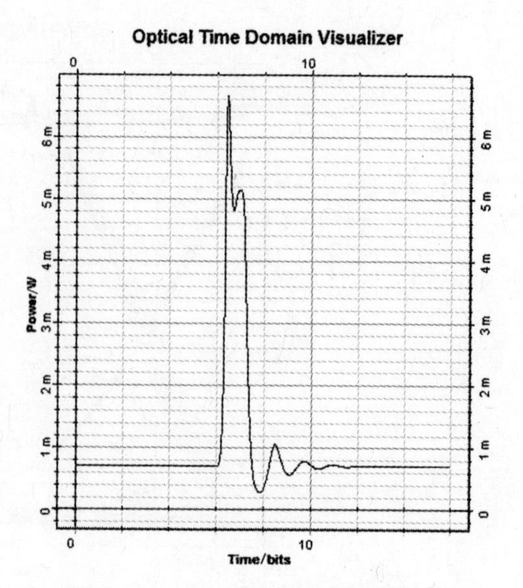

图 8－11　激光器输出信号时域特性

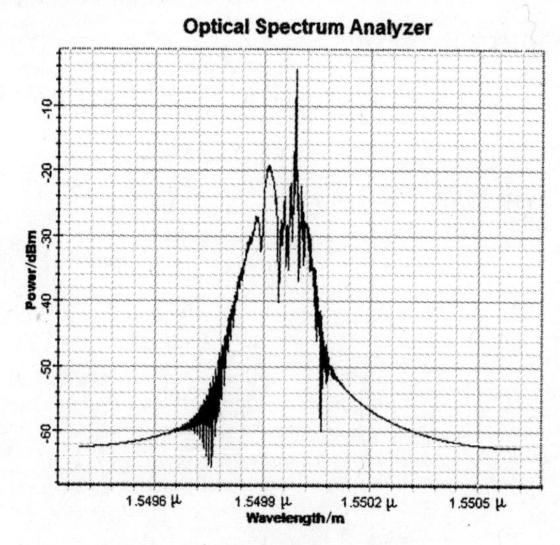

图 8－12　激光器输出光谱特性

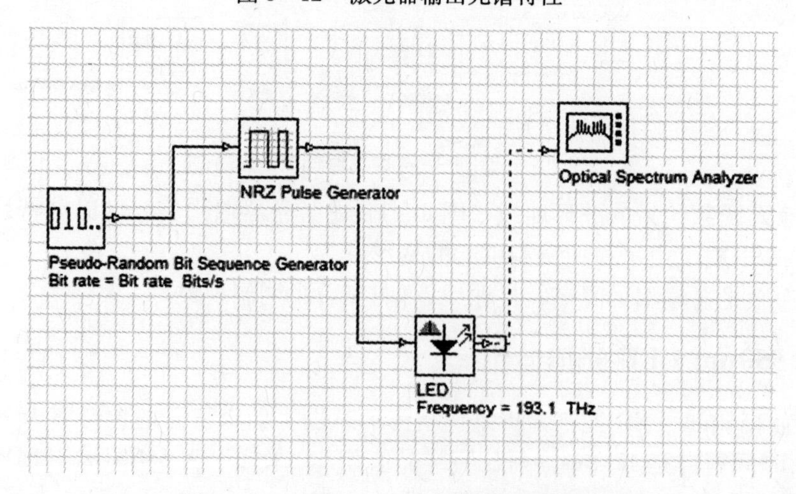

图 8－13　1550nm LED 光谱分析系统结构

不同分辨率下观察到的光谱,如图 8-14 所示。

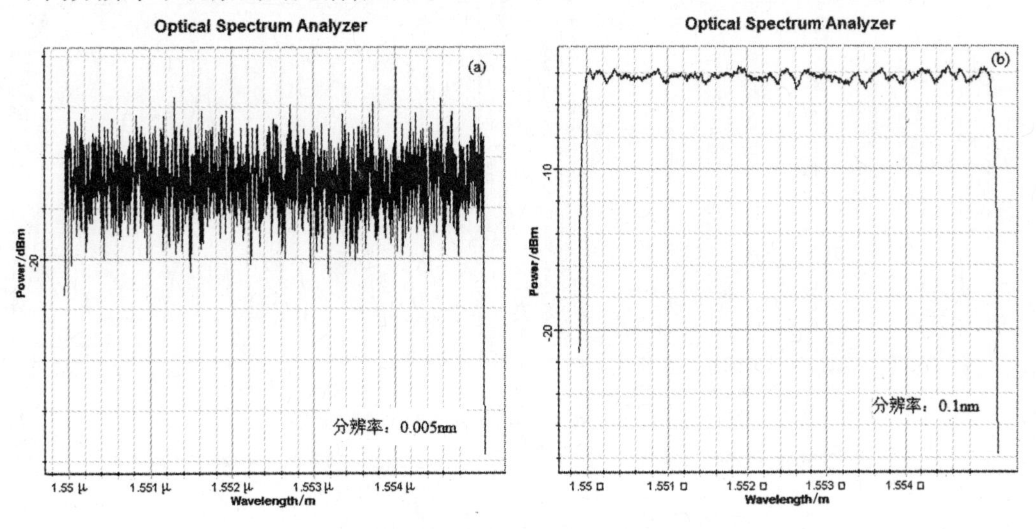

图 8-14　1550nm LED 光谱

8.1.5　1300nm LED 调制响应

图 8-15 为半导体二极管调制响应仿真系统结构图。伪随机码的比特率为 100Mb/s,序列长度为 128 位,时间窗口是 1.28μs。每比特样品值是 256,采样率为 25.6GHz。LED 中心波长为 1300nm,带宽为 50nm。光电管的灵敏度为 1A/W,暗电流为 10nA。

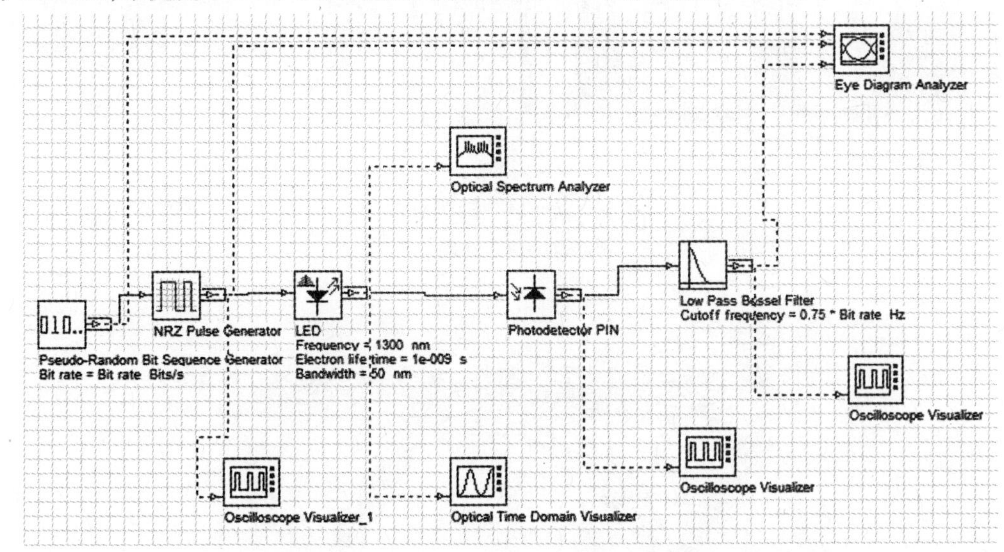

图 8-15　半导体二极管调制响应仿真系统结构图

图 8-16 为输入/输出信号的波形曲线。图 8-16(a)为输入信号的波形曲线。图 8-16(b)为加了滤波器之后的输出信号波形曲线。从图上可明显看出高速调制时的弛豫振荡现象。

图 8-17 为激光器输出光谱曲线及光时域特性曲线。图上也可明显看出高速调制时的弛豫振荡现象。

此时,信号眼图如图 8-18 所示。传输系统的最大 Q 因子为 12.3328,最小误码率为 10^{-35}。

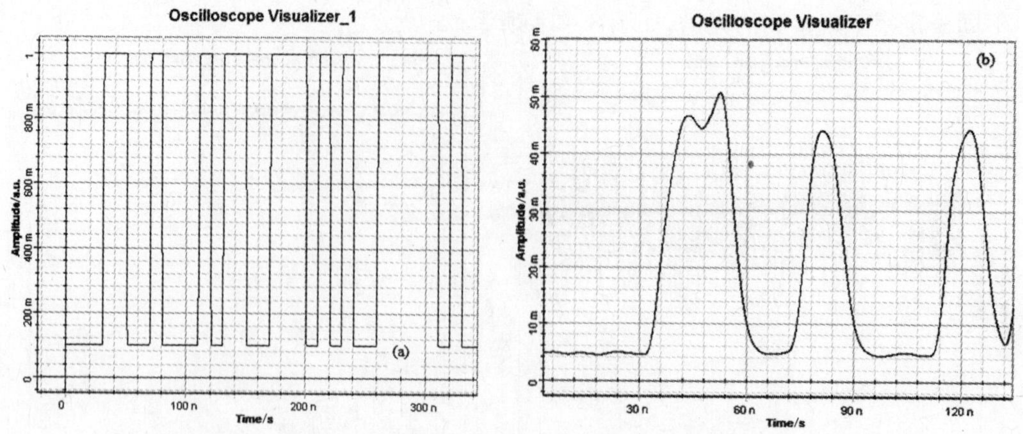

图 8－16　10Gb/s NRZ 输入/输出信号波形

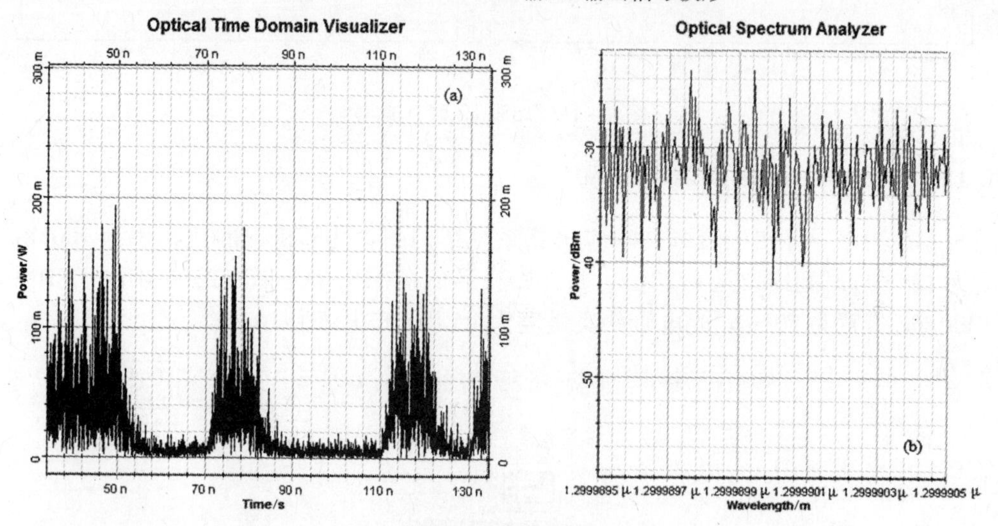

图 8－17　LED 输出特性

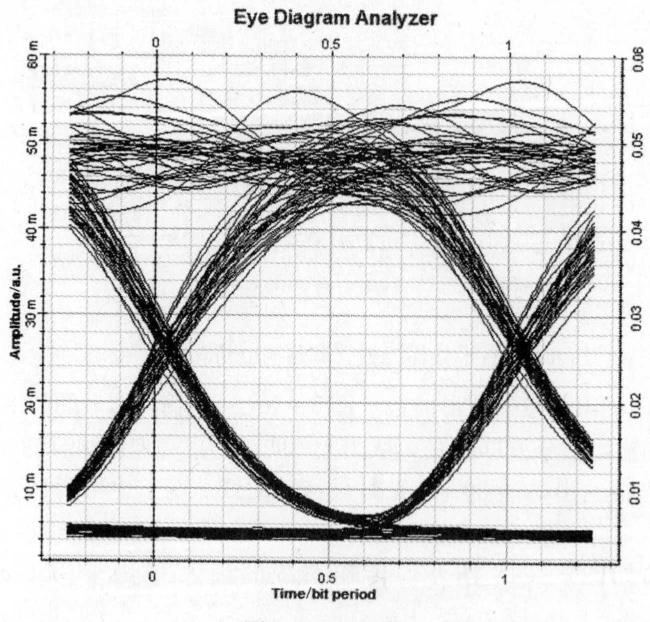

图 8－18　眼图

8.2　10Gb/s 单模光纤传输系统

1. 10Gb/s NRZ 单模光纤传输系统

图 8－19 为 NRZ 10Gb/s 传输系统仿真原理结构图。CW 激光器的波长为 1550nm，发射功率均为 15mW，线宽为 0.1MHz。外调制器为 MZ 型调制器，单模光纤长度为 25km，光纤放大器增益设定为 5dB，噪声系数为 6dB。两个光电探测器的灵敏度和暗电流均分别为 1A/W 和 10nA。

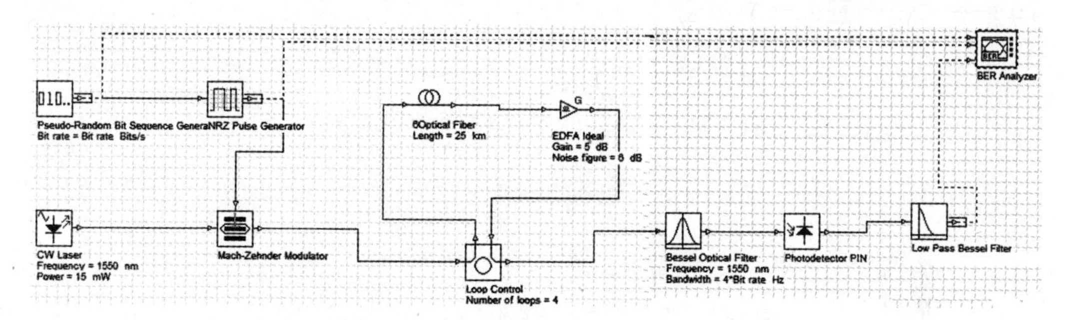

图 8－19　NRZ 10Gb/s 传输系统仿真原理结构

此时，信号眼图如图 8－20 所示。传输系统的最大 Q 因子为 7.6019，最小误码率为 10^{-14}。

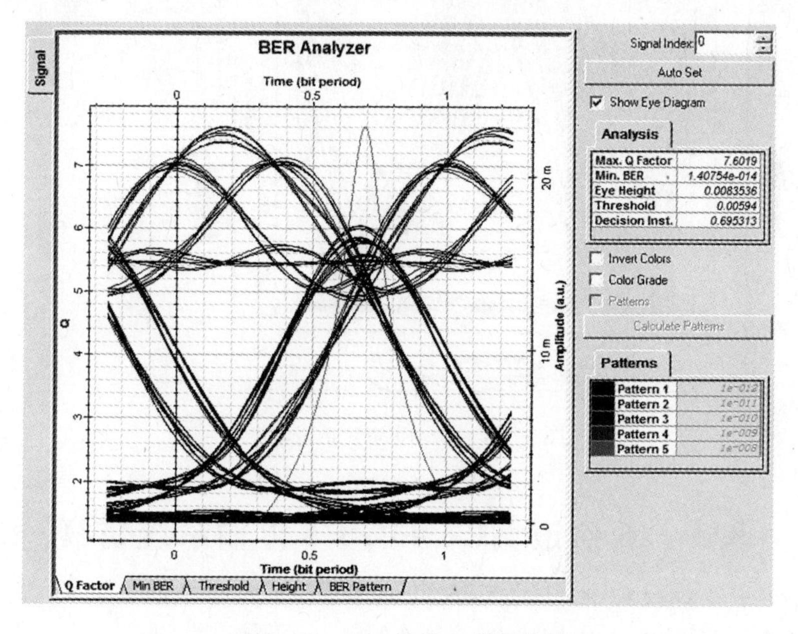

图 8－20　NRZ 10Gb/s 信号眼图

2. 10Gb/s RZ 单模光纤传输系统

将图 8－19 中的 NRZ 电脉冲源换成 RZ 电脉冲源即可变成 10Gb/s RZ 传输系统，如图 8－21所示。CW 激光器的波长为 1550nm，发射功率均为 87.5mW，线宽为 0.1MHz。外调制器为 MZ 型调制器，单模光纤长度为 25km，光纤放大器增益设定为 5dB，噪声系数为 6dB。

两个光电探测器的灵敏度和暗电流均分别为1A/W和10nA。

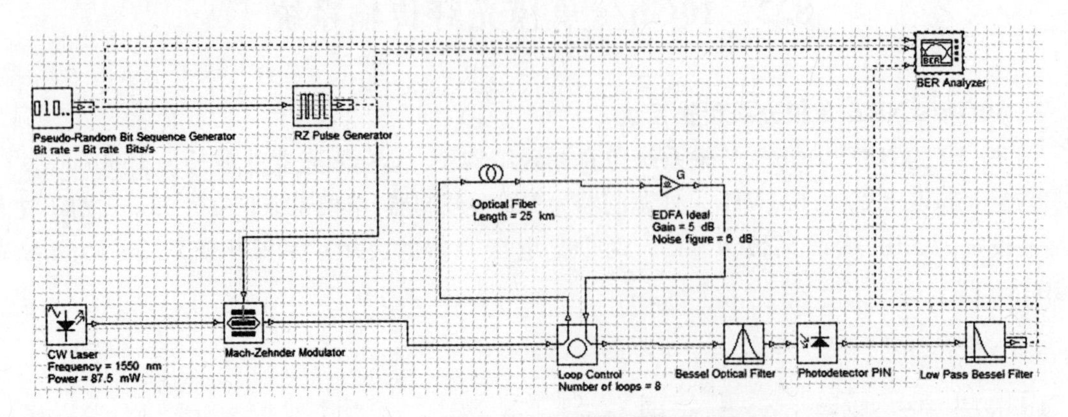

图8-21 10Gb/s RZ传输系统仿真原理结构

此时,信号眼图如图8-22所示。传输系统的最大Q因子为9.56626,最小误码率为10^{-22}。

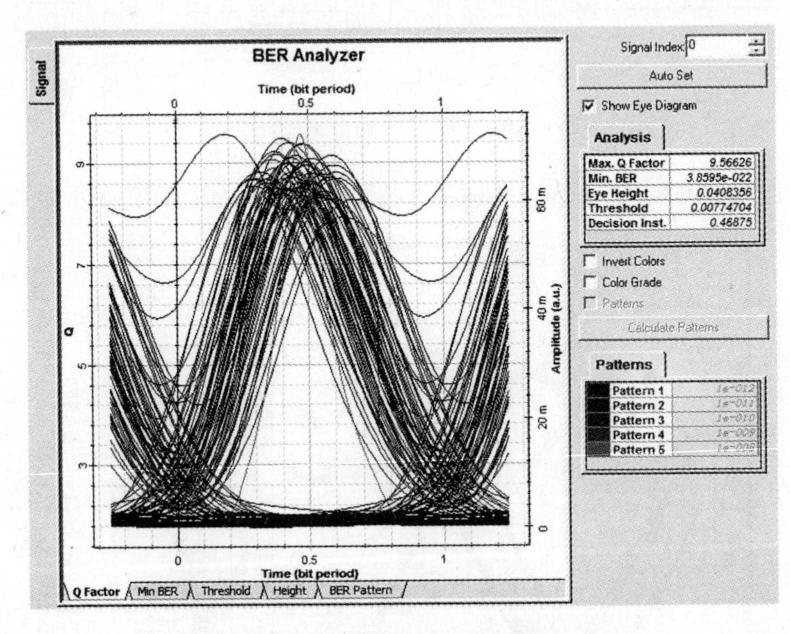

图8-22 RZ 10Gb/s信号眼图

8.3 16信道NRZ 40Gb/s传输系统仿真

1. 系统结构

图8-23为基于Optisystem系统的16信道NRZ 40Gb/s传输系统仿真原理结构图。首先从器件库将各元件拖到工作面上,并正确接线。然后,设置各器件的相关参数。16信道的频率如表8-1所列。单模光纤长度50km,损耗系数0.2dB/km,色散为17ps/(nm·km),光纤非线性参数$2.6\times10^{-20}m^2/W$,光纤放大器1的增益设定为10Db,噪声系数为6dB。色散补偿光纤长度为10km,系统码率40Gb/s。光纤放大器2的增益为5dB,噪声系数为6dB。两个光电探

测器的灵敏度和暗电流均分别为1A/W和10nA。16个信号光源的发射功率均为4dBm,线宽为0.1MHz。

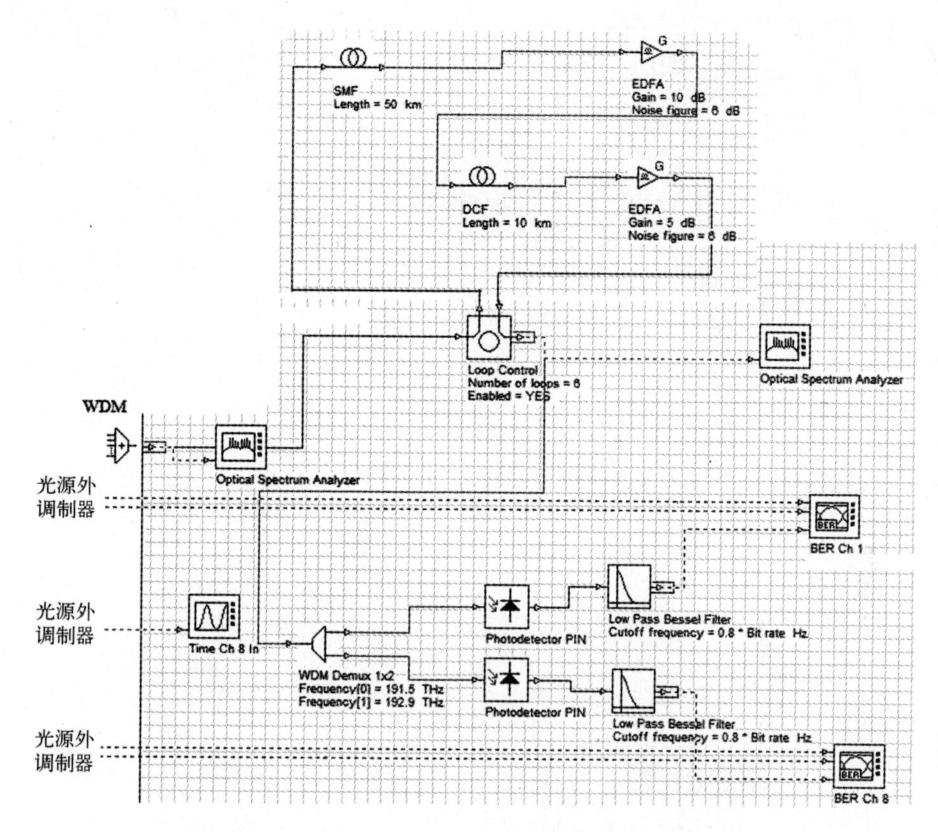

图8-23　16信道NRZ 40Gb/s传输系统仿真原理结构

表8-1　16信道频率

信道序	频率/THz	信道序	频率/THz	信道序	频率/THz	信道序	频率/THz
1	191.5	5	192.3	9	193.1	13	193.9
2	191.7	6	192.5	10	193.3	14	194.1
3	191.9	7	192.7	11	193.5	15	194.3
4	192.1	8	192.9	12	193.7	16	194.5

2. 16信道NRZ 40Gb/s传输系统仿真结果

经过外调制器后,16个信道复用光谱如图8-24所示。

通道8的输入波形如图8-25所示。

系统经50km单模光纤传输及色散补偿后,16信道的信号光谱与噪声如图8-26所示。

此时,信道1和信道8的眼图分别如图8-27和图8-28所示。信道1的最大Q因子为5.141131,最小误码率为10^{-7}。信道8的最大Q因子为5.63101,最小误码率为10^{-9}。

图8-29为信道1的Q因子误码率的变化曲线。

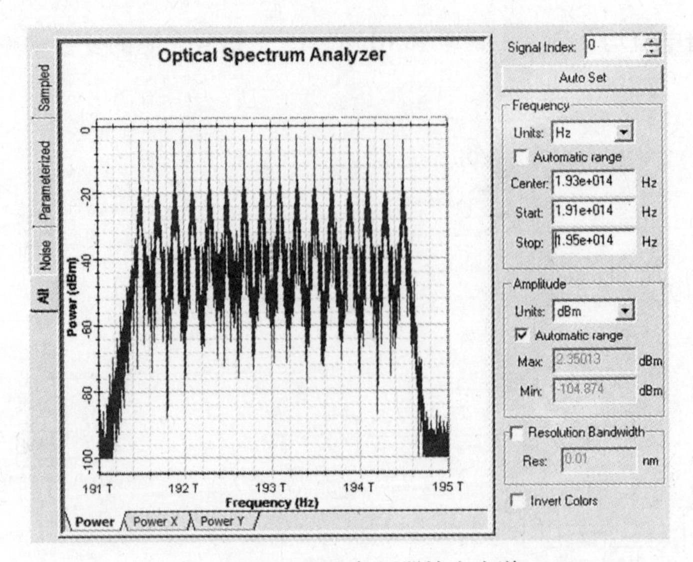

图 8－24　WDM 复用器输出光谱

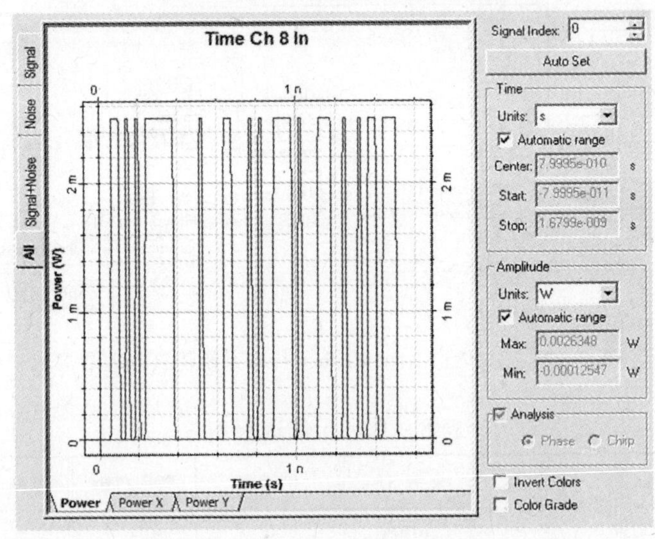

图 8－25　通道 8 的输入波形

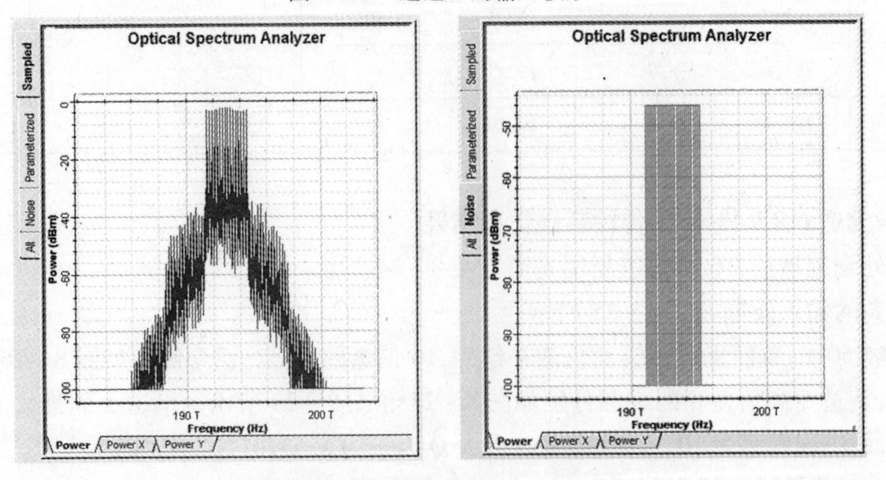

图 8－26　16 信道的信号光谱与噪声

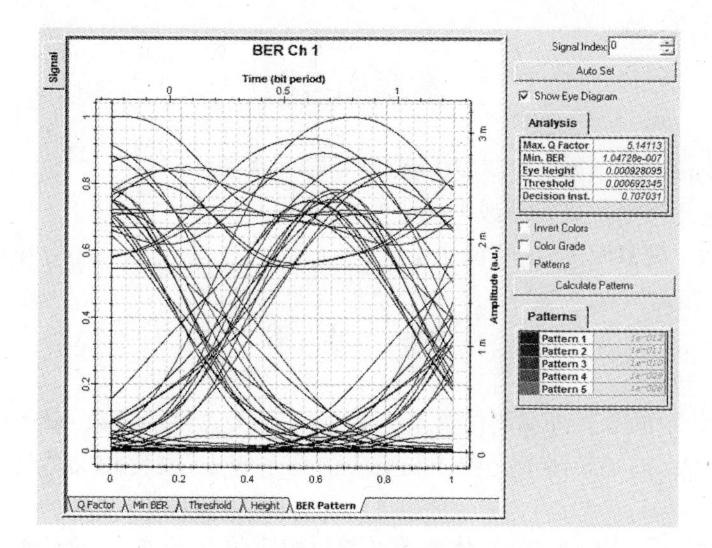

图 8－27　信道 1 的眼图

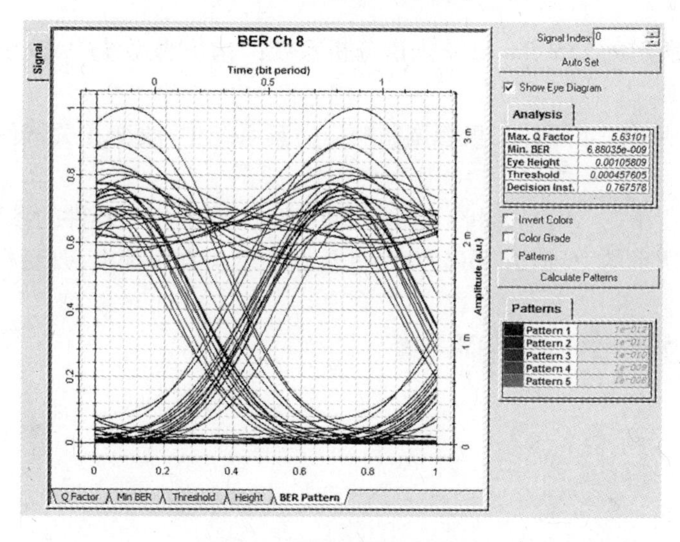

图 8－28　信道 8 的眼图

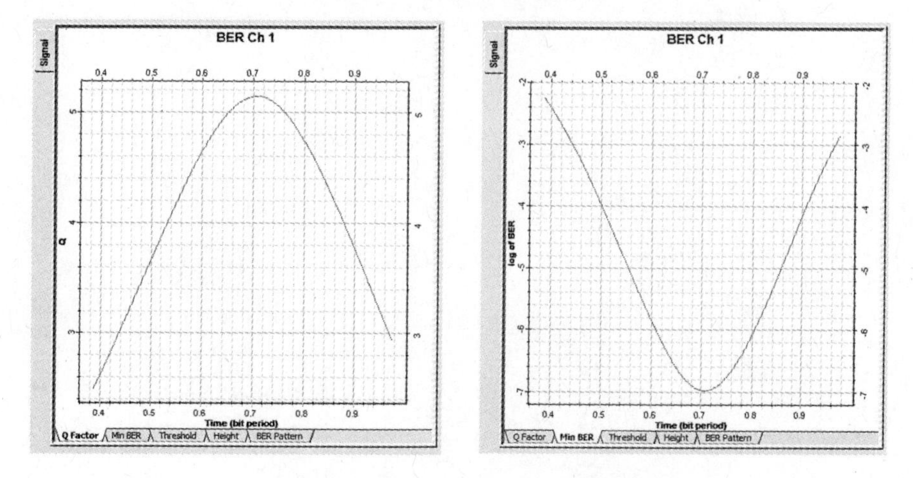

图 8－29　信道 1 的 Q 因子与误码率

本章思考题

8-1 利用 Optisystem 进行激光外调制仿真,需要哪些步骤?

8-2 如何对系统元件参数进行更改与优化?

8-3 眼图视图除了观察眼图外,还能观察__________ 、____________ 等项目。

练 习 8

8-1 在图 8 - 1 所示的激光外调制仿真系统中,改变相关器件的参数,重新进行仿真。

8-2 在图 8 - 5 所示的半导体激光器调制响应仿真系统中,改变相关器件的参数,重新进行仿真。

8-3 在图 8 - 9 所示的 VCSEL 半导体激光器调制响应仿真系统中,改变相关器件的参数,重新进行仿真。

8-4 在图 8 - 13 所示的 1550nm LED 光谱分析系统结构仿真系统中,改变相关器件的参数,重新进行仿真。

8-5 在图 8 - 15 所示的半导体二极管调制响应仿真系统中,改变相关器件的参数,重新进行仿真。

8-6 在图 8 - 19 所示的 NRZ 10Gb/s 传输系统仿真中,改变相关器件的参数,重新进行仿真。

8-7 在图 8 - 23 所示的 16 信道 NRZ 40Gb/s 传输系统仿真系统中,改变相关器件的参数,重新进行仿真。

8-8 设计一个 2.5Gb/s ×4 的 WDM 系统。

参 考 文 献

[1] 顾畹仪,黄永清,陈雪,等. 光纤通信.2版. 北京:人民邮电出版社,2011.
[2] 邱昆. 光纤通信导论. 成都:电子科技大学出版社,1995.
[3] Agrawal G P, Fiber – Optic Communication System. John Wiley & Sons, Inc,1992.
[4] 陈海燕. 激光原理与技术. 武汉:武汉大学出版社,2011.
[5] 陈海燕. 掺铒磷酸盐玻璃光波导放大器及应用. 武汉:湖北科学技术出版社,2006.
[6] 刘后铭,洪福明. 计算机通信网(修订版). 西安:西安电子科技大学出版社,1996.
[7] 王延尧,等. 光通信设备基础. 天津:天津科学技术出版社,1992.
[8] 张劲松,陶智勇,韵湘. 光波分复用技术. 北京:北京邮电大学出版社,2002.
[9] Kieser. 光纤通信.3版. 李玉权,译. 北京:电子工业出版社,2002.
[10] 马丽华,等. 光纤通信系统. 北京:北京邮电大学出版社,2009.
[11] 顾畹仪,李国瑞. 光纤通信系统. 北京:北京邮电大学出版社,1999.
[12] 马丽华,等. 光纤通信系统. 北京:北京邮电大学出版社,2009.
[13] 刘增基,周洋溢,胡辽林,周绮丽. 光纤通信. 西安:西安电子科技大学出版社,2004.
[14] 王辉,光纤通信. 北京:电子工业出版社,2004.
[15] 陈才和. 光纤通信. 北京:电子工业出版社,2004.
[16] 孙学康,张金菊. 光纤通信技术. 北京:人民邮电出版社,2004.
[17] 朱京平. 光电子技术基础.2版. 北京:科学出版社,2009.